高等学校智能科学与技术专业系列教材

U0653118

智能科学技术导论

王晓东　编著

西安电子科技大学出版社

内 容 简 介

本书系统介绍了智能科学技术的初步知识，是人工智能相关专业的入门教材。全书共 10
章，主要内容围绕智能科学的基本概念与相关知识，沿着大多数初学者的朴素"问题链"逐步
展开，具体包括智能科学的相关名词、发展历程、应用、专业学习方法、科学问题、人工智能
及其要素、挑战与展望等。本书语言简练，实例丰富，通俗易懂，重点突出，逻辑性强，便于
读者学习与掌握。

本书可以作为普通高等院校人工智能、智能科学与技术、计算机科学与技术、模式识别与
智能系统等专业本科生的智能科学与技术导论课教材，也可作为大学通识教育课教材，还可作
为智能科学与技术、人工智能相关领域工程技术人员的参考书。

图书在版编目（CIP）数据

智能科学技术导论 / 王晓东编著. -- 西安 ：西安电子科技大学
出版社, 2025. 6. -- ISBN 978-7-5606-7441-4

Ⅰ. TP18

中国国家版本馆 CIP 数据核字第 2024NT2496 号

策　　划　刘玉芳
责任编辑　刘玉芳
出版发行　西安电子科技大学出版社（西安市太白南路 2 号）
电　　话　（029）88202421　88201467　　　　邮　　编　710071
网　　址　www.xduph.com　　　　　　　电子邮箱　xdupfxb001@163.com
经　　销　新华书店
印刷单位　咸阳华盛印务有限责任公司
版　　次　2025 年 6 月第 1 版　　　　2025 年 6 月第 1 次印刷
开　　本　787 毫米×1092 毫米　1/16　　　印　　张　15.5
字　　数　364 千字
定　　价　42.00 元

ISBN 978-7-5606-7441-4

XDUP 7742001-1

***　如有印装问题可调换　***

前　言

人类现代社会的发展已经经历了机械化、电气化、信息化，正朝着智能化方向快速迈进。当前，智能已经变成一种生产要素，逐步向社会的各个行业渗透。智能理论与相关技术已经成为理工科学生的"必修课"。然而，学习智能科学技术并没有想象得那么简单，深奥的理论、复杂的公式、冗长的代码，往往让人摸不着头脑，令学习者陷入苦恼，甚至丧失起初的学习兴趣。为了解决智能科学技术学习入门难的实际问题，并为后续的专业学习构建一个完整、宏观的基础框架，本书依据"是什么""有什么用""怎样实现""未来会怎样"的朴素问题链逻辑，重新组织了智能科学技术学习内容，力求在"消灭"公式的同时阐明基本原理，并有针对性地给出后续专业学习的指导和建议。

本书共10章，可以概括为以下四个部分：

第一部分是智能科学的基础。该部分回答"智能是什么"的问题，对应第1章。该章简要介绍了智能的含义、分类，探讨了智能与人类的密切关系，回顾了智能科学的发展简史，并指出了人类社会向智能化发展的必然趋势。

第二部分是智能的应用，该部分回答"智能有什么用"的问题，对应第2章。该章在概括智能的社会历史价值和产业促进作用的基础上，对智能在农业、工业、国防、教育、艺术、医学、电子商务、行政管理方面的应用分别进行了介绍，每种应用都是按照行业智能技术需求和具体智能应用进行组织的。

第三部分是智能的实现，该部分回答"智能怎样实现"的问题，对应第3～9章。其中，第3章介绍了智能专业的学习方法，第4章介绍了智能所针对的基础问题，第5章介绍了智能所面向的高级问题，第6章介绍了智能的模拟——人工智能及其要素，第7章介绍了人工智能的算法数学基础，第8章介绍了人工智能的算力资源，第9章介绍了人工智能的数据工程。

第四部分是智能的未来，对"智能的未来会怎样"进行了展望，对应第10章，介绍了智能科学面临的挑战，并展望了未来具有潜力的发展方向。

本书具有以下特点：

(1) 以启发为主，仅简要介绍智能科学的基本概念、基本原理和基本应用。

(2) 以构建明晰的专业知识框架为原则，篇幅适中、逻辑简单，并通过大量实例、类比、映射、名人名言等激发学生的学习兴趣。

(3) 服务于专业学习，从低年级本科生的视角和知识水平出发，展示专业学习内容的同时，还介绍了主要专业课程、学习方法与技巧、专业领域必备能力等，追求授人以"渔"的教学目标。

(4) 为了照顾到不同专业方向读者的学习需求，有针对性地给出了有利于掌握知识的课后习题，以深化理解，拓展思维。

此外，本书将理论与实际相结合，并进行了适当的思政融入，起到充实人文知识和响应教育部关于高等学校课程思政相关要求的双重作用。

本书由王晓东编著，王恺浠同学为本书绘制了部分插图。

智能科学技术是一个比人工智能更加宽泛的概念，为了澄清二者概念的关系而不致混淆，本书作者在阐述中有意识地进行了区分。由于作者知识水平有限，书中疏漏之处在所难免，恳请广大读者不吝批评指正。

本书的出版得到了全国高等院校计算机基础教育研究会计算机基础教育教学研究项目(No.2024-AFCEC-092)、福建省自然科学基金项目(No.2023J01035)和厦门市自然科学基金项目(No.3502Z20227326)的支持，在此一并表示感谢。

作 者

2024 年 10 月

目　录

第1章 智能科学基础

人类对智能的向往与思考伴随着社会发展始终绵延不绝。随着人类社会开始逐步步入智能化时代，智能已经逐渐演变成一种显性社会生产力，这也进一步激发了人类对智能展开全面学习的热潮。本章首先探讨智能的含义，继而分析智能与人类社会之间的紧密关系，随后通过简要回顾智能科学史，指出人类社会智能化发展的必然性。

1.1 智能的相关概念与分类

1.1.1 智能的含义

1. 什么是智能

智能，或称智力、智慧[①]，对应的英文单词为 intelligence，字面意思是智力和能力的总称。其实，智能是一个涉及面很宽的概念，其内涵极为丰富，人们对其的定义目前尚不统一。以下是一些著名的工具书、大辞典对智能的词条解释。

美国《韦氏大词典》的解释是：智能就是理解能力和各种适应能力。

(The capacity for understanding and for other forms of adaptive behavior.)

英国《牛津词典》的解释是：智能就是观察、学习、理解和推理的能力。

(The power of seeing, learning, understanding and reasoning.)

《牛津高阶英语词典》的解释是：智能就是以逻辑方式学习、理解、思考事物的能力。

(The ability to learn, understand and think in a logical way about things.)

《现代汉语词典》的解释是：智能就是智慧和能力。

《辞海》指出，智力通常也叫智能、智慧，是指人认识客观事物并运用知识解决实际问题的能力。智力集中表现在反映客观事物的深刻、正确、完全程度上和应用知识解决实际问题的速度和质量上，往往通过观察、记忆、想象、思考、判断等表现出来。它在掌握人类知识经验和从事实践活动中发展，但又不等同于知识和实践。它是先天素质、社会历史遗产与教育的影响，以及个人努力与实践三方面因素相互作用的产物。

除了上述解释之外，如果从知识的角度来看，智能又是知识与智力的总和。其中知识是一切行为的基础，而智力是获取知识并运用知识求解问题的能力，是头脑中思维活动的具体体现。

---

① 关于名词智能、智力、智慧，本书不作严格区分。

　　千百年来，中西方的思想家、哲学家就关于什么是智能这一问题曾经展开过各种不同的思考与讨论。

　　中国古代思想家一般把"智"与"能"看作两个相对独立的概念。《荀子·正名》中提出："所以知之在人者谓之知，知有所合谓之智。所以能之在人者谓之能，能有所合谓之能。"其中，"智"指进行认识活动的某些心理特点，"能"则指进行实际活动的某些心理特点。当然，也有许多的思想家把二者结合起来作为一个整体看待。《吕氏春秋·审分》中提出："不知乘物而自怙恃，夺其智能，多其教诏，而好自以……此亡国之风也。"东汉王充在《论衡·实知篇》中提出了"智能之士"的概念："故智能之士，不学不成，不问不知""人才有高下，知物由学。学之乃知，不问不识。"他把"人才"和"智能之士"相提并论，认为人才就是具有一定智能水平的人，其实质就在于把智与能结合起来作为考察人的标志。

　　欧洲文艺复兴时期，逻辑学与理性思维得到前所未有的发展。这一时期，人们认为智能就是"人认识客观事物，获取、存储知识，并运用知识解决问题的能力"，这种"能力"与人脑的整体功能有关，这些功能包括感知、判断、推理、证明、识别、联想、理解、学习、设计、思考与问题求解、规划与执行等。可见，这种观点已经非常接近现代人的认识了。

　　客观地讲，直至今天，上述类似讨论仍未有定论，智能的定义依然是一个开放的话题。可以说，这种关于智能活跃的大讨论、多样的认识其实是非常合理的，因为人类文明发展至今对于自然本身的认识还非常有限，很多谜团都尚未揭开，甚至人类对自己大脑的了解都还非常肤浅，所以想要在当前的认知条件下给出智能的全面、完整的定义还有点为时尚早。

　　当然，为了方便后续讨论，本书暂且将智能定义为：一种成功地适应环境、有效地找到问题的满意解的能力(援引自学者钟义信的观点)。

2. 智能科学的提出

　　为了洞悉智能的奥秘，人们提出了专门的学科——智能科学(Intelligence Science，IS)。

　　智能科学是一门研究自然智能的形成与演化的机理以及人工智能(Artificial Intelligence，AI)实现的理论、方法、技术和应用的基础学科。智能科学的内涵如图 1-1 所示。

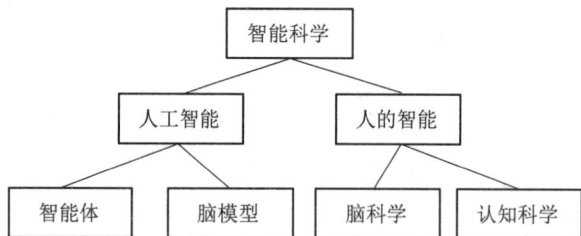

图 1-1　智能科学的内涵

　　需要说明的是，人们经常会把智能科学与计算机科学混为一谈，虽然二者密切相关，但它们在本质上有着完全不同的内涵。计算机科学的核心目标是"造计算机"，研究计算机的设计与制造及利用计算机进行信息获取、表示、存储、处理、控制等的理论、原理、方法和技术。程序员(用户)通过编制计算机能理解的语言(程序)，在计算机系统上运行，实现由性能驱动的计算功能。而智能科学的使命是"造智能体"，其研究的对象是客观与主观相混合的智能体。智能科学家尝试通过构造一个统一的理论与架构，解释智能体在物理与社会场景的"相互作用"中表现出的多个尺度和复杂度下的智能现象，如视觉识别与重建、自然语言理解、认知与常识推理、任务与运动规划、环境交互与具身智能、心智模型与认知架构、学习理论、价值体系、社会伦理等。未来，智能科学所培育出的生成式智能体能够与行业用户通过自然语言进行对话沟通，对齐知识、模型与价值观，在动态不确定场景中完成由价值驱动的各种复杂任务。由此可见，智能科学显然还包含着计算机科学之外的部分。

与 20 世纪 60 年代基于数学、物理、电子等学科衍生出了计算机学科类似，智能科学也是在计算机、统计与机器学习、应用数学、神经与脑科学、心理与认知科学、自动化与控制系统等众多学科发展、相互作用的基础上诞生的一门独立的、以多学科交叉为特色的新兴学科。

3. 智能相关名词

在展开智能的学习之前，首先需要掌握一些基本名词，方便后续讨论的展开。

■ 脑科学：指从分子水平、细胞水平、行为水平研究自然智能机理，建立脑模型，揭示人脑本质的科学。

■ 认知科学：指研究人类感知、学习、记忆、思维、意识等人脑心智活动过程的科学。

■ 人工智能：指研究、开发用于模拟、延伸和扩展人的智能的理论、方法、技术及应用系统的一门新的科学。

■ 赋能：最早是积极心理学中的一个名词，旨在通过言行、态度、环境的改变给予他人正能量。在智能科学中，赋能借指利用智能技术使得原有的系统、模型、算法的智能水平得到提升的行为。

■ 范式：指公认的模型或模式，开展科学研究、建立科学体系、运用科学思想的坐标、参照系与基本方式，也指科学体系的基本模式、基本结构与基本功能。对于复杂的问题，首先需要从方法上进行规范，即采用范式。

■ 形式化：指使用数学、逻辑和计算机科学等符号语言工具来实现描述、验证和设计系统的方法。

■ 自洽：指从不同的角度开始推导或实验，即便思路和工具不同，但得到的结果是相同的、唯一的、不矛盾的。简而言之，自洽就是"自己不能与自己矛盾"，对应于科学的"唯一性"。

■ 完备：指一个体系内的命题不管它有多么复杂，最终一定可以由这个体系内的东西来判断它是否正确，只是花费的时间不同。

■ 特征：指一事物异于其他事物的特点。

■ 多模态：指一个模型或系统能够处理多种不同类型的输入数据并将它们融合生成输出。这些不同类型的数据可能包括文本、图像、音频和视频等。

■ 通用人工智能(Artificial General Intelligence，AGI)：又称"强人工智能(Strong AI)"或"完全人工智能(Full AI)"，是指具有一般人类智慧，可以执行人类能够执行的任何智力任务的机器智能。

■ 人工智能生成内容(Artificial Intelligence-Generated Content，AIGC)：指利用人工智能技术自动生成文本、图像、音频、视频等多种形式内容的技术。

更多的相关名词，本书后续还将结合具体内容陆续介绍。

1.1.2　智能的分类

由上一节智能的定义可知，智能是一个非常复杂的概念，具有多种类、多模式、多层次、多特征、多阶段、多学科的多维属性。为了更好地展开讨论，下面依据不同的研究角度对其进行详细分类。

1. 按照构成关系划分

按照构成关系划分，智能可以分为脑智能与群智能。

1) 脑智能

人的智能源于人脑(详见 4.2.2 节)。但是，由于人脑是由约 860 亿个神经元组成的一个复杂的、动态的巨系统，其奥秘至今还未被完全揭开，这就导致了人们对人脑的一些模糊认识。但从整体功能来看，人脑的智能表现还是可以辨识出来的。例如，学习、发现、创造等能力就是明显的智能行为。进一步分析可以发现，人脑的智能及其发生过程都是在其心理层面上可见的，即以某种心理活动和思维过程表现的。这就是说，基于宏观心理层次是可以定义智能和研究智能的。基于这一认识，科学家把脑(主要指人脑)的这种宏观心理层次的智能表现称为脑智能(Brain Intelligence，BI)。

2) 群智能

人们发现一些生物群落或者更一般的生命群体的群体行为或者社会行为也表现出一定的智能，例如蚂蚁群、蜜蜂群、鸟群、鱼群等所表现出的高超能力。虽然在这些群体中，个体的功能都很简单，但它们的群体行为却能表现出相当的智慧。进一步研究人们还发现，人体内免疫系统中淋巴细胞群也具有类似的学习、寻优等能力。实际上，人脑中的神经网络其实就是由神经细胞(又叫神经元)组成的细胞群体。当人类在进行思维时，大脑中的相关神经元只是在各负其责、各司其职，至于它们在传递什么信息甚至在做什么，神经元自己则并不清楚。然而这种由众多神经元所组成的群体——神经网络却具有自组织、自学习、自适应等智能表现。在认识到这种不同于 BI 的智能形式之后，人们把这种由群体行为所表现出的智能称为群智能(Swarm Intelligence，SI)。

3) 脑智能与群智能的关系

从上述论述可以看出，群智能是有别于脑智能的。事实上，这两种智能属于不同的层次。脑智能体现为个体智能(Individual Intelligence，II)，而群智能为系统智能。但对于人脑来说，宏观心理(或者语言)层次上的脑智能与神经元层次上的群智能又有密切的联系，不可割裂，也正是由微观生理层次上低级的神经元的群智能形成了宏观心理层次上高级的脑智能(但二者之间的具体关系如何，仍然是个谜)，并完美地结合了两种智能。

2. 按照依附载体划分

按照依附载体的不同划分，智能可以分为生物智能和人工智能。

1) 生物智能

生物智能(Biological Intelligence，BI)是指各种生物、动植物所表现出来的智能。生物智能通常是与生俱来的，是通过进化不断发展出来的天然智能。

虽然当前计算机技术已经得到充分发展，但与生物智能相比，智能水平还有很大差距。举例来说，尽管人类制造出了很高级的计算机器——计算机(其中最快的超级计算机每秒能完成数千万亿次运算，其中的佼佼者——我国的超级计算机天河二号 1 分钟的计算量，就相当于全球 72 亿人计算 25 年；其存储能力也非常惊人，仅 100 GB 的计算机硬盘就可以存放 10 万本书的信息)，但是，就感觉、运动协调、解决问题的综合能力而言，传统计算机的智力其实还不及一只蚊子！这足以反衬出生物智能是多么的精巧，非常值得展开深入研究。

其实，生物学家和仿生学者早就发现了大量事实，足以证明生物神经计算(感知、识别、决策和自身自适应控制)的高超能力，这样的例子有很多。

被人称为"流浪汉"的信天翁，具有惊人的记忆力和导航能力，能非常精确地到达它们要去的岛屿，甚至能完成历时 5 年、距离达数万公里的游程，困难程度可想而知，这其中还需要克服很多不确定的气候与环境问题。蝙蝠具有人类声呐工程师们自叹不如的回声定位系统(声呐)，这个系统不仅可以确定飞行中昆虫的距离，还能探测目标的大小、相对速度、方位角及仰角甚至目标各部位的大小。这些大量的信息都是它从目标的回声中提取的，同时它还要及时控制全身，灵巧而高效地追赶和捕捉猎物。这一切所需的复杂神经计算却仅仅是由一个李子般大小的大脑在很短的时间里完成的！软体动物有时也会表现出非凡的智慧。章鱼就展示了其高度的适应性和灵活性。如果章鱼被困在瓶子里，仅需 10 s 就能从内部打开瓶盖(见图 1-2)。研究发现，章鱼拥有 8 只灵活的触手，其大脑就分布在触手中，每根触手都拥有独立的控制能力，使得它们在面对复杂环境时能够灵活应对。与人类的大脑相比，这种分布式的大脑系统展现出不同的认知方式，且这种分散的神经系统也可能是其高智能的关键之一，使章鱼表现出了惊人的学习和模仿能力。这种学习能力的迅速转化也表明章鱼的某些行为可能不是本能驱使的，而是具有高度的认知能力和灵敏度，甚至能够展现出一定程度的记忆和情感。例如，在特定情况下章鱼对特定人的记忆和表达方式，已经超出了纯粹的本能驱使。

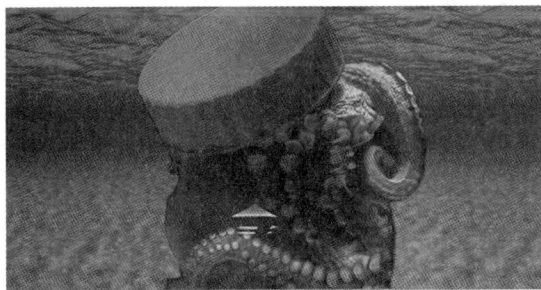

图 1-2　章鱼开瓶盖

此外，大象、狼、海豚等动物也能够不同程度地展示出它们独特的生物智能。

2) 人工智能

随着人类发明了计算机，智能也可以被机器所"拥有"。

人工智能，也称机器智能，就其本质而言，它是对生物(主要是人类)智能的计算机模拟。

早在 1956 年夏季，由麦卡锡(McCarthy)等美国年轻学者发起的首次人工智能研讨会在达特茅斯召开，标志着人工智能作为新兴学科的诞生。在这次会议上，学者们第一次开始使用人工智能(AI)这一术语。从那以后，研究者们又发展了众多相关理论和技术，人工智能的概念也随之扩展开来。截至目前，人工智能学科尚未达到完全成熟的阶段，人们对智能和智能本质的认识也很有限，所以目前同样尚难给人工智能下统一、确切和严格的定义。尽管如此，科学家们也依据不同的理解给出各自的定义。著名的美国斯坦福大学人工智能研究中心的尼尔逊教授对人工智能下了这样一个定义："人工智能是关于知识的科学，探讨怎样表示知识以及怎样获得知识并使用知识的科学。"而美国麻省理工学院的温斯顿教授认为："人工智能就是研究如何使计算机去做过去只有人才能做的智能工作。"这些说法反映了人工智能学科的基本思想和基本内容，即人工智能是研究人类智能活动的规律，构造具有一定智能的人工系统，研究如何让计算机去完成以往需要人的智力才能胜任的工作，也就是研究如何应用计算机的软硬件来模拟人类某些智能行为(如感知、学习、推理、对策、决策、预测、直觉、联想、思考、规划等)的基本理论、方法和技术。

目前，研究人工智能的主要物质手段以及能够实现人工智能技术的机器就是计算机，所以人工智能的发展史同计算机科学与技术的发展史紧密联系在一起，这也从一个侧面说明了为什么计算机科学与人工智能之父都是科学家阿兰·图灵。人工智能是一门十分广泛的学科，除了计算机科学以外，人工智能还涉及信息论、控制论、自动化、仿生学、生物学、心理学、数理逻辑、语言学、医学和哲学等多门学科，这几乎包含了自然科学和社会科学的所有学科。

关于人工智能，本书后续还会花费一些篇幅进行详细介绍。

3) 人工智能与生物智能的关系

人工智能和生物智能之间是相互关联的。生物智能是自然界中生物体基于自然界的规律产生的一种智能行为，而人工智能是基于计算机技术、算法和数据，模拟人类智能的行为。两者之间既有相似性，也有不同之处。

■ 相似性：人工智能受到了生物智能的启示，采用了模拟人脑学习和演化的方式自我提高来实现自主智能。人工智能的目标就是打造出像人类一样具有智能的机器。

■ 不同之处：生物智能是生物体自身基于神经系统、基因遗传、环境反馈等自然因素形成的一种智能行为，相对灵活多变。而人工智能是由机器和程序代码形成的，相对固定和单一，目前暂时还不具备自我变化和适应能力。

在未来，一方面，生物智能的探索与发展可以给人工智能的优化提供有益的建议和指导；另一方面，生物智能也可以通过人工智能的拓展应用，为实现更高效的信息处理和辅助决策等提供帮助，二者相互成就。

3. 按照功能范畴划分

根据霍华德·加德纳的多元智能理论，按照功能不同可以将智能分为 8 项，即语言(Verbal/Linguistic)、数学逻辑(Logical/Mathematical)、空间(Visual/Spatial)、身体运动(Bodily/Kinesthetic)、音乐(Musical/Rhythmic)、人际(Inter-personal/Social)、自我认知(Intra-personal/Introspective)和自然认知(Naturalist)。不同的智能在人类社会生活中都有其用武之地。

1) 语言智能

语言智能是指有效地运用口头语言或/及文字表达自己的思想并理解他人的能力，这种能力包括灵活掌握语音、语义、语法，能够用言语思维、表达和欣赏语言的深层内涵。具备语言智能的人适合的职业是政治活动家、主持人、律师、演说家、编辑、作家、记者、教师等。

2) 数学逻辑智能

数学逻辑智能是指有效地计算、测量、推理、归纳、分类并进行复杂数学运算的能力。这项智能包括对逻辑的方式和关系、陈述和主张、功能及其他相关抽象概念的敏感性。具备数学逻辑智能的人适合的职业是科学家、会计师、统计学家、工程师、电脑软件研发人员等。

3) 空间智能

空间智能是指准确感知视觉空间及周围一切事物，并且能把所感觉到的形象以图画的形式表现出来的能力。这项智能的拥有者对色彩、线条、形状、形式、空间关系很敏感。具备空间智能的人适合的职业是室内设计师、建筑师、摄影师、画家、飞行员等。

4) 身体运动智能

身体运动智能是指善于运用整个身体来表达思想和情感，灵巧地运用双手制作或操作物体的能力。这项智能包括特殊的身体技巧，如平衡、协调、敏捷、力量、弹性和速度以及由触觉所引起的能力。具备身体运动智能的人适合的职业是运动员、演员、舞蹈家、外科医生、宝石匠、机械师等。

5) 音乐智能

音乐智能是指人能够敏锐地感知音调、旋律、节奏、音色等的能力。这项智能表现为其拥有者对节奏、音调、旋律或音色的敏感性强，与生俱来就拥有音乐的天赋，或具有较高的表演、创作及思考音乐的能力。具备音乐智能的人适合的职业是歌唱家、作曲家、指挥家、音乐评论家、调琴师等。

6) 人际智能

人际智能是指能很好地理解别人和与人交往的能力。这项智能表现为善于察觉他人的情绪、情感，体会他人的感觉、感受，辨别不同人际关系的暗示以及对这些暗示做出适当反应的能力。具备人际智能的人适合的职业是政治家、外交家、领导者、心理咨询师、公关人员、销售等。

7) 自我认知智能

自我认知智能是指自我认识和善于自知并据此做出适当行为的能力。这项智能表现为能够认识自己的长处和短处，意识到自己的内在爱好、情绪、意向、脾气和自尊，喜欢独立思考等。具备自我认知智能的人适合的职业是哲学家、政治家、思想家、心理学家等。

8) 自然认知智能

自然认知智能是指善于观察自然界中的各种事物，对事物进行辩论和分类的能力。这项智能包括有着强烈的好奇心和求知欲，有着敏锐的观察能力，能了解各种事物的细微差别。具备自然认知智能的人适合的职业是天文学家、生物学家、地质学家、考古学家、环境设计师等。

【思政融入点】　每个行业都值得尊重

从上述对智能的细分可见，不同的智能功能适用于人类社会不同的工作岗位，正所谓"行行出状元""业业皆学问"，因此任何智能驱动的劳动都是值得尊重的。党的二十大报告中，习近平总书记指出："在我们社会主义国家，一切劳动，无论是体力劳动还是脑力劳动，都值得尊重和鼓励。"

关于智能的其他划分方法此处从略。

1.2　智能与人类的密切关系

为什么要展开对智能的研究呢？因为这是一个关乎人类社会发展的过去、现在和将来的重要问题。

1.2.1　智能成就了人类

智能不是人类所独有的，而人类却是地球生物中智能最突出的生物物种。

回顾历史的长河，起初人类只不过是一种弱小的动物，面对猛兽东躲西藏。然而，人类最终还是依靠着比其他动物更高级的大脑和群体智慧，在地球生命大家庭中逐渐发展进阶到"万物之灵"的地位。因此，想要弄清楚智能与人类的密切关系，必须从人类的起源说起。

1. 南方古猿的出现

古人类学家认为，南方古猿是地球生物进化史中第一种能够被称为真正"正在形成中的人"。

古类人猿最早出现在非洲东部和南部，由原始猿类逐渐进化而来，并分化为低等类人猿(如长臂猿)、高等类人猿(如猩猩)、古猿等。约 1200 万年前，地壳运动在非洲东部的大地上形成一条大裂谷。大裂谷的形成把非洲分为东方和西方两个独立的动物系统，大裂谷这个阻隔成为人和猿分道扬镳的关键。大裂谷以西依然是茂密湿润的树丛，猿类只需去适应改变不大的环境，而自身不需做出太大的改变，这就注定了它们迄今仍处在猿的阶段，如大猩猩等。而大裂谷以东由于地壳变动，降雨量渐次减少，林地消失，出现了草原，大部分与现今猿类有共同祖先的族群相继灭绝，其中一小部分惯于攀爬的猿类则适应了新环境，学习在地上活动、在开阔的环境中生活，因此形成了独特的演化模式，避开了灭绝的危机。

大约 800 万～500 万年前，有些类似黑猩猩的猿类物种在雨林周围与稀树草原连接地带成功建立了奠基者群体，并进化成南方古猿，其智力水平已经明显区别于其祖先猿类了。研究发现，人类与其他动物的分界点也就是在 800 万～500 万年前，人科动物的历史从此开始。

2. 南方古猿的下地

时间推移到距今 250 万年前，由于热带非洲的气候开始恶化，冰期从北半球袭来。随着气候变得越来越干旱，稀树草原开始逐渐变为灌木草原，大多数南方古猿逐渐消失，但是有两个例外。一个例外是因为某些地区的稀树草原保留了下来，那里的南方古猿得以生存下去。另一个更重要的例外是，某些南方古猿群体利用自己的聪明才智发明了一些成功的防卫机制而生存下来，对于这些防卫机制，人们只能去猜测，可能是扔石头，或者是使用由木头和其他植物材料制成的原始武器，从而抵御猛兽。事实上，正是这些南方古猿的后裔生存下来并繁荣起来，最终进化成人属。他们成功从树上栖息变为陆地生活且用双足行走的新物种。

3. 能人出现与消亡

大约 250 万～150 万年前，南方古猿的一部分进化成的能人(Homohabilis)最早在非洲东岸出现，即所谓的早期猿人。"能人"意即能制造工具的人，是最早的人属动物。除了能人之外，这一时期还有一些脑容量更大的人类，即硕壮人(Homo Rudolfensis)。这两种人都具有较大的脑容量，其中能人属标本的脑量只有 450 cm^3、500 cm^3 和 600 cm^3，而硕壮人的脑量为 700～900 cm^3，显然要大得多。这两种早期猿人都会使用工具，显然其智力水平已得到了进一步提升。随着旧石器时代开始，后经过数十万年的演进，能人最终又被智能水平更高的、新品种的人类——直立人所取代而消亡。

4. 第一次走出非洲

大约 200 万年前，直立人(Homoerectus)最早在非洲出现，即所谓的晚期猿人。直立人懂得用火，开始使用符号与基本的语言以及更精致的工具(有证据表明直立人在非洲出现的时间和硕壮人出现的时间差不多)。大约 100 万年前，冰河时期来临，非洲大陆开始草原化，直立人不得不开始迁徙，向世界各地扩张(也有部分直立人仍然留在非洲生活)，在欧亚非都有分布(海德堡人、爪哇猿人、北京猿人都属于直立人)。需要特别注意的是，此时是人类第一次走出非洲。

大约 80 万年前，直立人来到现代的西班牙地区，成为最早的欧洲人。

大约 60 万年前，在欧洲演化出海德堡人，海德堡人又于约 30 万年前演化出尼安德特人，主要分布在欧洲和中近东。大约 25 万年前～3 万年前是尼安德特人的繁荣时期，他们已经可以制作出更为高级的工具，并形成了莫斯特文化，逐步独立演化成为智人(Homosapiens)。

在非洲发现的距今最近的直立人化石(大约 100 万年前)表明，留在非洲的直立人也已经表现出向着新品种人类——智人发展的趋势。约 20 万年前，欧亚非的直立人逐渐消失，彻底被来自非洲的另一新品种人类——智人所取代。

5. 第二次走出非洲

智人可以分为早期智人(early Homosapiens)和晚期智人(late Homosapiens)。

早期智人的一支生活在约 25 万～3 万年前的旧石器中期的非洲，后向欧亚非各中低纬度地区扩张(除了美洲)，这是人类第二次走出非洲(大荔人、马坝人、丁村人、许家窑人、尼安德特人都属于早期智人)。另一支是上述独立演化成为早期智人的尼安德特人。随着第三次走出非洲的晚期智人的到来，早期智人(包括第二次走出非洲的早期智人和独立演化成为早期智人的尼安德特人)因智力上的代差在生存竞争中败下阵来。大约 6 万年前，随着冰河时期的到来，生存环境愈发困难，终于在约 3 万年前，所有早期智人彻底被淘汰灭绝。

6. 第三次走出非洲

晚期智人起源于滞留在非洲的直立人群体，生活在大约 5 万年前～1 万年前(1 万年以来的人类称为现代人，但也属于晚期智人的一种)，也就是所谓现代人的祖先(山顶洞人、河套人、柳江人、麒麟山人、峙峪人即属于晚期智人)。大约 10 万年前，一大群智人占据了尼安德特人分布的领域(一般认为这群智人来自撒哈拉以南的非洲，产生于大约 20 万年前～15 万年前)，凭借着进一步进化升级的智能，他们开始向其他大洲迁徙，并成功地定居下来，这是人类第三次走出非洲。入侵西欧的智人叫作克罗马农人，他们的文化很发达，并在拉斯考克斯岩洞和肖威岩洞里留下了著名的绘画，他们的工具明显更加高级，并形成了奥瑞纳文化。他们向全球范围展开迁徙，在大约 6 万年前～5 万年前，他们到达澳大利亚，3 万年前到达亚洲，1.2 万年前(据记载)到达美洲。这时，人类的智能已经呈现出较高水平，艺术的出现、人工取火、母系氏族公社、旧石器晚期的到来，都是其佐证。这一阶段也是当今世界四大人种(黄、白、黑、棕)孕育形成的时期。

在随后的逐步有文献记载的历史中，人类的智力又进入了一个快速发展期，自身也更加明确地认识到智力对于认识和改造客观世界的关键作用，从此基于个体力量的角逐已经被群体智力的比拼所替代。

有史以来的 1 万年，人类发展开始被文明驱动，人们运用自己的生物智能的技巧也更加娴熟，大量依赖智能胜出的经典历史故事也记满了人类文明史册，被人们广为学习和记忆。比如，在古代中国，有很多通过聪明才智设计出的优秀策略被用于赢得战争或竞赛的案例。早在春秋时期，大军事家孙武就将一些军事谋略汇集成了经典著作《孙子兵法》流芳百世。此外，还有很多此类脍炙人口的故事在史书中流传下来。

📍【举例 1】 田忌赛马

田忌与齐国众公子赛马，并设有重金赌注。田忌手下的谋士孙膑发现双方的马的脚力都一样，也都分为上等马、中等马和下等马，就建议田忌用下等马对对方的上等马，用中等马对对方的下等马，用上等马对对方的中等马，最终田忌一败两胜，赢得了齐王的千金赌注。田忌最后还把孙膑推荐给了齐威王，齐威王也非常赏识孙膑，把他当成老师。

📍【举例 2】 巨鹿之战

项羽率领楚军救援巨鹿，渡过黄河(漳水)后，项羽命三军破釜沉舟，烧掉房屋帐篷，只带三日口粮，轻装上阵，以不胜则死的决心直奔巨鹿，击败章邯部保护甬道的秦军，断绝王离部的粮道，围而歼之，取得灭秦的决定性胜利。

当然，像这样的故事古今中外还有很多，不胜枚举，并由此可知人类历史就是一部智能史。

当今人类已经不满足于地球空间，开始尝试向太空挺进，智能也以其新的形式——人工智能，进一步更深入地渗透到教育、科技、军事、工业、农业、服务、医疗等各个领域(详见第 2 章)。由上述人类进化的过程不难发现，每一次人类智能的提升，都带来了社会文明的进步，这也许就是当今现代人的祖先被称为"智人"的一种合理解释。

1.2.2 人类发展了智能

人类对自身以及自然界所蕴含的智能的认识不断深入，以及杰出思想家、工程师们基于智能的大量思考演绎和创新实践，反过来又大大推动了智能的发展，甚至使得智能从此脱离对自然的依赖，凭借人类创造开发的理论与工具开辟了前所未有的智能发展新篇章。

为了研究智能、开发智能，人们创立了智能科学。回顾智能科学的发展，可以将其分为古代萌芽期、近代智能科学的提出和现代智能科学三个阶段。

1. 古代萌芽期

这一时期，人们对智能科学没有系统认识，尚处于摸索阶段。

古人认为只有人类自己具有智能，把人与外部世界视为截然不同的两个世界的观念盛行。早在 2400 多年以前，人类就开始研究自身智能。当时社会的语言交流和政治斗争刺激和推动了人们对词语、概念表达和推理的研究，即对心智运作规律(逻辑学)的研究。

中国春秋战国(公元前 770 年—公元前 221 年)时期，各诸侯国争霸，多种思想、学派自由发展与竞争。基于政治与学术辩论之需求，先贤思想家们先要把当时混乱的关于名词(名)及与其所代表的实物(实)的关系(名实关系)搞清楚，继而是辩术(思辨规律)研究，这些都促进了所谓名辩思想(逻辑学思想)的大发展。

先秦诸子中惠施、公孙龙、墨家以及先秦最大的唯物主义哲学家荀况等，都对逻辑学做过比较系统的研究。尤其是后期的墨家提出了更加完整的理论，对于概念、判断、推理与证明都进行了研究。

与中国春秋战国时期形成百家争鸣局面几乎同时，西方古希腊文明开始繁荣，涌现出许多哲学、文学、科学佳作。从大哲学家苏格拉底(Socrates)、柏拉图(Plato)到亚里士多德(Aristotle)，他们在思维规律研究方面所取得的成就，即便在现代人看来也令人肃然起敬。

古希腊语中，逻辑即推理，一直沿用到今天。同样令人敬佩的是，在那样的远古年代，希腊医生竟然在脑结构与功能方面也有不凡发现。被誉为医学之父的希波克拉底(Hippocrates，约公元前 460—公元前 370 年)曾经说过：人类应当懂得，我们的喜、怒、哀、乐不是来自别处，而是来自大脑。

智能器官脑的发现，开辟了探索智能的新天地。然而，在古中国和古希腊辉煌之后的一段很长的时期，智能科学没有质的进展。直到欧洲文艺复兴开辟新纪元，自然科学全方位发展，才带来了智能科学的飞跃。17—19 世纪，智能科学结束了它依附于哲学的历史，开启了与数学和脑科学相结合的新时代。

2. 近代智能科学的提出

由前述内容可以看出，古代智能科学蕴含在哲学中，属于哲学中的古典逻辑学。直到 17—19 世纪，智能科学借助数学、神经元学说和神经网络思想的力量终于结束了古代思辨分析时代。20 世纪初期，新物理学、数学、神经生物学等基础科学的迅速发展，为智能科学的飞跃做好了准备。20 世纪四五十年代，数学家和电子工程师联合打造出了智能科学的理论奠基石，即控制论、信息论，至此，智能科学的基础完备起来了。

在这些新学科诞生的同时，数学家兼哲学家 A. M. Turing(图灵)更是划时代地提出了人工智能和机器思维的深刻理论，包括图灵机(1936 年)和图灵测试(1950 年)等概念，随后相关成果更是井喷式出现。1953 年，生物遗传信息的最小单位 DNA 双螺旋结构的发现，预示着生物信息学研究高潮的到来。1956 年，人工智能与认知科学以研讨会(分别在美国达特茅斯大学与麻省理工学院)的形式宣告确立。特别是智能科学这种以学者群体会议，而不是以某位学者或某篇文章来标志新学科的组织形式的出现，反映了智能科学的多学科交叉特点。这一态势的种种表现还有：机器翻译有突破(1957 年)，进化计算(20 世纪 60 年代)、模糊数学(1965 年)、专家系统(1969 年)、物理符号系统假设(1976 年)、知识工程(1977 年)等方法的创立，神经网络研究与应用空前蓬勃(20 世纪 80 年代)，等等。

至此，智能科学思想之活跃，涉及领域之宽广，已大大出乎任何人的意料。

3. 现代智能科学

20 世纪 80 年代，智能科学发展高潮再现，神经网络理论与应用崛起并蓬勃发展。被誉为统计学习理论之父的 V. N. Vapnik 则赋予机器学习更严谨的数学理论，此时还出现了新的对人体内部系统的模拟成果——人工免疫系统(1986 年)，以及对传统生命观提出挑战的人工生命(1987 年)。正如 DNA 鼻祖之一 J. D. Watson 所言："50 年前 Crick 和我曾把生物学和化学联系在一起，而在接下来的 50 年甚至 100 年里，生物学和心理学将紧密相连。"日益深入生命现象本质的现代生物学(尤其是基因学、DNA 计算和生物信息学)和心理学(尤其是认知心理学)，已成为未来智能科学发展的思想源泉。

我们可以深信，智能科学还会拥有更辉煌的未来。

1.3　社会智能化是必然趋势

从当前人类社会呈现出的种种迹象可以推论得出，智能化是人类社会发展的必然趋势。纵观历史，人类现代社会已经经历了工业化、信息化，目前正向着智能化大步迈进。

1.3.1　工业化社会

人类历史发展自工业革命之后进入快车道。

工业革命之前，人类的社会生产力是十分低下的，人类的才智、精力绝大多数都耗费在解决温饱问题上。第一次工业革命的成功，使得生产力显著提高，也带动了众多相关科学技术的发展，更深层次的意义则是引发了社会的变革。

工业革命之前，人类的生活基本属于农耕文明和游牧文明，这两种文明形态的特点是一致的，那就是人们必须要按照农作物或者牧场草原春夏秋冬的季节进行生活作息，因此生活节奏相对缓慢，生活习惯与早期相比没有太大的改变。

工业革命之后，各种划时代的技术相继出现，每一种都能够改变人们的生活状态，并且每时每刻都在颠覆之前的生活方式和节奏，人们似乎一下子找到了社会大幅向前迈进的方法，人类社会的发展速度呈现出一种令人瞠目结舌的状态，超过了过去几千年以来人类对技术、思想等方面的所有认知。

1.3.2　信息化社会

社会信息化，是以计算机信息处理技术和传输手段的广泛应用为基础和标志的新技术革命，是一个影响和改造社会生活方式与管理方式的过程。

一种普遍的定义为，社会信息化是通过现代信息技术和网络设施把社会的最基础资源——信息资源充分应用到社会各个领域的过程。它是一个与工业化相对应的概念，工业化是信息化的物质基础，而信息化是工业向更高层次发展的技术环境。工业化的最大目标是最大限度地开发利用物质和能源资源，为社会提供丰富的物质产品；而信息化的主要目标是最大限度地开发利用信息资源，提高社会各领域信息技术应用和信息资源开发利用的水平，为社会提供更高质量的产品和服务，促进全社会信息化。

社会信息化是信息化的高级阶段，它是指在一切社会活动领域里实现全面的信息化，是以信息产业化和产业信息化为基础，以经济信息化为核心向人类社会活动的各个领域逐步扩展的过程，其最终结果是人类社会生活的全面信息化，主要表现为：信息成为社会活动的战略资源和重要财富，信息技术成为推动社会进步的主导技术，信息人员成为领导社会变革的中坚力量。

社会信息化一般包括三个层次：一是通过自动控制、知识密集而实现的生产工具信息化；二是通过对生产行业、部门以至整个国民经济进行自动化控制而实现的社会生产力系统信息化；三是通过通信系统、咨询产业以及其他设施而实现的社会生活信息化。

自 20 世纪 40 年代末香农创立信息论以来，信息技术取得了重大发展，并迅速扩大了其应用领域，急剧增加了社会的信息需求量。现代意义上的社会信息化发展，始于 20 世纪 70 年代末至 80 年代初世界范围内兴起的新技术革命。信息化依赖于发达的信息处理手段，近 30 年来，计算机技术的进步使信息处理技术有了高度发展，并得到了广泛应用。据有关研究，文献信息的总和从 1950 年起每十年翻一番，到 1970 年后每五年翻两番，这种被人们描述为"信息爆炸"的现象，实际上就是社会信息化时代背景的表征。

信息化生产力是迄今人类最先进的生产力，它要求具有先进的生产关系和上层建筑与之相适应，一切不适应该生产力的生产关系和上层建筑都将随之改变。

信息化代表了一种信息技术被高度应用，信息资源被高度共享，从而使得人的智能潜力以及社会物质资源潜力被充分发挥，个人行为、组织决策和社会运行趋于合理化的理想状态。同时，信息化也是 IT 产业发展与 IT 在社会经济各部门扩散的基础上，不断运用 IT 改造传统的经济、社会结构，从而通往如前所述的理想状态的一个持续的过程。

【思政融入点】　把握信息化机遇

信息化为中华民族带来了千载难逢的机遇。在 2018 年 4 月 20 日召开的全国网络安全和信息化工作会议上，习近平总书记提出该观点。他还号召全国人民，"决不能同这样的历史机遇失之交臂"，强调"这就是我们这一代人的历史责任，是我们对中华民族的责任，是对前人的责任，也是对后人的责任"，应该将适应和引领互联网发展，当作决定大国兴衰的一个关键。毫无疑问，中国人民对互联网和信息化的重视，堪比当年对"两弹一星"的全力以赴。纵观近年来我国信息化建设的成就可知，在信息化的全球竞争中，中国人民交上了一张优异的答卷。

1.3.3　智能化社会

完成信息化之后，人类社会的发展并未止步，而是向着智能化方向演进。

智能化是指利用人工智能技术和物联网技术等，实现信息的自动采集、处理、分析和应用，使得机器能够模拟人类的思维和行为，从而实现自主学习、自主决策、自主控制的一种技术手段。智能化技术的发展，不仅改变了人们的生活方式，也深刻影响着社会的发展。智能化技术的应用，可以提高生产效率，降低生产成本，提高产品质量，改善人们的生活，促进社会的发展。智能化已经成为当今世界的热点话题和发展趋势，它正在深刻地改变着各个领域和行业的运作模式与竞争格局，是人类社会发展的必然趋势。

目前，智能化技术的应用已经非常广泛。例如：在工业生产中，可以通过智能化技术实现生产线的自动化，提高生产效率，降低生产成本，提高产品质量；在医疗领域，可以通过智能化技术实现医疗设备的自动化，提高医疗效率，降低医疗成本，提高医疗质量；在交通领域，可以通过智能化技术实现交通设施的自动化，提高交通效率，降低交通事故率，提高交通安全；在家庭领域，可以通过智能化技术实现家庭设备的自动化，提高生活质量，降低生活成本；等等。今天，我们的生活已经被智能渗透得非常充分，身边的无人超市、黑灯工厂、智能家电、智慧网络等所展示的魅力和能力，已经让人们无法拒绝。日新月异的智能新技术的运用，使得这种发展趋势不断加速。根据钟义信的观点，这一规律可以概括为：智能革命推动信息化向智能化发展，使生产力智能化，智能生产力进一步使信息化社会发展为智能化社会，具体演化过程如下。

1. 智能革命

人类的前文明史是由能量革命创造的。从摩擦生热把机械能转变为热能，到蒸汽机又把热能转变为机械能，都是实现能量转换与利用的能量革命。这是人类历史上两次最伟大的创举。

智能革命将开创人类后文明史。与能量革命实现能量的转换与利用不同，智能革命实现智能的转换与利用，即人把自己的智能赋予机器，智能机器把人的智能转换为机器智能，并放大人的智能，人又把机器智能转换为人的智能，加以利用。如果说蒸汽机魔术般地创造了工业社会，那么智能机器也一定能奇迹般地创造出智能社会。人类文明史的新纪元，将由智能人与智能机共同开创。

2. 智能生产力

从生产工具的角度来看，人类社会已经有过三代生产力的发展：

原始工具，以石器为代表的第一代生产力；

简单工具，以铁器为代表的第二代生产力；

复杂工具，以传统机器为代表的第三代生产力。

所有这些劳动工具的特点，都是通过对手的延长来实现体力放大。但只有智能机器才是智力工具，它是通过脑的延伸来实现智力放大，它将导致出现第四代生产力——智能生产力。

智能机器是新一代生产力的代表。不论是智能计算机还是智能机器人，都是智力物质化的智能机，是机器发展的质变。人与智能机构成的人机智能系统，形成智能生产力系统的基本形式，使放大了的人的智力成为直接的现实生产力。就广义而言，智能生产力是智能化的生产力，首先是工具的智能化，进而使生产力智能化。如果将智能化的工具视为另一种智能机器，那么智能生产力系统必有两大要素，即人的高智能与智能机器。智能经济的形成和发展都是由智能生产力驱动的。智能技术是经济增长的第一生产力，智能管理是促进科技、经济一体化的第二生产力，智能教育是智力开发的第三生产力。这三种生产力都是智能生产力，最终决定智能社会的形成和发展。

3. 智能社会

工业社会是高能(耗)社会，它由能量驱动物质经济发展，是高熵的社会。智能社会是高智社会，它以智能驱动智能经济发展，是低熵的社会。智能社会的特点是高智结构，既有人的智能和机器智能，也有人机复合智能和网络集成智能，乃至整体的社会智能。于是高智能成为智能社会发展的第一推动力。

21 世纪是智能革命的世纪，人类正沿着信息高速公路迈向智能时代的入口。以智能科学技术为核心、生命科学为主导的高科技，掀起了一次新的高科技革命——智能技术革命。特别是智能技术与生物技术相结合，并在这个结合点上研制出生物智能机，将是 21 世纪高技术革命的突破口。生物智能机的体积可以很小，又与生物体同质，因此能够植入人脑，成为人机共生体，从而打通生物与人工智能，真正出现人机共同思考的新时代。

不难得出结论，智能化是人类对美好生活追求的必然。根据智能世界 2030 论坛专家对未来的预测，智能社会将呈现以下变化。

■ 医：让健康可计算，让生命有质量。

人们依托高灵敏度的生物传感器、云端存储的海量健康数据，让健康可计算。人类将能实现主动预防，从"治已病"到"治未病"；借助物联网、AI 等技术，未来的治疗方案将不再千篇一律；大型医疗设备将更加便携化，可实现居家远程医疗联动。

■ 食：用数据换产量，普惠绿色饮食。

人们可以利用农情多元数据图谱，实现精准农耕；通过对数据的收集，模拟作物生长发育所需的温度、湿度等要素，打造不受变化莫测气候影响的"垂直农场"；通过 3D 打印，获得符合个人健康需求且口感最佳的人造肉，真正实现从靠天吃饭过渡到靠数据吃饭。

■ 住：新交互体验，让空间人性化。

基于万兆家庭宽带、全息通信等技术，打造数字化的物品目录，通过自动配送，实现储住分离；构建智能管理系统，打造物与物的自动交互，让人类有可能在零碳建筑中工作和生活；基于下一代物联网操作系统，实现居家和办公环境的自适应，打造"懂你"的生活空间。

■ 行：智能低碳出行，开启移动第三空间。

未来人类的出行将是多维的创新系统，基于无人驾驶技术的新能源汽车，能让我们拥有专属的移动第三空间；新型的载人飞行器不但能提升紧急救援效率，降低急救医疗物资的输送成本，甚至还能改变我们的日常通勤方式；通过定制高效的、与他人共享的出行方案来提高交通工具的使用率，促进绿色出行。而这背后需要安全稳定的自动驾驶算法、各类低成本可靠的传感器、高速稳定的空天地一体化网络，以及基于强大算力的交通管理"大脑"。由此，打造电气化、自主化、共享化、网联化的低碳出行体验。

■ 城市：数字新基建，让城市有温度、更宜居。

随着新型数字基础设施的普及与应用，城市环境治理方案将进一步优化，资源的利用率和治理的效率将大幅提升，通过实现跨区的一网统管和一网通办智慧平台，让居民能享有更便利、更人性化的服务，生活在有温度、更宜居的城市中。

■ 企业：新生产力重塑生产模式，增强企业韧性。

数字化转型推动企业的进一步升级，协作机器人、自主移动机器人等新生产力融入企业；通过对生产、物流等环节的柔性化重塑，实现以人为中心的新生产模式；供应链在数字化的影响下，变得可视化、网状化，企业将拥有更强的韧性以应对变化万千的市场环境。

■ 环境：绿色能源更智能，呵护蓝色星球。

能源将更加绿色、更加智能。在智能技术的支持下，人们可以在近海、湖面部署新型能源电厂，利用虚拟电厂、能源云构建"源网荷储"全链路数字化的能源互联网，零碳数据中心和零碳站点将有望成为现实。

■ 信息安全：数字技术与规则塑造可信未来。

数字可信将成为未来社会基础设施的基本要求。将区块链、AI打假、隐私增强计算等技术与隐私安全保护法等数字规则相结合，双管齐下，共建数字可信的智能世界。

总之，有了智能的加持，世界将变得更美好。

本章小结

人类是"万物之灵"，作为其"灵性"的体现，智能是人类得以在恶劣自然环境中胜出的关键。为了进一步征服和改造自然，人类还需不断地对智能的奥秘进行探索，并利用已有研究成果推动社会的进一步发展。这种相信智能、依靠智能的滚动式前进模式，已成为世人的共识。本章对智能的定义、分类以及价值意义进行了探讨分析，特别是对于智能科学的发展简史进行了回顾，最后指出人类社会向智能化发展的必然性。通过本章的学习，读者能够厘清本课程学习的相关基本概念。

课后习题

1. 比较智能不同定义的异同点。
2. 智能科学的研究内容有哪些？
3. 比较智能科学与计算机科学的关系。
4. 论述智能与人类的紧密关系。
5. 阐述脑智能与群智能的关系。
6. 如何理解"业业皆学问"？
7. 回顾描述智能科学发展过程中的标志性观点。
8. 简述人工智能与生物智能的关系。
9. 为什么说人类社会智能化是必然的？
10. 何为"智能生产力"？

第2章 智能的应用

在了解了智能的基本概念之后，通常在读者头脑中马上浮现出的问题就是"它有什么用""其学习价值如何"，为此，本章将简要介绍智能的应用。

2.1 概　述

2.1.1 人类用生物智能征服世界

回顾历史长河，人类已经利用其自然进化出来的、卓尔不群的自身生物智能征服了世界，这样的事实不胜枚举。正如 1.2.1 节指出的那样，智能成就了人类。那么，到底是智能的哪些应用实现了这一效果呢？这里我们仅从宏观的角度将其中发挥最关键作用的部分抽取出来，并归结为趋利避害、产生语言、产生科学等几个方面。

1. 智能实现趋利避害——确保生存繁衍

人类自身的生物智能随着自身的进化不断升级，从低到高可以分为四个层次：感知反应智能、观察理解智能、情绪智能、高度抽象概括智能。

■ 感知反应智能是生物在"感知反应"中所表现出来的智能。智能的产生本质上就是生物为了更好地生存，只有对外部环境做出正确的感知反应，才可以直接实现趋利避害，所以感知反应智能是生物最先产生的智能，是一切智能生物的第一层智能。

■ 观察理解智能是生物在"观察理解"中表现出来的智能。对于只具有第一层智能的生物而言，如果进一步有了观察理解智能(哪怕是初级的)，就能够对感知反应产生有利的影响，其智能水平会产生一大跨越。所以，如果生物需要发展第二层智能，必定是观察理解智能。观察理解智能表现为协助感知反应智能更好地实现趋利避害。

■ 情绪智能是高级生物在情绪方面所表现出来的智能。情绪智能是从"自动模式"中发展出来的，它拓展、强化了趋利避害的作用。由于情绪智能需要更多的其他智能的支持才能形成强大的功能，因此它排在观察理解智能之后，称为第三层智能。

■ 高度抽象概括智能是人类独有的智能，也是第四层智能。它使人们能够看清事物的本质，从而进行预测，以达到高水平的趋利避害。

以上四层智能是一层一层地叠加并持续发展起来的，在各个时期有效地支持着智能主体的生存、发展和繁衍。在这个四层结构中，第一层感知反应智能让生物直接实现趋利避害，实现了生存、发展和繁衍；第二层观察理解智能协助感知反应智能更好地实现趋利避害，促进了生物的生存、发展及繁衍；第三层情绪智能强化了感知反应智能趋利避害的成效，也强化了生物的生存、发展和繁衍；第四层高度抽象概括智能则促使生物智能由感性走向理性，既让生物趋利避害的成效产生了飞跃，也让生物的生存、发展和繁衍产生了飞跃。换言之，如果趋利避害是一个美好的愿望，感知反应智能则让趋利避害成为了现实，观察理解智能则为趋利避害的实现做了加法，情绪智能为趋利避害的实现做了乘法，而高度抽象概括智能让趋利避害的实现呈指数上升。

人类的生物智能首先做到的就是趋利避害，从而使人类在残酷的自然法则考验下得以生存繁衍。趋利避害具体又有很多行为和表象，而且，人类的趋利避害能力显然要高于地球上的其他生物，这是智能之于人类最初始、最根本的应用。

2. 智力的第一次觉醒——产生语言

人类早期的演化，有着各种意义重大的标志性事件，其中比较重要的是制造工具和利用火。特别是对于火的掌控，至今仍旧是其他物种难以逾越的障碍，极大地扩展了人类的生存能力与生存空间。但是以上二者的重要性均无法与语言相提并论。人类进化的过程中，制造石器的历史绵延近 300 万年，对于火的控制与利用也有 50 万年。在如此漫长的时间中，人类曾分化出许多旁支，如能人、尼安德特人、丹尼索瓦人、东亚直立人，但都没有导致智人的产生。英国《自然》杂志前副主编尼古拉斯·韦德等人指出：语言革命可能才是人类智能飞跃的致命武器。可以说，语言是现代人的第一次智力觉醒纪元，也是人类生物智能的最重要产出。

语言可能是 5 万年前现代人行为发生显著改变的关键性因素之一。历史学家认为，正是语言革命使人类获得了一种讲故事的本领，社会组织动员能力由此逐步变得强大；也正是由于语言，人们的经验性知识得以传承与累积，变为后代的财富。以上两者使得现代人的祖先走出非洲、淘汰掉其他同类，并在 1 万年前把握住了气候变化提供的适宜环境，创造了农业革命。

至今我们仍在享受语言革命带来的红利，继续发挥着利用语言讲故事与传承知识的本领。《人类简史》作者赫拉利特别指出，人类讲故事的能力应当引起更多关注。语言的产生促进了人类社会的发展，人类社会秩序的维系需要各种故事来支持。如果科学破除了旧有神话宗教故事的可靠性，如启蒙时代那样，人们就会以新的方式重新讲述一套不同的故事，如民族国家、自由平等等。语言革命对于知识积累的贡献也是后续第二次、第三次智力觉醒的基础[①]。

3. 智力的第二次觉醒——产生科学

如果说第一次智力觉醒，很大程度上是自然馈赠于人类的厚礼，那么发端于 16—17 世纪的欧洲科学革命，则是人类自身努力的成果。科学的产生，正是智能的自我进化和人脑生物智能深度应用的结果。

科学革命首先是一次思维方式的革命，表明人们试图摆脱对自然的屈从地位，希望成为自己命运的主人。用弗朗西斯·培根的话说，在弄清人与人的关系之前，需要先弄清人与自然的关系。17 世纪成立的法兰西科学院、英国皇家学会等科学团体，正是这一思想影响下的产物。康德的"人为自然立法"观念，也是对于科学革命诉求的精辟概括。

科学革命还是一次方法论的飞跃。在这一方面，培根对于人类理解力的局限有深刻的

---

① 注：为了与原作保持一致，这里使用"智力觉醒"而非"智能觉醒"，其含义一致。

理解，他区分了人类理性通常存在的四种误区，这就是著名的四假象说。四假象分别为族类的假象、洞穴的假象、市场的假象与剧场的假象。为避免这些误区，培根提出一套实验与归纳的科学方法。该方法首先从整理过和类编过的经验出发，从中抽取原理，然后再由已经确立的原理进行新的实验。培根还区分了三种原理：最低的原理、中级公理与最高的原理，他认为唯有从低到高逐步推进，科学才能有好的希望。这一套方法在同时代的伽利略那里有着典型的运用。正是受这些科学思想的指引，牛顿才在多个领域做出了影响后世的辉煌成绩，指引人们采用更加理性的方式与客观世界打交道。

也许历史学家对于与科学革命几乎同时期的文艺复兴、地理大发现、宗教改革运动这些重大历史事件更加重视，然而从智能科学的角度评价，科学革命无疑是各种潮流中最为突出的一种，对于后世的影响也最大。文艺复兴、地理大发现与宗教改革运动只是一次次欧洲事件，但科学革命却是整个人类演化史上的一次重大历史事件。科学革命开辟的道路，使得人类极大地摆脱了自然界的约束，并且重塑了新的价值观念，推动了社会秩序的重组。拉瓦锡、麦克斯韦、巴斯德、达尔文、爱因斯坦、卢瑟福等人，正是这条伟大道路上的后继者。近代科学对于人类福祉的贡献，是政治与宗教等其他领域所无法比拟的。荷兰大气化学家保罗·克鲁岑将这个纪元称为"人类世"，该概念也已经进入地质时间年表。

科学对人类社会的影响有目共睹，然而若是没有人类自身生物智能的驱动，科学不可能产生。目前人类社会已经进入到了智力的第三次觉醒阶段——心智革命。

2.1.2　人类用人工智能改造世界

人类将借助于人工智能改造世界。

在某种程度上，20世纪50年代以来的心智革命是第二次智力觉醒的延续。不同的是，这次革命不是对自然的认识与改造，而是对于人类自身生物性约束的突破，或将导致人类演化进入全新的阶段。心智革命主要发生在人工智能与脑科学领域，尽管这两个领域有很大交叉，但路径有所不同。人工智能的路径是"机器的人化"，而脑科学的路径是"人的机器化"。无论哪一个领域率先取得突破，都是智能发展史上具有深远意义的"大事件"。

人类的能力可分为体力和智力，然而自然人的这两种能力是非常有限的，为此人们通过制造的工具、机器等来实现能力的放大。这些工具、机器可以分为辅助体能和辅助智能两大类。如汽车、飞机、洗衣机、钳子之类，都属于前者，称为"人类体力的伸延与放大"。而发明算盘、计时器(钟表)、计算器、计算机和智能机器等的目的，则是要减轻、延伸、放大人的智力(脑力)，使人脑得到解放，以便集中精力去从事更富创造性的工作。智能技术工具属于后者，其能够发挥更大的效用，影响着人类社会的农业、工业、国防、教育、艺术以及消费娱乐等几乎所有行业、产业。随着科技的不断发展，智能化的产品、工具已经成为我们生活中不可或缺的一部分。从智能手机到智能家居，从智能车辆到智能医疗设备，智能化的产品和技术正在改变我们的生活，并给人类带来了许多好处。人工智能技术为人类社会生产生活带来许多前所未有的优势，通过"赋能"使人类的生产生活呈现出截然不同的新形态。之所以能取得这样的效果，是因为人工智能具有以下优势。

1. 便利性

人类的活动有时是复杂的、多步骤的，在操作的时候需要频繁地交互才能得以实施。虽然这些交互有时候是简单的，但却是不可或缺的。人们已经熟悉甚至厌倦了这些烦琐、没有挑战性的工作，因此表现出种种逃避。那么，是否能够让智能体接管这些工作，而人只需进行顶层决策就好，这样带来的好处是便利性大大增加。例如，我们可以通过智能手机的应用程序远程控制智能家居设备，调节室内温度，甚至在外出时监控家庭安全，这种便利性使我们的生活更加舒适和高效。

2. 安全性

人生活在一个不确定的物理环境中，面临着很多无法预知的风险威胁。我们不可能放下手中的工作去一直紧盯周围，这时，可以利用智能技术增加安全性。例如，智能家居设备可以通过传感器和摄像头监测家庭的安全状况，并及时向我们发送警报；智能车辆配备了先进的驾驶辅助系统，可以帮助我们避免交通事故；智能医疗设备可以随时监测我们的健康状况，并在出现异常时提醒我们及时就医。这些智能化技术和产品大大增强了安全性。

3. 效率

智能化生产设备和工具可以自动执行任务，减少人力和时间成本。智能化交通系统可以优化交通流量，减少拥堵和排队时间。例如，智能化的医疗设备可以提高医生诊断的准确性和治疗效果。这些智能化技术和产品使我们的工作更加高效和精确。

4. 个性化

"人类动机"金字塔的第四层是"尊重需求"，而个性化是其重要表现之一[①]。例如，智能手机和智能音箱可以根据我们的喜好和需求提供个性化的服务和建议，智能家居设备可以根据我们的习惯和行为自动调整室内环境，智能化健身设备可以根据我们的身体状况和目标提供个性化的锻炼计划。这些个性化的体验使我们的生活更加舒适和满意。

5. 教育与学习机会

智能化教育设备和软件可以根据学生的学习风格和能力提供个性化的教学内容和方法，智能化学习平台可以让学生随时随地获取知识和资源，智能化虚拟现实技术可以提供沉浸式的学习体验。这些智能化的教育和学习机会使我们的教育更加灵活和高效。

6. 新娱乐与休闲方式

智能产品可以提供丰富多样的娱乐内容，如电影、音乐、游戏等。智能化虚拟现实设备可以提供沉浸式的游戏和娱乐体验；智能化健身设备可以提供有趣的锻炼方式，如虚拟健身课程和互动游戏。这些智能化娱乐和休闲方式使我们的生活更加有趣和多样化。

7. 环境保护与可持续发展

智能化能源管理系统可以优化能源使用，减少能源浪费和碳排放。例如，智能化废物管理系统可以提高废物处理的效率和环境友好性；智能化农业技术可以提高农作物的产量和质量，减少农药和化肥的使用。这些智能化技术和产品有助于保护环境和实现可持续发展。

8. 新社交与沟通方式

智能驱动的新型通信工具，增强了人们之间的联系。例如，智能手机和社交媒体应用

---

① 根据马斯洛的需求层次理论，人类动机可以分为五个层次，构成金字塔形结构，由下至上分别是生理需求、安全需求、社交需求、尊重需求和自我实现需求。

程序使我们能够随时随地与朋友和家人保持联系，智能化语音助手和翻译工具可以帮助我们跨越语言和文化的障碍，智能化视频会议和远程办公工具可以促进远程合作和沟通。这些智能化社交和沟通方式使我们的社交网络更加广泛和便捷。

综上所述，智能化给人类带来了许多好处，它们能够提供更高的便利性、更好的安全性、更高的效率、更好的个性化体验、更好的教育和学习机会、更好的娱乐和休闲方式、更好的环境保护和可持续发展，以及更好的社交和沟通方式。随着智能化技术的不断进步，越来越多的智能化产品和服务将为人类社会的各个行业带来更多好处，可以说"哪里有人类活动，哪里就将应用到智能及相关技术"。这些看似琐碎的改进，堆叠起来对社会整体产生质的影响，就是心智革命的结果。

本章后续小节将结合主要行业的需求与实际应用，对智能技术的赋能实践进行介绍。

2.2　智能技术农业应用

2.2.1　农业智能需求分析

随着科技的不断进步，智能应用已经渗透到各个领域，包括最古老的农业产业。回顾农业的发展可以将其概括为四个时代，如图 2-1 所示。

农业 1.0　　　　　　农业 2.0　　　　　　农业 3.0　　　　　　农业 4.0

图 2-1　农业 1.0 到 4.0

1. 农业 1.0——体力劳动时代

农业 1.0 代表了古代农业，从大约 5000 年前一直持续到 18 世纪。这个时代的主要特征包括：

(1) 依赖人力劳动。在农业 1.0 时代，农业主要依赖人力劳动，辅以少量的动物和基本的铁器工具。农民进行繁重的农田耕作和收获工作。

(2) 精耕细作。人们对土地进行精耕细作，采用手工工具进行农田管理，以最大化实现土地的产出。

(3) 季节依赖。农业 1.0 主要受季节性和自然因素的制约，天气、气候和其他自然因素对农业生产有着巨大的影响。

(4) 不确定性。由于依赖天气，农业 1.0 时代的生产结果往往不确定，农民的劳动成果容易受到自然因素的干扰。

2. 农业 2.0——机械化生产时代

公元 8 世纪至 19 世纪中叶的农业时期可以定义为农业 2.0 时代，其主要特征包括：

(1) 工业革命成果的应用。农业 2.0 时代借助工业革命的成果，引入了大量的农业机械，如拖拉机和收割机。这些农业机械的使用大大减轻了农民的体力劳动。

(2) 化肥和农药的广泛使用。农业 2.0 时代大规模使用化肥和农药，提高了农作物的产量。这种生产方式也被称为"绿色革命"。

(3) 大规模作物种植。在农业 2.0 时代，农民开始大规模种植单一作物，以追求更高的生产效益。

(4) 节约劳动力。机械化农业突破了季节的限制，使农业生产更为连续，还减少了人力劳动的需求。

3. 农业 3.0——现代科学技术时代

19 世纪下半叶到 20 世纪末的农业时期被定义为农业 3.0 时代，其主要特征包括：

(1) 现代科学技术的应用。农业 3.0 时代依靠生物技术、信息技术等现代科学技术，实现了农业生产的科学化和集约化。

(2) 有机农业的兴起。有机农业的概念逐渐传播开来，其减少了农业对化肥和农药的依赖，保护了生态系统。

(3) 精准农业。全球定位系统(GPS)和遥感技术的应用，实现了农田的精准管理。

(4) 多样化种植。农民开始多样化种植，以减少种植单一作物的风险。

(5) 可持续发展。农业 3.0 时代注重农业的长期可持续性发展，以保护土壤、水资源和生态平衡。

4. 农业 4.0——智能化农业时代

21 世纪是农业 4.0 时代，其主要特征包括：

(1) 互联网技术的融合。农业 4.0 时代应用互联网技术，如物联网、大数据、电子商务等，实现了种植管理的智能化。

(2) 智能机器人的应用。机器人用于种植、收获和农田管理，减少了人力劳动。

(3) 自动化农业。自动驾驶拖拉机和其他设备的使用，提高了生产效率。

(4) 精准施肥和灌溉。借助大数据和传感器技术，实现了精准施肥和灌溉，减少浪费。

(5) 数字农业平台。建立数字化的农业平台，使农民可以获取种植、市场和气象等信息，从而采取有针对性的措施。

(6) 可持续性和生态友好性。农业 4.0 时代注重可持续性和生态友好性，促进了农业与环境的和谐发展。

综上，之所以产生智能化农业，是因为农业有智能方面的需求，具体如下：

(1) 智能数据采集和分析。由于现代农业生产已经变得非常复杂和精细了，智能农业利用各类传感器和监测设备，实时采集农田、环境和作物等方面的数据并进行处理。通过对这些数据的分析和处理，可以及时发现作物病虫害、土壤水分异常等情况，并提供相应的决策支持，这是现代农业必不可少的工作。

(2) 智能自动化控制。农业操作正变得非常复杂和烦琐，需要通过自动化设备和机器人技术实现农业生产过程的自动化控制，旨在实现精准化的智能控制，达到节水、节能、节省人力成本以及保护生态环境的目的。

(3) 智能决策支持。农业生产也需要进行科学决策,需要能为农民提供决策支持和优化方案的工具,从而使农业生产与自然、资源条件进行最佳契合。通过分析历史数据和市场情报,智能系统可以预测产量、价格和市场需求,帮助农民做出更明智的决策。

农业 4.0 正是基于上述考虑提出的。

2.2.2 农业主要智能应用

智能技术在农业中的应用已经全面铺开,具体如下。

1. 农田管理

智能农业通过传感器网络和地理信息技术实现对农田的实时监测和管理。农民可以通过智能设备获取土壤水分、温度和养分等信息,并根据这些数据调整农田管理策略。

【思政融入点】 我国智慧农业创新

阿里巴巴达摩院发布了全球首个 AI 遥感大模型(AIE-SEG,如图 2-2 所示),其率先在遥感领域实现了图像分割的任务统一,可通过一个模型实现"万物零样本"的快速提取,并可识别农田、水域、建筑物等近百种遥感地物分类,还能根据用户的交互式反馈自动调优识别结果。遥感技术主要用于城市规划、耕地保护、应急救灾等行业,而在 AI 加持下,相关遥感技术还能够对卫星捕获的内容及历史气象数据进行分析,从而助力城市运营、耕地保护、应急救灾等行业应用。山东省国土测绘院与阿里巴巴达摩院合作利用遥感 AI 大模型进行冬小麦长势监测,识别精度达到 90% 以上,有效提高了冬小麦遥感解译的效率,帮助农业管理者更好地预测粮食产量,提升了农业生产效益。

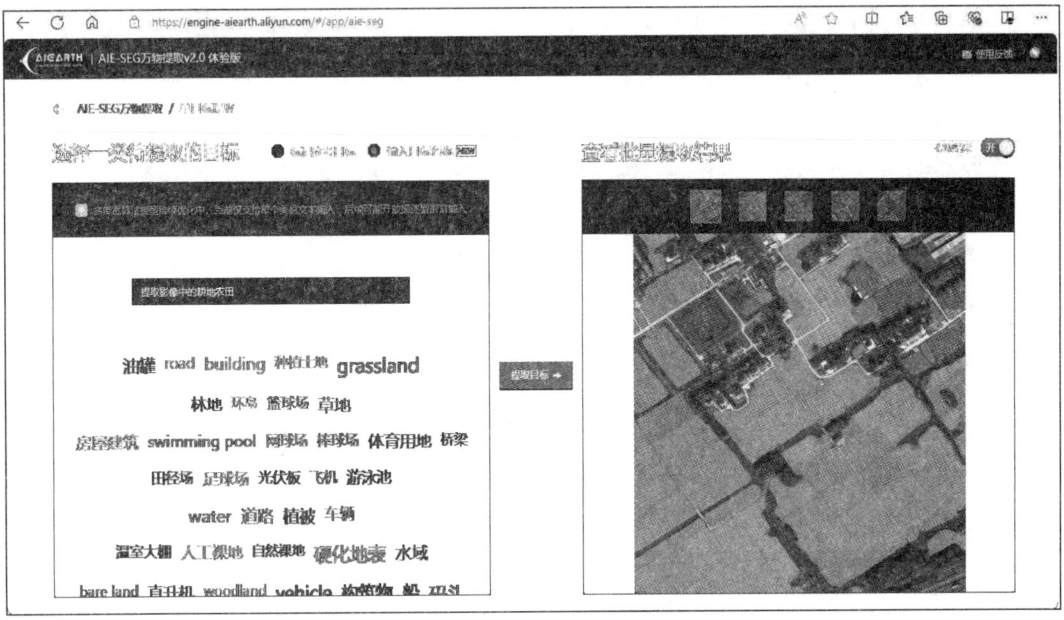

图 2-2   AIE-SEG 输入"提取影像中的耕地农田"自动识别所选目标

2. 作物病虫害监测

智能农业利用图像识别和机器学习等技术(图 2-3 所示为无人机田间作物病害监测),实现对作物病虫害的及时监测和识别。自动化的监测设备可以拍摄作物图像，通过算法分析图像信息，准确识别作物病虫害并提供相应的防治方案。

图 2-3 无人机作物病害监测

3. 精准施肥

智能农业利用传感器和智能控制系统，实现对作物的精准施肥。通过采集土壤和作物的相关数据，智能系统可以控制施肥设备的运行，给作物提供适当的养分供给，提高施肥效率。

4. 智能植保

智能农业利用机器人和遥感技术，实现对作物的智能植保。机器人可以自动巡视农田，检测作物病虫害，进行定向喷药或有针对性地进行其他植保措施。

5. 专家系统

在农业领域，许多问题的解决需要相当的经验积累与研究基础。农业专家系统利用大数据技术将相关数据资料集成到数据库，通过机器学习建立数学模型，从而进行启发式推理，能有效地解决农户所遇到的问题，科学指导种植。

智慧农业将是未来农业发展的主要方向。

2.3 智能技术工业应用

2.3.1 工业智能需求分析

现代工业水平代表着一个国家的实力水平，关系到国家的经济命脉。与农业发展过程类似，工业发展也经历了 1.0 到 4.0 的演进过程。

1. 工业 1.0——机器制造的兴起

工业 1.0 时代始于 18 世纪末的英国，这个时期的主要特征是：机器制造的普及，人类社会从手工制造过渡到机械生产。这个时代的标志性技术是蒸汽机、纺织机和炼铁技术的发明。这些技术的出现使得生产效率得到了大幅提升，推动了工业生产的快速发展。

2. 工业 2.0——流水线生产与电气革命

工业 2.0 时代出现在 19 世纪中叶，这个时期的主要特征是：流水线生产的普及和电气革命的推动。流水线生产的出现使得生产过程更加规范化、标准化，进一步提高了生产效率。同时，电气技术的广泛应用也使得能源问题得到了解决，为工业生产提供了更稳定、更高效的能源供应。

3. 工业 3.0——自动化生产与计算机技术

工业 3.0 时代始于 20 世纪中叶，这个时期的主要特征是：自动化生产和计算机技术的普及。这个时代的标志性技术包括计算机、数控机床、自动化生产线等。这些技术的出现使得生产过程更加智能化，大幅提高了生产效率和产品质量。

4. 工业 4.0——智能制造与物联网技术

工业 4.0 时代是当前工业正在经历的时期，这个时期的主要特征是：智能制造和物联网技术的广泛应用。物联网技术使得设备之间能够相互连接、互相交流，实现生产过程的全面数字化。同时，人工智能、大数据等技术的出现也使得生产决策更加智能化，能够实时调整和优化生产过程。工业 4.0 已经超越了传统的生产流程范畴，成为一种全新的生产方式。

我国是少数工业产业链完整的国家之一，工业产业智能化升级刻不容缓。

【思政融入点】 中国是少数工业产业链完整的国家之一

工业是立国之本、强国之基。新中国成立 70 多年来，中国工业走过了发达国家几百年的工业化历程，基础支撑力量不断增强，支撑起了中国经济的发展。目前，我国拥有 41 个工业大类、207 个工业中类、666 个工业小类，形成了独立完整的现代工业体系，是全世界唯一拥有联合国产业分类当中全部工业门类的国家。自改革开放以来，我国工业更是实现了历史性的跨越，已经成为世界第一制造大国。

当前工业领域的智能化升级，主要针对传统工业面临的以下问题展开。

(1) 人力成本。

人力成本是商品制造成本中的重要部分，然而人力成本的上涨是不可避免的。造成人力成本上升的主要原因有以下几点：随着我国老龄化人口的增加，劳动力市场供应不足，导致劳动力市场供需失衡；货币汇率增值，也提高了制造企业在国际市场上的劳动力成本；同时，政府劳动力保护政策的推行，加大了企业对劳动者的保护力度，增加了企业的用工成本。为了保持经济增长，必须要大幅增加劳动力供给。

(2) 安全生产。

随着科技的日新月异，工业制造领域正处于快速发展的重要阶段。在经济持续快速增长的同时，各类工业生产安全事故也时有发生，给经济社会发展和人民群众的生命财产安全带来了严重威胁。仅 2022 年上半年，我国就发生了山东钢铁公司爆炸、江苏油库火灾等多起重大安全事故，导致重大人员伤亡和经济损失。为此，需要一些先进技术、先进装备，在一些高危行业用机械化来"减人"，用自动化、智能化来"换人"。

(3) 工业互联网。

为了提高工业生产效率和质量，工业产业需要进一步升级，工业系统正在向工业互联网(Industrial Internet)迈进。工业互联网是新一代信息通信技术与工业经济深度融合的新型基础设施、应用模式和工业生态，通过对人、机、物、系统等的全面连接，构建起覆盖全产业链、全价值链的全新制造和服务体系，为工业乃至产业数字化、网络化、智能化发展提供了实现途径，是第四次工业革命的重要基石。工业互联网不是互联网在工业的简单应用，而是具有更为丰富的内涵和外延。它以网络为基础、以平台为中枢、以数据为要素、以安全为保障，既是工业数字化、网络化、智能化转型的基础设施，也是互联网、大数据、人工智能与实体经济深度融合的应用模式，智能化是其实现的必要条件之一。

(4) 智能制造。

现代工业正在向着精密、复杂、高可靠性的方向演进，一些制造工作对于制造者的要求不断提高，甚至人类可能都无法胜任。智造是智能制造的简称，是指由智能机器人和人类专家共同组成的一体化智能系统，它在制造过程中能进行智能活动，诸如分析、推理、判断、构思和决策等。通过人与智能机器的合作共事，去扩大、延伸和部分取代人类专家在制造过程中的脑力劳动。智造者需要自主地感知、处理信息和决策，具有更高的自动化、智能化。例如，在制造业中，利用机器人实现自动检测、自动跟踪和自动控制等功能，形成更高水平的生产。智造者还需具有更强的自适应性和灵活性，可以根据不同的环境、任务和数据不断地学习和优化自身，从而达到更好的工作效果。这些都是传统工业无法达到的。

上述工业升级问题，均需采用智能技术加以解决。

2.3.2　工业主要智能应用

近年来，人工智能的发展呈现出越来越快的趋势，人工智能技术在各行各业中的应用越来越广泛，在许多领域都取得了显著的成就。而工业人工智能(Industrial Artificial Intelligence，IAI)作为人工智能技术在工业领域的应用，也取得了巨大的进步和发展，并具有以下典型应用。

1. 制造业生产线无人化

制造业是工业人工智能应用的主要领域之一。工业人工智能可以在生产线上完成自动化加工、自动化检测、自动化控制和自动化分拣等多项任务，大大提高了生产效率和产品质量。例如，工业机器人可以自主地识别、抓取、装配和焊接零部件等，减少了人工操作的难度和失误率。借助于机器学习、深度学习以及其他相关技术，智能制造系统可以对车间进行自动化控制和优化，实现制造过程的监测、预测和自我调整，在节省大量人力成本的同时，提高了生产效率和品质。

📍【举例】　黑灯工厂

"黑灯工厂"也叫智能工厂(图 2-4)。其实"黑灯工厂"里并非漆黑一片，"黑灯"只是为了突出其高度智能化。"黑灯工厂"也并非完全无人，它只是实现了高强度体力劳动、危险劳动、重复性劳动等低附加值劳动岗位的无人化。经过精确的效率、成本控制，最终实现合理的人机协作。产品从原材料到最终成品，所有生产、存储、搬运、检测环节无须人工操作，主要由智能机器人或自动化设备按照软件系统指令自行完成。因车间内的机器可以自动运作，不需要灯光照明，因此得名"黑灯工厂"。在智能化浪潮下，"黑灯工厂"可以减少劳动力开支，提高企业生产效率和产品质量，并能进行具有危险性的生产作业。与传统车间人员忙碌的景象不同，黑灯工厂处于一种"平静"的氛围，机器与机器之间自主有条不紊地"交流信息"，并完成操作作业。

图 2-4 "黑灯工厂"生产线

2. 工业智能保障

工业智能保障主要包括智能维护和智能质检。智能维护是指利用人工智能技术对设备进行监测和维护。通过人工智能技术，企业可以实现设备的自动化、智能化和数字化。例如，企业可以利用人工智能技术对设备进行监测和预测维护，从而提高设备的可靠性和降低维护成本。智能质检是指利用人工智能技术对产品进行质量检测。通过人工智能技术，企业可以实现产品质量检测的自动化、智能化和数字化，从而提高产品质量和降低质检成本。

3. 物流业无人化

工业人工智能在物流业的应用也越来越广泛，主要体现在物流调度、智能仓储和智能快递等方面。通过运用人工智能技术，可以实现物流路径规划、智能配货、智能押运、自动化储藏等业务，从而进一步提高物流效率，降低物流成本。无人仓库就是具体的应用实例。

【举例】 无人仓库

无人仓库的目标是实现入库、存储、拣选、出库等仓库作业流程的无人化操作(图 2-5)，这就需要具备自主识别货物、追踪货物流动、自主指挥设备执行生产任务、无须人工干预等条件。此外，无人仓库还要有一个"智慧大脑"，针对无数传感器感知的海量数据进行分析，精准预测未来的情况，自主决策后协调智能设备的运转，根据任务执行反馈的信息及时调整策略，形成对作业的闭环控制，具备智能感知、实时分析、精准预测、自主决策、自动控制、自主学习等特征。

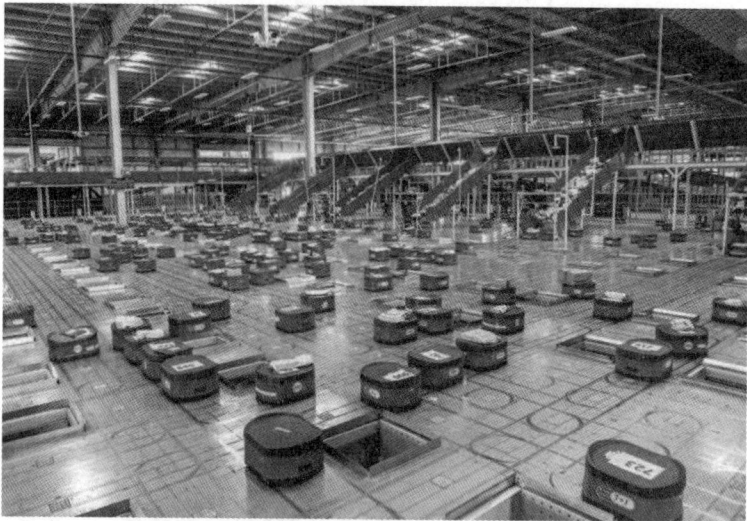

图 2-5　"无人仓库"物流中心

传统的仓库操作通常需要投入大量人力，从货物的装卸、存储到订单的处理，都离不开人工干预。这不仅增加了成本，还可能导致操作错误和延误。然而，无人仓库正在改变这一现状。

4. 智能能源行业

能源行业也是工业人工智能的重要应用领域，主要体现在能源检测和预测、能源优化和管理等方面。例如，利用智能技术分析大量的数据，在能源供应、消耗和存储的各个环节实现智能控制和优化，有效地提高了能源利用效率和运营效率。

此外，智能在工业的许多细分行业还有很多应用。

工业人工智能的进步必然会对产业形态产生深刻的影响。一方面，将有更多的制造企业利用工业人工智能技术提高生产效率和产品质量。另一方面，将会有新的企业加入这一市场，推动行业的进一步发展和升级。概而言之，工业人工智能将继续引领生产力的提高和生活质量的改善。在未来几年里，它将成为工业技术应用的重要方向之一，必将推动工业智能化进入新的阶段。尤其是工业互联网融合应用向国民经济重点行业广泛拓展，形成平台化设计、智能化制造、网络化协同、个性化定制、服务化延伸、数字化管理六大新模式，赋能、赋智、赋值作用不断显现，将有力地促进实体经济提质、增效、降本、绿色、安全发展。

2.4　智能技术国防应用

2.4.1　国防智能需求分析

随着智能技术的加速运用，智能化正成为继机械化、信息化之后推动军事力量建设发展的强大动力，战争制胜机理和战争规则也随之发生变化，智能化战争已经初现端倪，这也符合现代化国防建设的需求。

1. 减少战场人员伤亡

战争中的人员伤亡始终是无法回避的残酷话题。以越战为例，它是二战后美军伤亡人数巨大的一次战争，据美军统计，该国军队在战争中死亡 56 000 余人、负伤超过 30 万人，另外还有 2000 余人被俘/失踪，总损失达 36 万人左右。

战争也是名副其实的"吞金兽"。特别是现代战争，其财富消耗更是有增无减。2010年，前世界银行首席经济顾问斯蒂格利茨著成了《三万亿美元的战争》一书，分析得出美军在伊拉克战争中一共耗费三万亿左右美元，还赔上了 10 000 名士兵性命，昂贵的抚恤金对国力的消耗更是雪上加霜。此外，因战争失去家人的军属的心理创伤，也需要很长时间来治愈。因此，减少战场人员伤亡成为未来战争首要解决的问题。

2. 快速情报分析决策

战场战机稍纵即逝，为了赢得战争就需要对情报进行准确分析、快速决断。然而，现代战争中的情报是海量、复杂的，传统的情报分析过程又需要大量人力和时间，因此快速地从庞大的情报数据中提取有价值的信息，并辅助决策者进行战略决策非常必要。

3. 降低军事训练成本

军事专业人员需要进行大量的训练和模拟。为了保持作战部队的能力水平，需要经常性地组织军事演习，而传统的武器装备测试和战场模拟也需要消耗大量资源和时间。在一场大规模的军事演习中，仅仅是武器消耗这一项至少要花费几百万元，一发导弹就可能高达 100 万元人民币。除了武器资源的消耗外，参与演习的士兵还会有额外的补贴，这也是一笔巨额资金。此外，对于一些高价值人员，其学习和训练的代价也是极高的，在空军行业内就有"培养一名飞行员需要花费相当于一名飞行员体重的黄金的资金代价"的说法。

4. 提升装备保障质量

现代战争装备精度要求高、技术复杂，需要大量的时间来保障维护。以美军 F-35 战机为例，飞行 1 h，地面维护至少需要 20 h。特别是随着科技的智能化发展与战争形态的演变，武器装备自动化、信息化、智能化水平日渐提升，在带来更强战力的同时，也给维修保障工作带来了新的挑战和压力。与传统的武器装备维修保障工作相比，如今的军事装备维修保障工作要做到及时、高效，尤其需要向智能化借力。利用智能技术给维修保障领域尤其是检修设施带来的新变化，培养维修保障人员在感知、判断、实施等作业全流程注入智能化元素的意识，以扭转维修保障理念滞后于武器装备技术发展水平的局面。坚持以主动跟进的"预防维修"为主，鼓励维修保障人员参与设计及大胆使用新型智能化维修设备，对武器装备的运行进行实时动态全程监控，力争对事故提前感知，防患于未然，这些提升装备保障质量的措施都具有极其重要的价值。

5. 促进新装备的研发

军事装备的竞争迭代已经成为大国竞争的主赛道。随着科技的不断发展，现代化战争已经不再是单纯的肉搏战，更多的是技术实力的较量。军事装备的研发和应用已经成为现代战争中至关重要的一环。这些装备包括武器、装甲车、飞机、舰艇等，它们不仅能够提高军队的作战能力，还能够有效地减少军队的伤亡和损失。然而这些武器的研发，大多必须依赖于仿真模拟与超级计算机以及未来的智能技术。基于类似目的研发的美国ENIAC 电子计算机，虽然未能在二战期间赶上武器弹道计算的步伐，但后来在氢弹研发中取得了巨大成功，将模拟计算耗时从 40 h 缩短到了 20 s。现如今，超级计算机在国防领域最为重要的一项能力就是模拟核爆炸，这是因为实际核试验所带来的污染和支出实在太大，使得采用超级计算机仿真模拟核试验就成为最优选择。

综上，国防对于智能技术的需求是大势所趋。

【思政融入点】 国防军事智能化要求

2020 年八一建军节前夕，中共中央政治局就加强国防和军队现代化建设举行第二十二次集体学习，习近平主席在主持学习时强调，要加快机械化信息化智能化融合发展。认清机械化、信息化、智能化的基本内涵与特征，厘清"三化"之间的相互关系，进行科学布局，这是加快机械化信息化智能化融合发展的基本前提和必然要求。

2.4.2　国防主要智能应用

胜利总是向预见到未来战争特性变化的人微笑。俄罗斯军事理论家斯里普琴科在其《未来战争》一书中说过：军人的主要任务从来就是对未来战争进行全面准备，但由于种种原因，他们所准备的往往是过去了的战争。从机械化、信息化到智能化，军事智能成为决定未来战争胜负的关键要素。一些发达国家正纷纷加强军事智能化建设，努力抢占未来军事竞争的制高点。国防主要智能应用如下。

1. 智能军事装备

智能技术使得军事装备能够智能化，大大提高了军事作战的效率和精准度。例如，智能无人机能够通过搭载摄像头和各类传感器实现目标识别、跟踪和定位，同时还能够自主规划航线、执行任务。这使得无人机能够在没有人类干预的情况下，完成各类侦察、攻击和救援等任务。此外，智能导弹系统也能够通过人工智能技术，实现目标自主识别和打击，大大提高了军事打击的精准性，并降低了误伤的风险。

2. 自动化武器

自动化武器(无人装备)是发达国家长期占据军事优势的重要手段之一。以美军为例，美国海军将其定位为具有独特优势的新型作战力量，赋予其与有人装备同等重要的地位。随着分布式海上作战概念的提出，美国海军已经形成了以 MQ-4C 等高空长航时无人侦察机、"鸬鹚"等潜射无人机以及"剑鱼"等无人潜航器为主的情报侦察监视体系。未来，美军将持续发展海上无人水面艇、蜂群水面作战群、水下无人潜航器发射平台等无人打击体系，以此形成完善的海上无人侦察打击体系。

3. 辅助情报预警

情报预警是一项非常重要的军事工作，而智能技术可以帮助军方更快速、更准确地获取情报信息。例如，人工智能技术用于对卫星图像的分析，可以提供更精准的情报信息；用于对声音、图像等数据的处理，可以帮助军方更好地进行情报分析和预警工作；等等。

4. 战场决策支持

在战场上，决策者需要快速准确地获取和分析大量的信息，以作出明智的战略和战术决策，智能技术在这方面提供了有力的支持。人工智能技术可以对海量的情报数据进行快速分析和挖掘，发现隐藏的规律和关联。决策者还能够通过智能模拟仿真预测战场形势的发展趋势，为决策提供参考和建议。智能技术在情报分析与侦察中具有突出的优势。例如，利用人工智能技术对地图、卫星图像进行自动分析，可以实时监测和预测敌方军事动态，提供重要的战场情报；利用人工智能技术进行网络侦察，可以追踪和预防网络攻击，确保国家的信息安全。通过人工智能技术的支持，决策者可以获取更全面、准确的情报信息，并进行智能化的决策分析。智能技术还可以帮助决策者进行风险评估、作战模拟和战略规划，并提供具有可行性的决策方案，这将大大提高决策的效率和精确度，为国家安全提供强大的保障。

5. 智能化后勤保障

在后勤保障方面，智能技术能够提供智能化的解决方案，加强物资和人员的管理和调度。例如，基于人工智能的仓库管理系统能够通过实时监控和分析物资流向，实现智能化的库存管理和补给计划。此外，智能技术还可以应用于维修保养领域，例如智能诊断系统可以快速分析和判断装备故障原因并提供相应的维修方案，提高了后勤保障的效率和可靠性。

6. 智能战争仿真

战争仿真是军事训练和战术演练的重要手段。智能技术能够为战争仿真提供更加真实和智能的对手，例如模拟具有智能决策能力的虚拟对手以更好地评估和验证各类战术方案的有效性和可行性。智能技术还能够根据不同的任务目标和背景条件，自动调整虚拟对手的行为和策略，模拟出更加复杂和真实的战场环境，从而进行更加真实的训练和决策支持。通过人工智能技术的支持，自主作战系统可以实现智能化的决策，提高作战效率和作战安全性。

7. 智能装备研发

新型武器是现代战争中军事装备研发的重要方向之一。在现代战争中，各国军队都在积极研发新型武器，以提高自己的作战能力。这些新型武器通常具有更高的精度、更远的射程、更强的杀伤力、更快的速度等特点，可以有效地提高军队在战争中的胜率。

考虑到智能技术在军事方面的应用价值，DARPA(美国国防部高级研究计划局)近年来每年在人工智能研究方面投入的经费近百亿。试想，如果驾驶战斗机的飞行员能够被替换成人工智能机器，那么政府不但能压缩巨额的飞行员培养费用，还能避免将飞行员的生命置于危险之中。如果"人工智能飞行员"比其他任何人都能够更为准确、高速地操纵飞机，那么军队的战斗力也将大幅提高。如果所有的导弹、坦克、枪械都由人工智能来自动操作，那么即便使用同样的武器，军队的战斗力也将大为提升。也许在不久的将来，战争将表现为人工智能之间进行对决的"代理"战争。当前，无人驾驶飞机(也叫 UAV 或者 Drone)已经被投入实际运用，无人机由飞行员通过远程遥控进行操纵(大多数用于侦察目的，但是实际上也有用于战斗攻击的例子)。可是，它的弱点也很明显，因为是远程操控，所以会出现延迟，而且对情况的把握也不如人工飞行方便和准确。另外，实施远程操控的人员数量本身也会成为瓶颈。

总体来说，智能在军事领域中的应用涵盖了智能军事装备、战场决策支持、智能化后勤保障、智能战争仿真以及装备研发等方面。随着技术的不断发展和进步，智能在军事领域中的应用前景将更加广阔。

2.5　智能技术教育应用

2.5.1　教育智能需求分析

教育是一个提升受教育者智能的过程，与智能有直接关系。可以说，人类的自身生物智能是一个人利用拥有的知识能动地改造主观世界与客观世界的本领。教育力求提升人解决问题的思维品质与实践能力，发展个人的智慧。然而，传统教育存在以下一些问题，阻碍了教育目标的实现。

(1) 个性化缺失。

学生的智力水平存在差异，如果仅采用传统大班教学，很难满足个性化教育要求。虽然因材施教也一直是传统教学所追求的目标，但随之产生的巨大工作量已经使得教学任务繁重的教师无力负担。

(2) 时间束缚。

传统教育的课堂时间固定，也束缚了教师对非授课时间的安排，而这些时间往往是授课时间的几倍。

(3) 场地限制。

传统教育需要为教师、学生提供大的学习场所、各种教具和工具，并且需要维护与管理，这使教育的成本不断增加。

(4) 监管成本。

为了服务、管理教师、学生而设置的行政管理部门和监管部门使教育的成本再次暴增。另外，还存在一些不可预期的成本支出。

因此，随着智能技术对各个行业的渗透，也要求教育进行相应的跟进与调整。目前，智能科学技术的发展已经引起了教育模式的重大变化，多媒体的交互性、图形显示及音视频功能正在创造一种独特、全新的学习环境，并为教师和学生提供更加丰富的学习资源。

2.5.2　教育主要智能应用

智能教育能够根据学生的兴趣、能力和学习进度，提供个性化的学习计划和资源。通过分析学生的学习数据和行为模式，智能教育能够为每个学生量身定制适合其发展需求的学习路径，并提供个性化的学习意见和反馈。这种个性化的学习方式可以提高学生的学习效果，激发学生的学习兴趣，从而更好地满足学生的学习需求。

1. 智能教学助手

随着智能技术的快速发展，智能教学助手在教育领域开始应用。这些助手可以通过语音识别和自然语言处理技术与学生进行对话交流，帮助他们解答问题、理解教材内容，并在学习过程中提供有针对性的指导和建议。通过与智能教学助手的互动，学生可以获得更加个性化、自主化的学习体验，教师也可以更好地了解学生的学习情况和需求，有针对性地调整教学策略，提高教学质量。

2. 个性化学习系统

除了智能教学助手，智能技术还推动了个性化学习系统的应用。这些系统通过分析学生的学习习惯、兴趣和能力，结合大数据和机器学习算法，为每个学生量身定制学习路径和学习资源，以便最大程度地满足学生的学习需求和促进学习成果。个性化学习系统还可以根据学生的表现实时调整学习内容和节奏，使学生在适合自己的学习状态下进行学习，提高学习兴趣和效果。

3. 虚拟现实教学

虚拟现实技术是智能技术在教育领域的一个重要应用方向。它提高了学习的吸引力和实践性，学生可以身临其境地体验各种场景和情境(如图 2-6 所示)。

图 2-6　虚拟现实教学场景

【举例】　虚拟现实教学

在地理课上，学生可以通过虚拟现实技术去探索世界各地的地形地貌；在化学实验课上，学生可以通过虚拟实验室进行一些危险性相对较大的实验操作。

4. 自动评价与反馈系统

在传统的教育教学过程中，教师需要花费大量时间和精力对学生的作业和考试进行评价和反馈。而随着智能技术的发展，自动评价与反馈系统得到了极大的改进和应用。这些系统可以通过机器学习和自然语言处理技术，自动对学生的作答进行评分和分析，并给出有针对性的反馈和建议。这不仅减轻了教师的工作压力，还能够使学生及时了解自己的学习水平和不足之处，有针对性地调整学习策略，提高学习效果。自动评价与反馈系统的应用，使教学变得更加高效和个性化。

目前，远距离教学的设施和手段得到了进一步的发展，在一些发达国家已经得到广泛的应用，学生在家里就可以接受到与在学校一样的教学过程，上课、回答问题、课堂讨论和老师答疑都十分轻松自在。这种以智能科学技术(如计算机技术、多媒体技术、网络技术等)为支撑的教育方式与常规教育方式相比，往往可以减少40%的时间和30%的经费，学习效率也可提高 30%~50%，使得人们长期追求的"选择教育""个性教育""因材施教"和"终身教育"等目标得以实现。学生也可以根据需要随时随地选择学校、教师和课程，这意味着教育体制、模式、课程设置和教学方法等都会发生全面改革。尤其重要的是，智能科学技术提供了除学校教育之外的多种受教育途径，使得"受教育机会人人平等"的理想成为了现实。

智能技术将继续推动教育领域的变革。通过解决当前教育中存在的挑战和问题，智能技术将不断挖掘其在教育领域的潜力，为学生提供更好的学习和发展机会。教育工作者也应积极探索智能技术的应用，不断创新教学方法和教育管理，为教育的未来发展贡献力量。

2.6 智能技术艺术应用

2.6.1 艺术智能需求分析

艺术是一种人类特有的文化现象，它通过各种形式和媒介来表达和传达人类的情感、思想、价值观、审美观等。艺术有着多种多样的类型和风格，如绘画、雕塑、音乐、文学、戏剧、电影等。艺术具有美化环境、教育观众、批判社会、激发灵感等多种多样的功能和目的。

艺术的发展也需要智能驱动，如果用现代人的眼光去评价现有艺术，还存在一些限制和约束需要突破。

(1) 创作限制。

受时间、空间、资源等方面的限制，艺术创作的周期通常很长，覆盖范围也相对固定。

(2) 多样性限制。

受文化、语言、风格等方面的约束，艺术工作者创作出具有多元化和包容性的艺术作品非常困难。

(3) 挑战性限制。

受传统、习惯、规则等方面的影响，艺术创作难以突破各种各样的限制和约束创造出具有挑战性和创新性的作品，尤其是受到创作者本身的文化、知识水平的限制，艺术工作者容易陷入片面和重复之中。

(4) 互动性约束。

传统艺术表达多采用单向的、固定的、封闭的形式，不能引导和激励用户的输出和反馈，促进用户之间的交流和互动。而这种互动对于增强艺术的体验感和共享感有着重要意义。

鉴于上述限制和约束，随着计算机技术的发展，智能技术参与艺术创作已经成为一种趋势。

2.6.2　艺术主要智能应用

智能能够创造艺术，并且创造出了具有无限性、多样性、挑战性、互动性等特点的艺术。这些特点不仅体现了智能技术本身的能力和特性，也体现了人类对于艺术本质和意义的探索和追求。

1. 模仿和学习

智能体通过分析和处理大量的人类或其他生物创造的艺术作品，来学习和掌握其中的规律和特征，然后根据这些规律和特征，来模仿和生成类似的艺术作品，例如通过学习莫奈、梵高、毕加索等画家的画风创造出具有相同或相似风格的绘画作品。这种应用的优点是可以快速而准确地复制和扩展已有的艺术形式和内容，但缺点是缺乏原创性和创新性。

2. 变异和组合

智能体可以通过对已有的艺术作品进行修改和变化，或者将不同的艺术作品进行拼接和组合，创造出具有新颖性和多样性的艺术作品，例如对蒙娜丽莎的面部进行变形或者将蒙娜丽莎与其他名画或照片进行混合和融合，创造出具有不同效果和意义的绘画作品。这种应用的优点是可以增加艺术作品的趣味性和表现力，但缺点是可能损害艺术作品的完整性和美感。

3. 生成和创新

智能体可以自主设计自己的艺术理念和目标，创造出具有独特性和价值的艺术作品。例如：设定一些参数和条件，如颜色、形状、音调、节奏等，然后根据这些参数和条件生成符合自己审美标准和表达意图的绘画、音乐、诗歌等作品。这种应用的优点是可以展示人工智能的创造力和想象力，但缺点是可能难以被人理解和欣赏。

如图 2-7 所示为谷歌 DeepDream 创作的抽象画。

图 2-7　DeepDream 创作的抽象画

智能正在改变艺术和文化的面貌，为创意提供了新的可能性和前景。虽然目前还存在一些挑战和争议，但大多数人认为，智能体可以与人类艺术家协同工作，共同创造出属于他们的作品。未来，我们可以期待看到更多令人叹为观止的艺术和创意作品，这将是智能科技和人类创造力结合的体现。无论如何，智能与艺术的融合将继续带领我们走向未知的艺术领域。

值得一提的是，当前生成式智能艺术已经发展成为一种前所未有的艺术新流派，丰富了艺术的内涵。

2.7 智能技术医学应用

2.7.1 医学智能需求分析

随着人类科技的进步与生活水平的不断提高，人们对医疗有了更高的要求，包括医疗效率和质量的进一步提高、医疗费用的进一步下降、医疗安全性的进一步加强、新的医疗方法的提出。人类对医学智能的主要需求表现为以下几个方面。

1. 高效性

相对于传统的医疗技术，智能技术在疾病诊断和治疗方面具有更高的效率。特别是在大数据分析技术的支持下，人工智能可以迅速地处理庞大的医疗数据，为医生提供高质量的诊断和治疗方案，直接或间接地降低了医疗费用。

2. 精确性

通过对大量的数据进行分析和研究，智能技术可以提高疾病诊断和治疗的精确性。

3. 个性化治疗

智能技术能够为患者提供个性化的诊断和治疗方案。例如，智能医疗设备可以非常便利地收集、分析患者的生理数据并进行个性化治疗，这些治疗方案将更加贴近患者需求从而提高治疗效果。

此外，医疗部门还可借助智能技术降低医疗事故、误诊的发生率，提高安全性；利用智能技术革新医疗手段和药物开发，提高医学的创新性。

2.7.2 医疗主要智能应用

智慧医疗是指借助先进的信息化技术，以提高医疗服务效率、改善患者体验为目标，将医疗资源进行智能化整合和配置的医疗模式，其核心内容包括电子病历、智能影像识别、远程医疗、智能健康管理等方面。随着智能技术的发展，智慧医疗的应用会越来越广泛。

1. 普通疾病诊断

事实证明，人工智能分析患者数据的能力改变了疾病诊断的规则，尤其是对癌症和阿尔茨海默病等复杂疾病的诊断。利用机器学习算法，人工智能可以分析大量患者的数据，包括医疗记录、成像扫描、基因图谱和其他相关信息。这种分析有助于识别病理、异常指标和潜在的生物标志物，从而帮助医生准确、及时地诊断疾病。

正如人工智能在分析图像时产生了可喜的结果一样，人工智能的疾病诊断通过考虑更全面的数据和计算患者的疾病结果，扩展了这一能力。人工智能对疾病诊断的影响是双重的，即速度和准确性。

通过人工智能分析，诊断过程显著加快，能够更快地识别潜在的疾病和病症。这种及时性在关键病例中至关重要，因为早期干预会对患者的预后产生重大影响。通过加快诊断过程，智能技术使医疗保健专业人员能够迅速启动适当的治疗计划，从而有可能提高患者的存活率和整体预后质量。

通过改善患者预后、降低成本和提高效率，智能技术有可能彻底改变医疗保健行业。通过将常规任务自动化、提供个性化治疗以及协助医疗服务提供者进行诊断和治疗，智能技术可以帮助解决医疗行业目前面临的一些挑战。

最新的人工智能医疗发展表明，智能技术正变得越来越复杂和有效，其对医疗保健的影响在未来几年可能会继续增长。

2. 预测分析

智能的惊人威力还体现在分析患者数据和利用预测分析来预测医疗不良事件(如再次入院和用药错误)发生的可能性上。通过机器学习算法，人工智能可以筛选庞大的数据集、识别模式并产生有可能显著改善患者预后的见解。人工智能具备的分析患者数据和预测不良事件的能力为医疗保健提供了一种变革性的方法。通过识别高风险个人或情况，医疗服务提供者可以主动干预，并提供及时的预防措施，以减少不良事件的发生。例如：人工智能算法可以分析患者的病史、生命体征和其他各种数据，以评估再次入院的风险。这使医疗保健专业人员能够更有效地分配资源，有针对性地采取预防性干预措施，并加强出院后的护理，以降低再入院的可能性。

3. 个性化治疗

智能技术分析患者数据的手段为结合遗传学、生活方式和病史等个人因素制订个性化治疗方案提供了新的可能性。这种个性化的治疗方法经过实践证明可以显著改善治疗效果，并将不良反应的风险降至最低。通过机器学习算法，人工智能可以处理大量患者数据，包括遗传信息、生物标志物、生活方式因素和治疗结果。这种分析使人工智能能够识别传统方法可能无法发现的病理模式和相关性。通过机器学习等智能手段可提高医疗工作者发现疾病的"洞察力"，帮助医疗服务提供者制订个性化的治疗方案，以满足每位患者的独特特征和需求。

4. 新药物发现

智能分析海量数据的能力极大地影响了药物发现领域。通过深度学习算法，人工智能可以处理大量数据集，识别潜在的候选药物并预测其疗效。这些技术进步有可能加快药物发现过程，从而开发出更有效的新疗法。

人工智能在药物发现领域的应用前景广阔。传统的药物发现方法耗时长、资源密集，往往需要反复试错。然而，人工智能驱动的算法能够分析大型数据集，包括分子结构、遗传信息和临床数据，从而找出可能对确定的潜在候选药物至关重要的模式和关系。这种数据驱动的方法为研究人员提供了宝贵的见解，使他们能够优先选择更有可能成功的分子结构，并减少对实验测试的需求。加拿大多伦多大学的研究人员与 Insilico Medicine 合作，利用名为 Pharma 的人工智能药物发现平台，在 30 天内就开发出肝细胞癌(HCC)的潜在治疗药物。这个平台打破了传统药物开发的时间和成本限制。一般来说，开发一种新药需要 10 年以上的时间和数十亿美元的投入，而这个智能平台只用了 30 天就完成了从目标识别到分子设计到合成验证的全过程。这意味着，在未来，我们可以利用智能技术快速地寻找和创造出针对各种疾病，尤其是那些难以治愈或缺乏有效药物的疾病(如癌症、艾滋病等)的新型药物，并且大幅降低其开发成本，这对于提高人类健康水平和福祉具有重要意义。

【思政融入点】 从神农尝百草到人工智能药物发现

神农(图 2-8)是中国古代神话传说中的"三皇"之一，他是继伏羲之后，又一个对中华民族有颇多贡献的传奇人物。他不仅发明了农耕技术，更遍尝百草，发明了医术。传说，当时人们经常因为乱吃东西而生病，甚至丧命，神农氏为"宣药疗疾"，决心遍尝百草。他跋山涉水，为了找寻治病解毒良药，几乎嚼尝过所有植物，据说他曾"一日遇七十毒"。在尝出了 365 种草药后，他写成医学巨著《神农本草经》。神农救死扶伤，泽被苍生。

图 2-8 神农

传统药物发现方法存在周期长、成本高的问题。近年来，以 AlphaFold 为代表的人工智能系统在生命科学领域取得重大突破，推动了人工智能技术在药物研发领域的应用。深度学习、自然语言处理和知识图谱等人工智能技术广泛应用于药物发现多个环节，深刻改变了药物发现的方法和途径，极大地提高了药物发现效率，缩短了开发进程，形成 AI for Science 的典型范式。2022 中国人工智能系列白皮书之《人工智能与药物发现》系统地总结了目前国内外人工智能在药物发现领域的最新研究成果，探讨了人工智能技术在药物发现领域的应用中所面临的机遇与挑战，展望了未来的发展方向。

5. 医学影像诊断

人工智能算法可以分析 X 线、CT 扫描和核磁共振成像等医学影像，以检测异常并协助诊断。这可以带来更快、更准确的诊断，从而改善患者的治疗效果。人工智能医疗成像的进步包括利用云计算和深度学习来分析数据，帮助人类医生筛查、评估和诊断病人。最近的研究表明，医疗成像中的人工智能检测能够以高于人类检测的速度识别疾病，如果大规模部署，有可能挽救数百万人的生命。实施人工智能分析医学影像的潜在影响是巨大的，它可能对全球医疗产生深远的影响。

6. 远程医疗

远程医疗正在重塑医疗保健的格局。远程医疗利用先进的通信技术，能够使患者接受医疗服务提供者的远程会诊。通过视频会议、在线平台和其他数字工具，患者可以在舒适的家中与医疗保健专业人员联系，无须亲自到医院就诊。机器学习算法可以分析患者数据、病历和症状，帮助医疗服务提供者作出准确的诊断和提供治疗建议。

7. 机器人辅助手术

近年来机器人辅助手术发展非常迅猛，最新进展包括：使用机器学习算法改进手术规划，开发人工智能驱动的手术机器人，使其能够以更高的准确性和速度完成复杂的手术等。机器人辅助手术还能在外科医生不在场的情况下进行手术，从而降低患者死亡率。外科医生可以远程进行手术，从而提高手术本身的普及率。现如今，机器学习算法已被用于完善手术规划流程，使外科医生能够在进入手术室前做出更明智的决定。通过分析大量患者数据，包括医学影像扫描、遗传信息和历史手术结果，智能算法还可以帮助外科医生根据每位患者的独特解剖结构和病情制订最佳手术策略。人工智能在外科手术中的作用不仅限于单个手术，通过不断学习大型手术结果数据集和患者数据，人工智能算法可以有助于改进手术技术和术后护理的模式和趋势。随着时间的推移，这种迭代学习过程能够完善和优化手术实践，使未来的患者受益，并推动整个外科领域的发展。

8. 远程患者监测

远程患者监测(Remote Patient Monitoring，RPM)是一项创新且发展迅速的智能医疗保健技术，正在彻底改变患者健康管理的方式。通过利用可穿戴设备，患者可以在家中方便地跟踪自己的生命体征和健康数据，这些设备(如智能手表或健身追踪器)可监测心率、血压、血糖水平等参数，收集到的数据随后会安全地传输给医疗服务提供者，使他们可以远程访问和分析这些数据。这种实时监测不仅能提高患者的治疗效果，还能促进患者的参与，使他们能够积极参与自己的医疗保健过程。

9. 虚拟护理助理

智能驱动的虚拟护理助理在帮助患者有效管理健康方面发挥着至关重要的作用。这些虚拟护理助理能够回答问题、提供提醒服务和监测症状，有助于提高患者的参与度，减少医疗服务提供者的工作量。虚拟护理助理利用自然语言处理技术加强患者与虚拟助理之间的交流。此外，很多医疗机构还开发了人工智能驱动的聊天机器人，以协助患者完成常规任务，如安排预约和重新配药。这些人工智能技术的进步不仅使患者能够掌控自己的医疗保健，还简化了流程，从而提高了患者护理的效率和效果。

10. 医疗行政自动化

智能的功能可扩展到自动执行预约安排和事件保险索赔处理等常规行政任务。通过承担这些职责，人工智能可以减轻医疗服务提供者的工作量，提高医疗系统的整体效率，进一步简化医疗保健行业的行政流程。医疗行政自动化领域的最新进展是引入了自然语言处理(Natural Language Processing，NLP)技术，可以促进患者与医疗保健专业人员之间更好地沟通。

智慧医疗是医疗领域发展的必然趋势，智能技术在诊疗中的应用正在改变医疗体系。通过智能辅助诊断、个性化治疗方案和智能健康管理等方面的应用，智慧医疗已经为患者提供了更高效、更个性化的医疗服务。

2.8 智能技术与电子商务

智能与电子商务的结合推动了当今中国庞大的互联网经济发展。

2.8.1 消费电子智能需求分析

近些年信息技术的发展变化，令人目不暇接，基于互联网络的电子商务已成为国家经济活动中的重要组成部分，它不但对企业的经营管理和产品营销产生直接影响，也对人们的消费方式产生了明显影响。在电子商务领域，智能不仅正在改变消费者的购物习惯，也为中小企业提供了巨大的商机。从天猫到京东，再到国外的亚马逊，无数的中小企业通过这些平台走向了成功。电子商务对于智能有以下具体需求：

(1) 数据分析与预测，通过大数据和机器学习，企业可以预测市场趋势、用户需求，从而优化销售策略。

(2) 精准营销，根据用户的喜好、习惯将商品推销给特定用户，提高销售和服务质量。

(3) 物流优化，优化物流路线，减少物流成本，提高配送效率。

(4) 确保交易安全，规避交易风险，确保市场合法规范，提供更加良好的安全保护等。

2.8.2 消费电子主要智能应用

随着全面智能时代的加速到来，智能将成为电商行业发展的新引擎，逐渐成为电商行业新的基础设施，渗透到电商的各个环节，重塑电子商务全流程。

1. 个性化推荐

个性化推荐是指通过对用户历史数据和偏好进行分析，为用户推荐符合其兴趣和需求的商品。在电子商务领域，个性化推荐已经成为一种基本的常规服务，广泛应用于各类电商平台。个性化推荐技术主要分为两种，一种是基于协同过滤的推荐算法，另一种是基于内容的推荐算法。协同过滤是指结合用户历史购买数据和其他用户的购买行为，为用户提供可能感兴趣的商品。而基于内容的推荐算法，则是依据商品的属性和特征，对用户进行个性化推荐。个性化推荐技术的优势在于可以为用户提供个性化、高效、接近满意的服务体验，这不仅可以提升用户满意度，也有助于促进电商平台的销售。

2. 智能客服

智能客服可以为用户提供自助服务、语音问答等服务，以满足用户的需求，提升其对品牌的认知度和忠诚度。在电子商务领域,智能客服已经成为一种必备的服务方式。例如,阿里巴巴的智能客服阿里小蜜可以自动回复用户问题,解答用户的疑问。智能客服主要分为两种,一种是基于规则的智能客服,另一种是基于机器学习的智能客服。基于规则的智能客服是指通过规则和逻辑来回答用户的问题,但是这种方式的局限性较大,无法解决复杂的问题。基于机器学习的智能客服则可以通过学习用户的提问方式和问题来不断进行学习,从而提升智能客服的准确度和效率。智能客服技术的优势在于可以降低运营成本、提高服务效率,同时为用户提供优质的服务体验,但是其局限性是,当智能客服难以处理一些复杂的问题时,就需要结合人工客服来进行解答。

3. 风险控制

在电子商务领域,风险控制是一项必备的工作,它可以帮助电商平台减少欺诈交易,保障销售和用户的权益。智能技术在风险控制领域中的应用主要包括欺诈检测和信用评估。前者是指通过分析用户行为和交易数据,识别潜在的欺诈交易风险。例如,支付宝的欺诈分析系统可以分析用户的交易行为、支付信息、关联设备等,来识别潜在的欺诈行为。后者是指通过对用户的信用历史、个人信息、支付记录等数据进行分析,来评估用户的信用度,以此来有效防控欺诈行为。例如,通过信用评估体系对用户的购买记录和评价记录进行分析,来评估用户的信用度。智能风险控制技术的优势在于可以有效降低电商平台的风险,提升用户的安全感和满意度。

智能在电商方面的应用已经取得了很多进展,为电商行业带来了很多好处。未来,随着技术的不断进步,智能在电商方面的应用会越来越广泛,为电商行业的发展做出更大的贡献。

2.9　智能技术与行政管理

2.9.1　数字政府智能需求

回顾人类近代社会文明发展史可知,历次工业革命都会引发人类社会、经济,乃至政治领域的重大变革。蒸汽机的出现提高了劳动效率,也造就了工人阶级,进一步引发了阶级斗争的大讨论,为新的政治意识形态和运动提供了滋生的土壤,政府的职能与管理形态随后发生重大改变。第二次工业革命"电气时代"的到来,使得资本主义生产社会化的趋势加强,推动了企业间竞争的加剧,促进了生产和资本的集中以及世界殖民体系的形成,资本主义世界体系最终确立,世界也逐渐成为一个"地球村",政府管理趋于现代化。以原子能、电子计算机、空间技术和生物工程的发明和应用为主要标志的第三次工业革命,则促进了社会经济结构和生活结构的变化,形成第一产业、第二产业在国民经济中的比重下降,而第三产业的比重上升的新局面。为了适应科技的发展,资本主义国家开始普遍强化国家垄断资本主义,又呈现出一种升级后的政治运行模态。进入 21 世纪,人类社会法制进步从未止步,2023 年初以新一代 GPT 为代表的新生成式人工智能横空出世,预示着第四次工业革命的大幕拉起。

在全面认识到智能化给政府和行政管理带来的新契机后，国内外学者普遍认为新一轮科技革命产生的重大后果，就是"万物数字化(大数据)、一切可计算(人工智能)"，这势必将形成涵盖经济、政治、文化和社会生活的全面数字化生态。基于此，从"物理政府"转向"数字政府"已经成为一种必然趋势。从世界范围来看，这一过程大致经历了电子政府(数字政府1.0)、网络政府(数字政府2.0)、智能政府(数字政府3.0)等不同的发展阶段，形成了以公共平台为核心的数智治理模式和运行机制，这无疑会推动法治政府的迭代升级。

当前，智能展现出的能力已经被社会各行各业所关注。在其众多能力之中，真正对人类社会产生直接影响的就是其自动化能力。这种蕴含智能的自动化正在或者有望改善社会活动中的各类流程，尤其受到生产部门的广泛欢迎。同时，将人工智能驱动的自动化引入社会域行政管理体系亦将给政府管理带来许多裨益。

1. 治理基层微腐败

不可否认，当今世界上的任何一种政治体制，在行政管理的末端都很难杜绝基层的"微腐败"现象。微腐败是指公职人员利用"微权力"为自己、亲戚或他人违法谋取私利，从而损害其他群众切身利益的一种腐败形式。这种腐败具有轻微性、隐蔽性、日常性、普遍性、基层性、顽固性、危害性的特点，它是发生在群众身边的"零距离腐败"，是与民争利的行为，令群众深恶痛绝。微腐败是我国反腐倡廉漫漫征程中的"最后一公里"，已经成为基层党风廉政建设和反腐败斗争的一个工作重点。其实，该问题并不是某种体制下的特有痼疾，而是普遍存在于世界各国几乎所有政治体制之下。

2. 提升政府工作效率

人工智能驱动下的行政自动化系统可以极大地提高行政管理和服务的效率，降低成本，在节约宝贵时间的同时，最大限度地节约各项资源；可以提供更准确、更及时的数据分析和决策支持，帮助行政人员做出更明智的决策；可以提供更高效、更便捷的服务，提高行政服务质量，满足公民的需求和期望，这也是现代行政管理的重要发展方向。

3. 消除偏见实现人人平等

智能的自动化可以减少法律适用的任意性，消除偏见，增强法律面前人人平等的原则，进而提高政府决策的可预测性和一致性。与人类法律系统不同的是，计算机法律系统不能肆无忌惮地无视其程序规则，虽然计算机系统可以被编程为"概率行为"，即通过类似投掷虚拟硬币的方式来决定是否作出对申请人有利的决定，这种方式有可能带来一定风险，但人们可以通过规则选择是否采用这种"概率行为"。相反，随机行为通常用于这样的情境，即社会共识认可随机选择是唯一公平的分配方式(例如，为某个活动发放有限的门票或确定彩票中奖者时)，其风险属于可控范围内。

"数字智能时代国家治理"已经成为热点讨论的话题。

2.9.2　行政管理智能应用

智能技术在行政管理方面的主要应用可以概括为在线政务服务、智慧监管执法和自动化行政决策，这些应用也是实现数字法治政府建设的重要载体和基本方式。

1. 在线政务服务

政务服务正从政府供给导向向群众需求导向转变，从"线下跑"向"网上办"、由"分头办"向"协同办"转变的成效更加明显。一些地方则开始探索政务服务"秒批"改革，通过信息共享、自动核验、智能比对，实现了全程无人工干预、自动审批，推动政务服务由"基于材料"的审批向"基于数据"的审批转变。这些在线流程中的身份认证、信息交互、信息处理等，已经超越了人的生物属性和物理空间，其活动方式呈现为"屏对屏"的虚实交融场景，其实质都是数字空间中的数字身份、数字表达和数字行为，这自然就会形成一种全时空、泛在化的数字公共服务和数字化公共参与形态。因此，这并不是一种简单的技术赋能和方法改进，其实质上是从"物理行政空间"迈进了"数字行政空间"，从"生物人"政务服务走向了"数字人"政务服务。

2. 智慧监管执法

数字政府建设的重要目标，不仅在于提供"掌上办""指尖办""一网通办""跨域通办"等便捷性的政务服务，更在于塑造精准服务功能、监测预警功能、决策支持功能、全程监督功能、协同办公功能。为此，《法治政府建设实施纲要(2021—2025 年)》和《国务院关于加强数字政府建设的指导意见》明确提出，要深入推进"互联网+"监管执法，探索推行以远程监管、移动监管、预警防控为特征的非现场监管，充分运用非现场、物联感知、掌上移动、穿透式等新型监管手段，弥补监管短板，提升监管效能。近年来，在一些基层治理过程中也创造了大量的新模式、新机制，如非现场执法和现场线上执法检查的"双现"执法，"提前知、提前控、全程知、全程控"的业务流程，以及全领域物联感知、全要素数据共享、全过程业务协同、全方位科学决策的"四全"智慧体系等。这样，凭借着新兴技术，将传统的"自然"执法行为转换为数据化、可视化、代码化的数字执法行为，形成了穿透式、智慧化的监管执法模式，以新型监管技术提升了监管智能化水平。

3. 自动化行政决策

数字政府建设不仅要求越来越多的国家事务和社会事务都要进行大数据归集和全流程在线通办，也会日益增加算法技术应用的广度和深度，从电子交警执法、犯罪预测与防控、信访风险预测与防控、政府招投标管理系统、生态环境风险评价系统等领域，不断向更多的数字政府业务领域延伸，从而带来在治理、服务、决策模式上的根本性改变。自动化行政决策的优点有：一是依托数据和算法的 AI 机器决策替代人类决策，有利于大幅提高效率，保证标准统一，克服执法的任意性，从而实现执法流程的智能化再造；二是有利于把数字政府具象为自动化运行的"数字机关"和数字行政行为，从而优化完善"互联网+"监管执法和"互联网＋督查"机制，形成目标精准、及时敏捷、穿透性强的新型执法和督查模式；三是自动化行政决策是一个基于数据分析、规则适格、标准衡量和结果计算的技术程序，它把执法过程中的事实、规则、程序和处理转换成代码来自动运行，这就有利于促进执法的客观性、科学性、精准性、快捷性，并能够形成全过程留痕，从而加强对权力运行的制约和监督，把执法权力关进"数据铁笼"。

平台化、数据化、智能化的数字政府，不是权力技术化、技术权力化路线上的赋能改造和职能加强，而应是去中心、强服务路线上的共建、共治和共享。因此，数字法治政府建设就应具有三层基本内涵：其一，由于数字政府并非"物理政府"的数字化，而是通过平台架构实现了流程与机制再造，因此，数字法治政府建设就要对其所形成的多元交互关系设置规制框架，特别是面对技术性化简程序、扩张权力、规制逃逸倾向，要进行制度性的规范和约束；其二，数字政府的发展目标是促进数字发展红利的普惠共享，因此，数字法治政府建设就应以保护数字权利、维护数字程序、弘扬数字正义为核心，抑制数字鸿沟、算法歧视、信息茧房和数字控制等问题和风险；其三，数字法治政府并不是原有法治原则在数字政府上的简单套用，而是基于数字政府的新型关系、机制和功能进行的重塑与重建，其实质是从现代法治迈向数字法治进程中的一种迭代升级，具有革命性的理论意义，并将开辟崭新的数字法治时代。

除了上述本章介绍的智能应用之外，智能技术还在文化、体育、社交、天文、化学、保险、交通、智慧城市等许多领域具有广泛应用，总之，智能的应用既广泛又必要。

本章小结

智能技术的主要作用是扩展人的智力能力。把智力技术与人的智力能力结合在一起，就可以具有更敏锐的观察能力、更广阔的感知能力、更精细的分辨能力、更高效和更可靠的信息共享能力、更清晰的记忆能力、更快捷准确的计算能力、更灵活的学习与认知能力、更明智的决策能力、更强大的控制能力，等等，这一切几乎在各行各业的应用智能赋能作用中淋漓尽致地表现出来。本章从农业、工业、国防、教育、艺术、医学、电子商务、行政管理等几个领域的智能需求入手，列举出智能的行业应用。

课后习题

1. 简述智能给社会生产生活带来的优势。
2. 简述智能农业需求并举例说明其主要应用。
3. 简述智能工业需求并举例说明其主要应用。
4. 简述智能国防需求并举例说明其主要应用。
5. 简述智能教育需求并举例说明其主要应用。
6. 简述智能艺术需求并举例说明其主要应用。
7. 简述智能医学需求并举例说明其主要应用。
8. 简述智能电子商务需求并举例说明其主要应用。

第3章 智能专业学习方法

高效的学习离不开正确的学习方法，智能科学与技术专业(以下简称智能专业)的学习也要讲求科学的学习方法，本章将结合智能相关知识体系介绍学习方法以及能力培养等要点。

3.1 知 识 体 系

3.1.1 知识结构

智能专业知识也存在科学与技术之分。

从宏观上讲，人类的知识主要以科学与技术的形式存在，而科学与技术又常常被错误地混为一谈，在专业学习之前有必要弄清楚二者的区别。科学的任务是通过回答"是什么"和"为什么"的问题，揭示自然的本质和内在规律，目的在于认识自然。技术的任务是通过回答"做什么"和"怎么做"的问题，满足社会生产和生活的实际需要，目的在于改造自然。科学主要表现为知识形态，技术则具有物化形态。科学提供物化的可能，技术提供物化的现实。科学上的突破叫发现，技术上的创新叫发明。科学是创造知识的研究，技术是综合利用知识于需要的研究。对科学的评价主要视其创造性、真理性，对技术的评价则首先看其是否可行，其次是能否带来经济效益。

从源头上讲，智能科学的基础理论来自生物学，又与数学、系统科学、社会科学等自然科学结合，而作为工程技术的智能技术则是一门多学科交叉的"高技术"(High-technology)。因此，对于这样一项综合了科学与技术的知识体，要想学好智能就必须建立一个综合的、科学合理的知识体系结构。如果从科学与技术一体化的角度，可简要勾画出智能科学与技术学科的结构框架，如图 3-1 所示。

可见，智能科学的主体理论、方法与技术是在众多基础与交叉学科的支撑下和众多技术与工具的支持下相互推动发展起来的。这里的基础与交叉学科包括数学、生命科学、脑科学、思维科学、信息科学、系统科学等。技术与工具包括在信息获取、智能决策和决策的执行整个智能行为中所涉及的技术与工具，具体有语音识别、图像处理、系统辨识、数据挖掘、移动通信、数据压缩、机器学习、机器翻译、智能控制、大系统控制、人工生命、机器人学等。

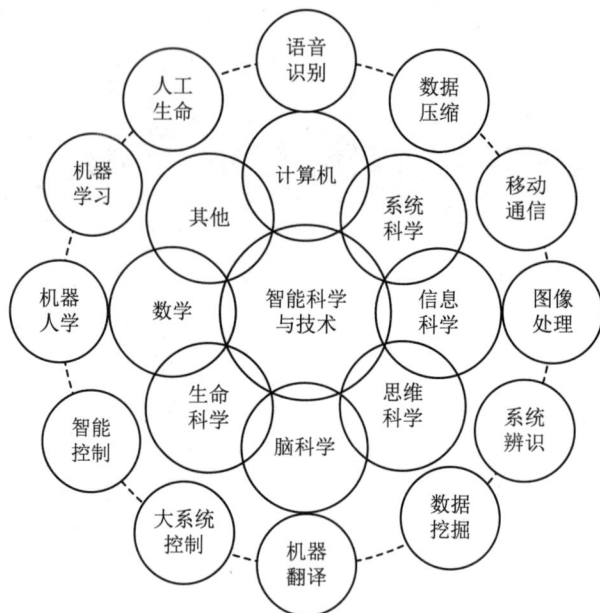

图 3-1   智能科学与技术学科的结构框架

3.1.2   课程大类

大学生知识结构的建立，主要是通过以课程为主干的理论＋实践实现的。根据教育部颁发的《普通高等学校本科专业类教学质量国家标准》(以下简称"国标")，计算机类专业(智能专业属于该类)本科生必须学满 140～180 个学分(理论课程每 16 个学时计 1 学分，实践课程每 24 个学时计 1 学分，集中实践 1 周计 1 学分)，方可达到毕业条件。

1. 课程体系构建原则

对于智能科学与技术专业，由于"国标"中并未给出明确的课程构成，一般是参考计算机类专业的基本设置，具体要求为：课程体系必须支持各项毕业要求的有效达成，进而保证专业培养目标的有效实现，其中人文社会科学类课程约占 15%，数学和自然科学类课程约占 15%，实践课程约占 20%，学科基础知识和专业知识课程约占 30%。

按照"国标"的指导思想，可以将智能科学与技术的课程结构简化为公共基础课、专业基础课和专业领域知识课三大模块，具体见图 3-2。

下面对图 3-2 中诸模块分别进行介绍。

2. 公共基础课

公共基础课中的思想政治、人文社会科学类课程能够使学生在从事工程设计时考虑经济、环境、法律、伦理等各种要素，外语基础类课程能够使学生掌握外语知识，有利于国际交流，本书不作过多介绍。数理基础类课程能够使学生掌握数理理论和实验方法，为学生表述工程问题、选择恰当数学模型、进行分析推理等奠定基础，这类课程一般包括高等数学、线性代数与矩阵分析、概率论与数理统计、工程数学、大学物理等。

公共基础课	专业基础课	专业领域知识课	
数理基础	**计算机基础理论**	**智能科学方法**	**智能技术应用**
离散数学	计算机导论	人工智能	计算机视觉
线性代数与矩阵分析	数据结构	机器学习	语音识别与生成
概率论与数理统计	操作系统原理	知识工程	自然语言处理
工程数学	数据库	模式识别	机器人
大学物理…	高级语言程序设计	数据挖掘	信息检索
外语基础	计算机网络…	深度学习基础	推荐系统
大学英语…	**智能科学基础**	强化学习	情感计算
思想政治、人文社会科学	智能科学技术导论	知识图谱技术	信息安全技术
马克思主义原理…	脑与认知科学…	大数据…	嵌入式与物联网…

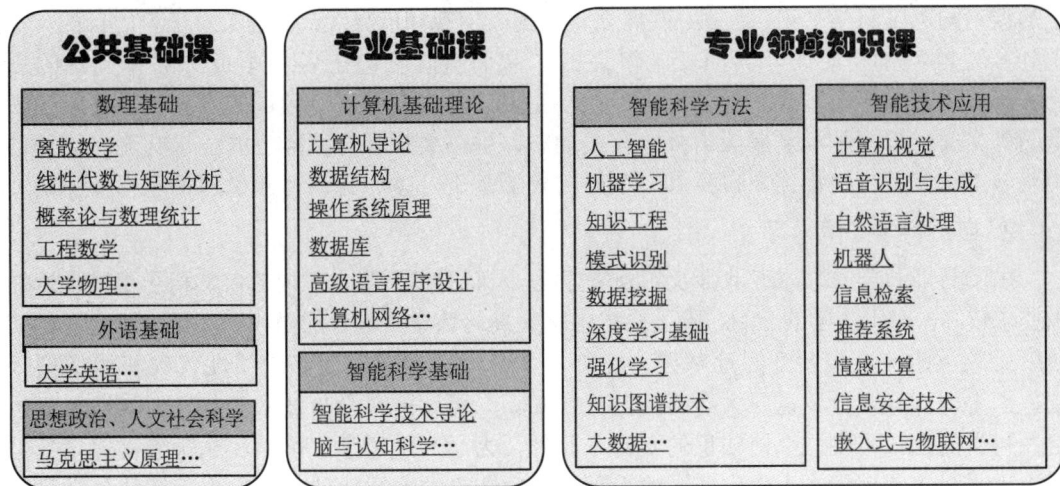

图 3-2　智能专业的知识结构

下面侧重介绍智能专业基础课与专业领域知识课。

3. 专业基础课

智能科学与技术专业的专业基础课程包括计算机基础理论和智能科学基础两个模块。

计算机基础理论模块课程主要培养学生计算思维、程序设计与实现、算法分析与设计、系统能力等专业基本能力，能够解决实际问题。这类课程一般包括(名称可能不限于此)计算机导论、数据结构、操作系统原理、数据库、高级语言程序设计、计算机网络、MATLAB基础与应用、计算机图形学、数字图像处理等。

智能科学基础模块课程则帮助学生了解智能科学的基本概念，掌握脑与认知科学的基本原理，学习专业发展的历史和现状。这类课程一般包括(名称可能不限于此)智能科学技术导论、脑与认知科学等。

4. 专业领域知识课

“国标”要求，计算机类不同专业的课程须覆盖各自知识领域的核心内容，并培养学生将所学知识运用于复杂系统的能力。因此，将智能科学与技术专业领域知识课设置为拓展专业知识范畴，具体包括智能科学方法和智能技术应用两大模块。其中，智能科学方法主要探讨智能科学的基础问题(见第 4 章介绍)，课程通常包括(名称可能不限于此)人工智能、机器学习、知识工程、模式识别、数据挖掘、深度学习基础、强化学习、知识图谱技术、大数据等。智能技术应用主要探讨智能科学的高级问题(见第 5 章介绍)及应用，课程通常包括(名称可能不限于此)：计算机视觉、语音识别与生成、自然语言处理、机器人、信息检索、推荐系统、情感计算、云计算、类脑计算、虚拟现实与媒体艺术等。

3.1.3　学习任务

课程的学习是通过具体学习任务的执行实现的，智能科学与技术专业的大学学习任务可以概括为以下五个方面。

1. 政治与人文科学知识学习

智能科学与技术专业的大学生与其他所有专业的大学生一样，在大学阶段必须学好指定的政治与人文科学知识。首先，要树立正确的人生观和世界观，明确大学学习的目的，认识到客观世界是物质的，其演变是辩证的，从而排除社会上各种不良思潮和风气的影响。其次，在大学阶段必须学好外语。大学生要想未来成为某个领域的专家，需要阅读大量的外文文献以了解和掌握国内外的有关动态，更需要加强与国际上的学术交流，用外语撰写学术论文等，这都需要自身具有很好的外语基础，读、听、写和说四种能力都需要。

2. 自然科学知识学习

由于智能科学与技术专业涉及的领域广泛，因而对包括数学在内的自然科学基础理论知识要求较高。对于数学的学习，除了要牢固掌握高等数学所包含的微积分基础知识之外，其他应用数学的内容也要很好地掌握。此外，本专业还要求有较好的线性代数和概率论基础，因为现代科学计算需要大量的线性代数知识，而智能科学与技术专业又面临很多不确定性科学问题，需要概率论知识的支持。此外，力学、电磁学、热学和光学等物理学基础知识也会对培养工程类大学生严谨的工程师素质起到非常重要的作用。由于智能科学与技术的服务对象非常广泛，因此物理、化学的基础知识也非常重要，它是智能与许多行业和生产联系的基础。

3. 专业知识学习

对于专业知识学习，大学生首先要学好本专业的课程。其次，由于该专业归属于计算机类专业，因此还应该牢固地掌握微型计算机原理、数据结构等计算机专业课程的基础知识。此外，该专业还可归属于信息类专业，因此在大学阶段有必要掌握自动化、机器人工程、通信工程等相关专业知识。

4. 专题讲座课拓展

为了拓宽本科生的知识面，很多大学都开设了一定数量的专题讲座课。这类讲座课一般分为两类：一类是补充本科生课程设置的短板；另一类是对本专业更高层次、前沿知识进行的引导与跟踪。对于智能专业的学生，在学好专业课程知识的同时，还需要积极了解大模型、具身智能、量子计算、AI安全、脑机融合、类脑计算等前沿知识，了解技术发展动态。这样可使本专业的学生具有比较广泛的知识基础，为将来的学习和工作打下坚实的基础。

5. 劳动教育与实践能力

实践能力对于大学生的成长和就业至关重要。通过参与实践活动，大学生可以拓宽自己的视野，提升自己的综合素质，为将来的职业发展打下坚实的基础。大学生要培养自己的实践能力，就需要积极参与实践活动，寻找实践机会，利用校内资源助力个人发展。只有不断锻炼实践能力，大学生才能更好地适应社会发展的需求，实现个人价值的最大化。

除此之外，自主开展其他方面的学习，如社交、人文地理、美学、艺术等，也很必要。

3.2 学 习 方 法

3.2.1 学习方法养成

掌握正确的学习方法，养成良好的学习习惯，可以达到事半功倍的学习效果。

1. 常用学习方法

(1) 听讲法。

听讲法可以在短时间内获得所需知识，促进抽象思维的发展。然而，如果片面地使用该法，局限于掌握教材知识，就会限制技能技巧发展。正所谓"尽信书不如无书"，迷信书本容易形成"过学习"。

(2) 直观法。

直观法可以提高接收知识的效率，尤其是能提高善于直观形象思维的大学生的学习效率。但是，过分使用直观法，则会阻碍抽象思维、想象力和言语表达能力的发展。

(3) 实践法。

实践法对于培养劳动技能技巧，加强理论联系实践特别有效。但是，它不可能确保全部学习任务的完成，因为它不能保证学生系统而深入地掌握理论，并发展抽象思维和逻辑表达。

(4) 复现法。

复现法便于保证大学生迅速而牢固地识记知识，形成技能技巧。如果教学内容主要是资料性的或描述实践活动方面的，该法特别有效。但是，复现法不能充分发展大学生的思维，特别是思维的独立性和灵活性，不能形成独立探索活动的智慧和技巧。过多使用该法，会使掌握知识的过程形式化，甚至导致呆读死记，妨碍创新意识和创新能力的培养。

(5) 问题探索法。

问题探索法从如何发现、提出问题开始，到如何分析、解决问题为止，主要用于培养创新学习的技能技巧，有助于独立地掌握知识。当学习内容是相应学科的概念、规律和理论，或揭示现象的因果关系，可以独立作出结论时，该法特别有效。当需要应用理论解决实际问题时，也可采用此法。

上述学习方法并不是相互孤立的，可以综合应用。

2. 学习习惯养成

学习不是一蹴而就的，长期的学习需要建立在良好的学习习惯之上。对于学习习惯的养成有以下建议。

(1) 立足长远科学计划。

学习目标要明确，做好切实可行的计划。学习计划要考虑全面，不是除了学习还是学习，而应该是"学习有时，娱乐亦有时"。制订计划要兼顾多个方面，学习时不能废寝忘食，这既对身体不好，也不科学，具体应该把握以下几点：

① 长远计划和短期安排相结合。在一个比较长的时间内，比如一个学期或一个学年，应当有个大致计划。因为实际学习生活中的变化很多，又往往无法预测，所以这个长远计划不需要很具体，但是对必须要做的事情要做到心中有数。而短期安排，比如下一个星期的学习计划，就应该尽量具体些，应当把较大的任务分配到每周、每天去完成，使长远计划中的任务逐步得到解决。有长远计划，却没有短期安排，目标是很难达到的，所以两者缺一不可，长远计划是明确学习目标和执行的大致安排，而短期安排则是具体的行动计划。

② 安排好常规学习时间和自由学习时间。常规学习时间指按学校规定的学习时间，主

要用来完成老师布置的学习任务，消化当天所学的知识。而自由学习时间指除常规学习时间外归自己支配的时间，可以用来弥补自己学习中欠缺的内容，或者用于提高自己在某一学科的优势和特长，或者深入钻研一件有意义的事情。自由学习时间的安排是制订学习计划的重点。抓住和合理利用自由学习时间，对自己的学习和成长都会有极大的好处，大学生应该提高常规学习时间的效率，增加和正确利用自由学习时间，掌握学习主动权。

③ 突出重点学习。学生的学习时间是有限的，其精力也是有限的，所以学习要有重点。在这里，重点一是指学习中的弱科，二是指知识体系中的重点内容。只有抓住重点、兼顾一般才能取得更好的学习效果。

④ 从实际出发来制订计划，不要脱离学习实际，要符合自己当下的学习压力和水平。有些同学制订计划时，满腔热情，计划得非常完美，可执行起来却寸步难行，这便是目标定得太高，计划定得太死，脱离实际的缘故。

⑤ 注意效果，及时调整。每一个计划执行结束或执行到一个阶段时，就应当回顾总结一下效果如何，如果效果不好，就应该找原因并进行必要的调整。制订计划不要太满、太死、太紧，要留出机动时间，使计划有一定的机动性，毕竟现实不会完美地跟着计划走，给计划留有一定的余地，这样完成计划的可能性就增加了。

⑥ 脑体结合，文理交替。学习对脑力的消耗非常大，所以不要长时间学习，要适当休息。安排学习计划时，不要长时间地从事单一活动，学习和锻炼可以交替安排。安排科目学习时，也要文理交替安排，相近的学习内容不要集中在一起学习。

(2) 勤于记录和思考。

养成做笔记的习惯。课前，做好预习笔记，有针对性地列出重点和难点以加深对学习内容的理解和记忆，便于以后查阅和复习；课上，做好听课笔记，养成良好的学习习惯；课后，认真完成老师布置的作业，养成自主学习的习惯，掌握必要的学习技能；根据教学计划的要求，保质保量地完成老师布置的作业和学习任务。

多向老师和同学请教。遇到疑难问题，要及时向老师请教，或者通过电子邮件与老师、同学联系，寻求辅导和帮助。

(3) 注重动手实践。

随着新技术、新媒体的发展，远程开放教育把先进的科学技术应用于教学中，与要利用业余时间通过网络加强学习，以便及时调整自己的学习进度和策略。智能科学与技术专业的大学生将来主要从事的是人工智能领域或相关领域的科学研究、工程设计、系统开发或组织生产等工作，大学阶段要特别重视动手实践能力的培养。像所有工科类专业一样，智能专业学生学习理论的目的是为工程实践服务，而且大多数智能理论本身就产生于实践，理论联系实际是一个非常好的学习方法，只有把理论应用于实践，才能进一步理解理论的重要性和正确性，也只有通过实践，才能真正把实际问题与理论结合起来，进而把经验上升为理论。值得注意的是，许多理论课程多采用演绎体系，即由一般到个别的过程。演绎过程条理清晰、逻辑严谨，是掌握理论知识的正确途径。但是，工程实践类的知识往往是归纳体系，即由个别到一般的过程。这种过程反映了人类掌握知识的真实过程，也是大学生日后从事科学研究和工程实践要掌握的基本方法。在学习理论时，学生需要正确把握演绎方法和归纳方法的运用，这样才有可能真正掌握科学的学习方法。

(4) 增长见识，开阔视野。

大学生在校期间要注意个人综合素质的提高，在完成学业之余，还要不断地加强与专业相关课程的学习，吸纳新的技能和知识充实自己，提高分析和处理工作的能力。尤其注重总结经验，完善自我。

上述习惯养成需要循序渐进地形成。

3.2.2　基础知识学习

智能专业对于数学与编程能力有特别要求，本节将着重介绍数学与编程能力的学习。

1. 数学学习

数学是科学之母，更是深入学习智能科学的基本条件。

很多学生不注重数学的平时学习，只是一味地在考试之前突击，那是很不够的。首先，要重视日常的每一节数学课，上课要积极参与，主动学习。对老师的讲解、提问、板书及同学的发言都要进行消化，而且自己要积极、大胆地参与到讨论甚至争论之中，还要敢于大胆提出自己独特的想法、见解或疑问，切切实实提高每节课的学习效率。其次，要认真完成每一天的课堂作业和课后作业。作业除按时、按量完成外，还要保证作业的质量，做到书写认真，正确率高。如果能做到把每一次作业当作一次考试，把每次的考试当作一次作业，则易于取得良好的学习效果。

此外，学习数学还有以下建议：

(1) 学好数学要抓住三个"基本"，即基本的概念要清楚，基本的规律要熟悉，基本的方法要熟练。

(2) 做完题目后一定要认真总结，做到举一反三，这样再遇到同一类问题时就不会花费太多的时间和精力了。

(3) 一定要全面了解数学概念，不能以偏概全。

(4) 学习概念的最终目的是能运用概念来解决具体问题，因此，要主动运用所学的数学概念来分析、解决有关的数学问题。

(5) 要掌握各种题型的解题方法，在练习中有意识地去总结，慢慢地培养适合自己的分析习惯。

(6) 要主动提高综合分析问题的能力，借助文字阅读去分析理解。

(7) 学习时要有意识地关注知识的迁移，培养解决问题的能力。

(8) 运用类比联系法将所学知识贯穿在一起形成系统。

(9) 对于数学学科中的某些原理、定理、公式，不仅要记住它的结论，更要了解这个结论是如何得出的。

(10) 要熟记并正确地叙述概念和规律性内容。

(11) 学习过程中要注意理解，开拓思路，变抽象为具体，逐渐培养自己学习数学的兴趣。

(12) 学习过程中对概念进行分类，使所学的内容化繁为简，重点突出，脉络分明，便于分析、比较、综合。

(13) 学习最忌讳的就是对所学的知识模糊不清，各知识点混淆在一起，为了避免这一状况，要学会写"知识结构小结"等。

读者也可以通过自学摸索，总结出适合自己的独特学习经验和技巧。

2. 编程能力培训

智能技术的实现与应用都离不开编程技术(即使是对脑科学的数据进行采集分析等看似无关的研究工作)。初学者往往轻视编程技术的训练,仅依赖线上平台获取的现成代码(如GitHub[①]等平台),但这将无法持续进步。毕竟天下没有免费的午餐,能够解决实际问题而又能够创造经济价值的代码通常很难得到。再者,对于一个全新的、无人解决的问题,也是无法找到现成代码的。很多知识点和技术的实现如果不自己动手复现,很难真正掌握。

纸上得来终觉浅,绝知此事要躬行。要高度重视编程实战,只有通过编程实战,才能实现进阶。智能是一门偏应用的专业,学习就是为了最终的实战。只有在实战中不断领悟,找到自己的不足,再进一步通过学习来弥补不足,这样循环往复,才能不断提高,切忌眼高手低。反之,重视编程实战则越实战信心越强,信心越强,越愿意学习,越学习越进步,越进步,越乐意实战,从而形成一个正向的、良性的循环。

编程学习中要避免闭门造车和单打独斗,应该加入或组建自己的学习小组。每周用固定的时间分享最新的文章和技术、交流实战中的经验,相互督促、共同进步,从而使自己的水平得到快速提升。智能的研究领域很广泛、技术迭代更新非常快,一个人的精力和时间是有限的,因此一个人学习肯定比不上多人一起学习的效率,后者能够以最快的速度消化和吸收最新技术。再者,学习需要一个良好的氛围,只有在一个良好的氛围中才能够有更好的学习激情、相互促进。

程序员很难速成,因此编程必须每天坚持学习,记录学习笔记。再者,智能技术更新迭代的速度非常快,所以要坚持学习 AI 的最新前沿技术,如可以通过顶级会议论文和期刊论文来获取前沿信息。现在也有一些做得非常不错的自媒体平台,会非常及时地更新和推送智能领域最前沿的信息,可及时关注并学习。

3.2.3　专业知识进阶

智能专业与其他计算机类专业区别的一个显著特点就是,既要掌握本领域的专业知识,也要了解其他相关领域的专业知识。

1. 本领域知识学习

"我是谁""我从哪里来""我要到哪里去"这是由古希腊思想家、哲学家柏拉图提出的哲学的终极问题。这个问题主要围绕着人本身展开,是关于人自身的问题,以人的自由意志为核心。自柏拉图提出以来,人们对这个终极问题展开了无数次的思考,试图寻找其正确答案。对此的正确思考即是对人自我的探索,可以更好地了解、认识我们自己。对于智能专业本领域知识的学习,不妨也借此哲学问题进行引申,那就是通过学习要能够回答:① 智能是什么?包括智能的概念、本源、理论学说等;② 智能怎么实现?包括智能的基础问题和高级问题的解决;③ 智能怎么用?包括智能编程、智能硬件、智能工程设计等。我们可以这三个问题为导引(图 3-3),有针对性地开展学习。

[①] GitHub 是一个面向开源及私有软件项目的托管平台,开发者们可以在这里托管自己的代码,并进行版本控制。GitHub 鼓励开源项目与协作,通过平台上的开源项目,开发者可以查看其他开发者的项目源代码,并进行交流学习。

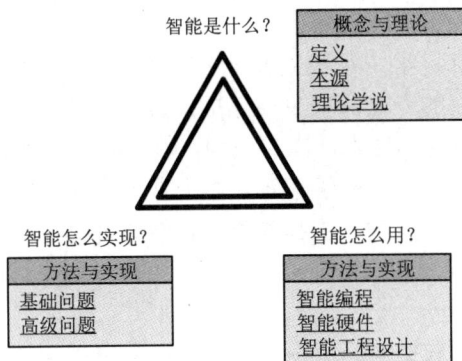

图 3-3　智能领域知识的"三问"及其逻辑关系

2. 跨领域知识学习

智能专业的学习既要重视本专业领域理论知识的学习,又要重视跨专业领域知识的学习。

大部分初学者可能比较重视本领域理论知识的学习而轻视跨专业领域知识的学习,导致工作中利用本专业技术解决专业领域外的实际问题时出现较大偏差,得出来的结论根本不符合目标专业领域的常识。必须明确一点,智能理论不是仅仅为解决本专业领域内的具体问题而提出的,而是针对服务人类生产、生活的广义问题而提出的。只有对本专业领域知识做到非常精通,同时又能够在不同专业领域内找到好的亟待解决的具体问题并建议解决,才能够发挥智能的巨大威力,产生重大的社会价值。

下面对智能相关的部分专业进行简要介绍,从而方便读者对专业关系进行定位。智能专业生态链如图 3-4 所示。

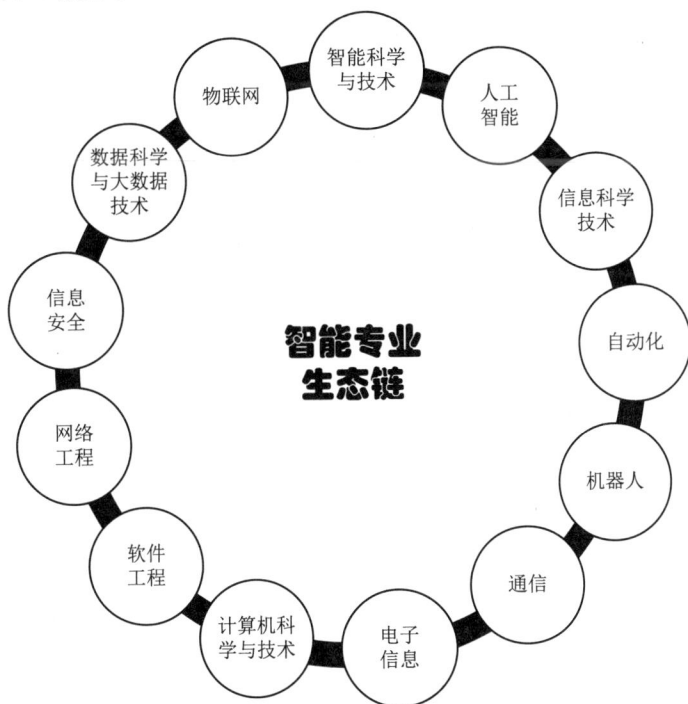

图 3-4　智能专业生态链

1) 智能科学与技术

智能科学与技术是信息科学技术和生命科学技术的交叉领域，除开设计算机专业的核心课程及平台课程外，开设的专业课程主要包括：智能科学技术导论、人工智能原理、智能机器人、智能游戏、虚拟现实技术、模式识别、数据挖掘、仿真建模与 MATLAB、自然语言处理、智能信息获取技术、智能管理等。本专业所涉及的知识结构更为宽广，包括生命科学、脑与认知科学、信息科学、工程科学、认知心理学等众多学科领域，充分体现了多学科交叉与融合的特色。

2) 人工智能

人工智能是专门研究、开发用于模拟、拓展人类智能的理论、方法、技术及应用系统的技术科学。人工智能作为计算机科学技术的重要分支，旨在理解人类智能的实质，并以此生产出一种新的并能以人类智能相似的方式作出反应的智能机器。人工智能专业课程主要包括机器学习、知识图谱、自然语言处理、人机交互、计算机视觉、生物特征识别、虚拟现实、增强现实等。

【思政融入点】

智能科学与技术容易与人工智能混淆，南京大学周志华教授特别指出"智能科学与技术"这一概念，顾名思义，它关注的重点是"智能"，而"人工智能"虽然受智能行为启发，但它本身并不是主要研究"智能"。两者的关系有点像"鸟"和"飞机(人工鸟)"的关系。飞机虽受到鸟的启发，但是研究飞机的学科跟研究鸟的学科还是有很大区别的。具体而言，"智能科学与技术"更多的与认知科学、神经科学、脑科学有关，而"人工智能"更多的与计算机科学、数学、工程学有关。智能科学与技术、人工智能都属于党的二十大倡导的新增长引擎范畴。

3) 自动化

自动化专业以自动控制理论为主要理论基础，以电子技术、计算机信息技术、传感器与检测技术等为主要技术手段，对各种自动化装置和系统实施控制，是计算机硬件与软件结合、机械与电子结合、元件与系统结合、运行与制造结合，集控制、计算机、电气、机械为一体的综合性学科专业。自动化专业课程主要包括：自动控制理论、信号与系统、单片机原理与应用、模拟电子技术、数字电子技术、仪表与过程控制、电机与拖动、运动控制系统、电气控制与 PLC 技术、先进控制技术、机器人控制技术、现代控制理论等。

4) 机器人工程

机器人工程专业主要学习工业机器人的结构、设计、应用等方面的基本知识和技术，进行机器人工作站的设计、装调与改造等，以提高工业生产的效率。机器人工程专业课程主要包括：机器人学概论、运动控制技术、自动控制理论、计算机辅助设计基础、机器人操作系统、传感器技术与应用、液压与气压传动、机械结构有限元分析、可编程控制器应用、机器人定位与导航、无人机概论等。

5) 通信工程

通信工程专业主要学习通信过程中的信息传输和信号处理的原理及应用，并运用各种工程方法对通信中的一些实际问题进行处理。通信工程专业课程主要包括：电路分析、通信原理、信号与系统、线性电子线路、数字电子技术、数字信号处理、无线网络规划与优化、嵌入式系统设计与应用、光纤通信、电磁场与电磁波、非线性电子线路、通信网等。

6) 电子信息工程

电子信息工程专业是集现代电子技术、信息技术、通信技术于一体的专业。电子信息工程专业培养具备电子技术和信息系统的基础知识和应用能力，能从事各类电子设备、信息系统、广播电视系统的研究、设计、开发、应用和管理的高级工程技术人才和管理人才。电子信息工程专业课程主要包括：电路分析、嵌入式系统设计与应用、非线性电子线路、电磁场与电磁波、信号与系统、数字电子技术、电子测量与开发、数字信号处理、单片机原理与应用、天线与电波传播、微波技术基础、DSP 技术、电路设计与仿真技术等。

7) 计算机科学与技术

计算机科学与技术专业是计算机类专业中的核心专业，涉及计算机的设计与制造以及利用计算机进行信息获取、表示、存储、处理、控制等的理论、原则、方法和技术。计算机科学与技术专业课程主要包括：操作系统、计算机组成原理、数字逻辑、Java 程序设计、数据结构、数据库系统原理、计算机网络、电路基础、汇编语言、算法设计与分析、动态网页设计、软件工程、编译原理等。

8) 软件工程

软件工程专业主要学习计算机各类软件的构造、设计、开发方法及测试、维护等相关知识和技术，涉及程序设计语言、数据库、软件开发工具、系统平台、设计模式等多方面内容。软件工程专业课程主要包括：Java 程序设计、数据结构、软件工程、计算机组成原理、计算机网络、数据库系统原理、软件需求分析、编译原理、操作系统、软件质量与测试、算法设计与分析、软件过程与管理、人机界面设计等。

9) 网络工程

网络工程专业主要学习计算机、通信与网络的基本理论、工程技术原理和方法，并接受各种工程技术的训练。网络工程专业课程主要包括：计算机网络、网络安全、路由与交换技术、数据库原理、操作系统、无线和移动网络技术、网络数据分析、网络性能优化、网络监控等。

10) 信息安全

信息安全专业属于计算机类专业，是计算机、通信、数学、物理、法律、管理等学科的交叉学科，主要学习确保信息安全的科学与技术。信息安全专业课程主要包括：计算机网络、计算机安全、操作系统、密码学与网络安全、数据库、软件工程、网络攻击与防御等。

11) 物联网工程

物联网工程专业主要学习物联网的体系结构、信息处理、安全技术、系统及其应用等方面的基本知识和技能，涉及通信、传感、网络以及 RFID、嵌入式系统等多个方面。物联网工程专业课程主要包括：嵌入式系统设计与应用、RFID 设计技术、无线传感网络原理与应用、物联网工程实践、物联网工程导论、通信原理、微机接口技术、网络 QoS 管理、楼宇自动化、物联网定位技术、物联网智能终端设计等。

12) 数据科学与大数据技术

数据科学与大数据技术专业主要学习数据挖掘和分析的技术和方法，包括数据清洗、数据存储、数据可视化等内容。数据科学与大数据技术专业课程包括：数据建模、统计学、数据采集与预处理、多元统计分析、数据挖掘与机器学习、大数据技术原理与应用、数据可视化、SPARK 分布式计算原理与应用、NoSQL 数据库、数据仓库、算法设计与分析、运筹与优化、大数据日志分析等。

其他与智能专业相关的专业还有光电信息工程、模式识别等，介绍从略。

3.3　能　力　培　养

3.3.1　能力结构

学习的目标不仅仅是知识的获取，更重要的是能力的获取。现代大学生的能力结构应该包括以下几个要素。

1. 系统学习能力

系统学习能力是指主动、系统地获取新知识、新技术的能力，主要包括基本学习能力、自学能力、动手操作能力和表达能力。

基本学习能力是指大学生顺利完成教学计划和教学大纲规定的学习任务的能力，包括优质地记录、整理听课笔记，阅读教材和参考书刊，顺利完成作业、论文、设计或创作，有计划地预习、复习、总结、考试等能力。

自学能力是指按个人计划或意图独立获取知识的能力，包括使用工具书，查阅书刊、文献资料，独立阅读、理解和思考，自主发现、分析和解决问题等能力。

动手操作能力是指专业学习中必须具备的操作能力、实验能力、实习能力、社会调查能力、绘图能力或绘画能力、模型制作能力或产品制作能力、计算机计算和造型能力等。

表达能力包括口述能力和书写能力。大学生要特别注重表达的准确性、鲜明性、生动性、简洁性和流畅性等。

系统学习能力是大学生能力结构的核心，其中自学能力是关键。

2. 研究创新能力

研究创新能力是在多种能力基础上实现的推进学科理论发展、发明新的人工造物的能力，是能力的最高层次。只有具备了这种能力，才能最终成为人类社会的栋梁之材。创新包括创造新理论、新形象、新结构、新材料，提出新见解、新观念、新方法、新技术，发明新手段、新工具，开辟新学科领域，等等。在校大学生应当把学习和研究结合起来，把继承性学习和创新性学习结合起来，启动创新思维，开发创新能力，努力使自己的创新火花燃成燎原的烈火。

3. 适应能力

适应能力是指人随时代发展和环境变化而正确改变自己的言行、生活方式、交往范围、思维习惯、思想方法和价值观念等方面的能力，以便能顺势发挥主观能动性和创新性，成为时代和环境的主人。从中学步入大学，要适应大学的新时空；从大学再步入社会，更要适应社会的广阔时空，这都要求现代大学生具有很强的适应能力。

4. 审美识别能力

审美识别能力是指根据一定的审美情趣和审美理想，对美好事物进行鉴别、欣赏、评价以及创新的能力，包括审美感受、体验和创新三个方面。该能力发展的程度是判别一个人文明程度高低的重要标志，同时也是一个人能否开展创新活动及其持久性的标志。审美识别能力往往也与政治识别能力紧密相关。政治识别能力是指识别思想政治信息的能力。当代世界政治风云变幻莫测，大学生面临着复杂多变的思想政治信息洪流，必须善于区分是非、正误、真伪、善恶、美丑、利弊。为此，就要坚持正确的思想政治原则，并抵制、反对与之相悖的言行，要坚定社会主义信念，树立社会主义思想品德。

5. 组织社交能力

组织社交能力是指能够完成某项任务而制订计划和行动方案，并进行有效的组织、指挥和控制实施，以充分发挥群体效应和威力的能力。其中，计划能力是关键，协调能力是根本。由于高科技和工业化程度的不断发展，科技劳动和脑力劳动的社会化程度也在不断提高，这就要求当代大学生要积极培养广泛交往、共建友谊、协作共事、共同进取的能力。

6. 独立生活能力

独立生活能力是指靠自身力量安排好生活的能力。大学生一迈入大学的门槛，就开始了自由活动度相当大的独立生活，必须尽快养成自理、善理个人生活的习惯，注意勤俭节约，有计划地学习、锻炼，全面提高自身素质。培养独立生活能力，也是养成独立社会活动能力的重要基础。

【思政融入点】　一屋不扫何以扫天下

东汉时期的陈蕃，学识渊博，胸怀大志，少年时代发奋读书，并且以天下为己任。一天，他父亲的一位老朋友薛勤来看他，见他独居的院内杂草丛生、秽物满地，就对他说："你怎么不打扫一下屋子，以招待宾客呢？"陈蕃回答："大丈夫处理事情，应当以扫除天下的祸患这件大事为己任。为什么要在意一间房子呢？"薛勤当即反问道："一屋不扫，何以扫天下？"陈蕃听了无言以对，觉得很有道理。从此，他开始注意从身边小事做起，最终成为一代名臣。其实智能与劳动存在莫大关联。劳动是一个复杂的操作过程，也是复杂的思维过程。用什么做工具、用什么做原料、怎么去加工、派什么用途等，都需要思考、判断和推理。劳动的过程正是使用、锻炼和发展脑的过程，而劳动工具也是智慧的结晶，反过来又放大了智慧。因此，丰富劳动经验，学会独立生活，有助于个人未来的成长与发展。

对于智能科学专业的学生，创新能力和实践能力是专业核心要素，以下做重点介绍。

3.3.2　创新能力

创新是一个复杂的主观能动过程，从心理学的角度分析，其本质是一种情绪的宣泄。创新的内心活动是所有创新实践的核心与基础，它不可能完全依靠外力压迫而形成，而是需要通过对主体的训练和培养由心而生。在新工科建设的背景下，除了从学习环境构建创新外部环境外，更应该强调的是对学生创新心理的培育，激发其创新源泉。基于此，为了配合实施国家的"创新驱动发展""中国制造 2025"等重大战略，推动大众创业、万众创新，支持产业升级，高等院校加强对在校大学生的创新心理培育，已经成为大学生创新与创业教育中重要性日益凸显的新课题。

1. 创新心理规律

创新主体在开展创新活动的过程中，其心理活动的主要成分包括发散思维和聚合思维。如果把发散思维比作思想观点上的"立"，则聚合思维相当于"破"。在日常的思维互动中，大多数人会发现"立"要远远难于"破"。总体来说，发散思维比聚合思维对创新的作用更大一些。发散思维通常具有流畅性、变通性、独特性三个特点。当然，不是说聚合思维不重要，相反，聚合思维是决定创新方向和质量的关键。

研究表明，发散思维与聚合思维是伴随着人的年龄增长而动态变化的，发散思维呈现出如图 3-5 所示的变化曲线，是与人的创新能力的发展规律完全吻合的。通常认为，发散思维在中年之后会明显下降，这是客观规律。诺贝尔奖获得者瑞利曾说过，他到了 60 岁后将不对任何新思想发表意见，因为那时自己的思维已经不具有足够的活力。由此可见，高校在校生的求学阶段是创新性培养的黄金期，而发散性思维的开发与保护则是创新能力培养的关键。

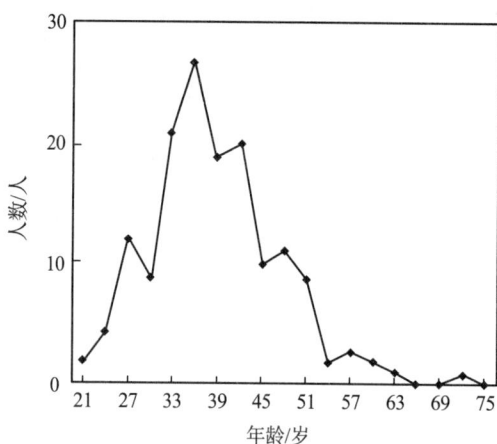

图 3-5   发散性思维变化曲线

脑科学、神经心理学、智力三维结构理论、建构主义学习理论、多元智能理论、人本主义学习理论的研究成果均显示，创新发散思维是一种可积累的心理经验，创新的关键在于如何正确地培养发散思维。有学者认为，这种培养应当包括创新意识、创新思维、创新人格和创新行为四个方面的培养与训练。在实践操作过程中，可以将其简化为一个心理上扬长避短的过程。所谓"扬长"就是指每个人的内在创新品质的培养与发挥，所谓"避短"就是尽可能地抑制不良心理因素的影响。

2. 创新品质培育

对创新品质进行分析，可以采用类似语音识别与合成课程中信号分析的方法，将其划分为"低频"和"高频"两部分。如果将每个人的个性比作信号的"低频"部分，那么其现场心理活动就好比"高频"部分。低频部分支撑起创新心理活动的能量，高频部分则实现创新活动细节。

1) 个性心理品质塑造

创新思维首先受到个性影响，因此，需要对创新个体进行个性塑造。良好的个性通常包括：① 乐观向上，有抱负。从事创新工作的人应当是一个快乐的人，对生活失去兴趣、看淡一切的人，显然在创新上也会失去动力。② 兴趣广泛，有较少的限制性，对待事物保持宽泛的视野，凡事从开放的角度考虑，能够跳出小圈圈的局限，很容易产生创新的火花。③ 独立性强，有较大的责任心。既能认真做事，不等不靠，又能把责任揽在肩上，才能真正地把事情做成。

创新品质与个体的差异具有极强的相关性，个性培养建立在对对象的前期观察、了解、发现的基础上，需要根据其性格特点，设计不同的培养计划。

2) 现场心理活动控制

在进行创新活动指导的过程中，应当重点激发有利的现场创新情绪，主要包括：① 追根溯源的好奇心。保持对具体事物好奇的持续性，是创新的心理驱动力。② 注意力和直觉。这体现了创新思维"悟"的心理能力，是创新思维活动的"指南针"。③ 洞察力。它决定了思维的深度，是创新活动质量的保障。

现场心理活动虽然是在具体创新活动中展现出来的，但是也需在日常生活中不断积累、训练而逐步形成。为了使现场创新个体达到"完全激活"状态，应当提前设计预案，并给予尽可能多的信息刺激。

3. 不良心理抑制

创新思维过程受到社会、文化等因素的影响非常显著，如果处理不好，创新思维很有可能受到阻碍甚至中断。因此，应当尽量抑制不良心理因素，营造良好的气氛与环境，尤其是在思想观念相对保守的传统型社会中，这项工作更加重要。

1) 抑制缺乏自信的心理

缺乏自信主要表现在：创新个体对基本理论问题的理解似是而非，经典方法没有掌握，技术前沿追踪不够，导致心理上出现气馁、不自信的现象。其负面作用一方面在于，创新主体对提出观点失去确定性，无法形成稳定认知；另一方面也会因缺乏自信导致在群体中的威信降低，进而挫折感加深，影响后续创新活动的开展。青年学生人生阅历浅，没有太多经验，若又缺乏足够、扎实的理论学习，自信缺失就成为最直接的创新心理问题。抑制这种心理的方法是加强基础理论知识学习。例如，电子信息类专业的学生对应该记忆的公式不能仅限于熟知，一定要能够独立推导；经典实验不能仅限于了解，要能够复现。教师应当多设置阶段性目标，把"马拉松"变成多个"分段跑"，让学生多体验成功的喜悦，逐步培养自信心。

2) 抑制盲目从众的心理

有从众心理的人通常处在一个相对成熟的研究领域，受到别人成就的影响太深，因而产生胆怯心理。他们经常会自问"我哪里有那么大的本事""现在的理论、技术已经很完美了""我会成为一个笑话""专家肯定不会这么想""我肯定没有×××聪明"等。在 IT 领域，乔布斯是比尔·盖茨亦师亦友的朋友，后者经常会将自己的一些观点和产品拿给前者看。当比尔·盖茨第一次把自己开发的"Windows"操作系统展示给乔布斯时，乔布斯并没有认识到这款新操作系统的意义，反而嘲笑它一文不值，劝其放弃。然而，比尔·盖茨并没有屈从当时在计算机领域已经具有很高声望的乔布斯这个"权威"，而是继续推进Windows 1.0 的开发，并在苹果公司发布 Mac OS 操作系统 3 个月前，成功将 Windows 操作系统推向市场。可以想象，若没有比尔·盖茨的坚持，现如今也就不会存在微软帝国和Windows 操作系统。

3) 抑制神化创新的心理

创新性≠先进性。很多人沉溺于对先进性的痴迷追求，而忽视了创新性的真正含义。实际上，创新性与先进性并没有直接关联，很多实例能够证明这一观点。比如苏联科学家提出的系统工程，将一堆看似性能落后的零部件加以优化组合，就变成性能优异的武器，说明并不一定是先进的东西才可能实现创新；2010 年诺贝尔奖颁发给石墨烯的提取者也充分说明了这一问题。

📍 【举例】　石墨烯的发现

石墨烯是一种未来革命性的材料，是迄今发现的最薄(厚度只有一个原子)且强度最高的材料，在电子、医药方面具有广泛的用途。传统观念认为石墨烯只是理论上的物质，不可能稳定存在。然而令人惊讶的是，提取这种物质并不困难。英国曼彻斯特大学的安德烈·海姆和康斯坦丁·诺沃肖洛夫最初并没有从高深的理论入手，只是用透明胶带从石墨晶体上"粘"出一片石墨烯这样简单的方法就得到了样本。很显然，从这种"粘"的方法中看不到半点先进性，可是没有人可以否认这种创新所带来的划时代意义。两位科学家也因该项目获得诺贝尔物理学奖。

4) 消除惰性心理

在教学实践过程中，教师经常会发现学生有不错的想法，但绝大多数学生都有实践上的惰性心理，真正动手实践的很少。他们往往会用"我没有时间""我不知道下一步该做什么""一切等以后再说""没有实验条件"等理由搪塞、拖延。尤其是对一些跨领域、耗时长、成功率看似比较低的想法，更是少有人付诸实践。在这方面，一些西方国家的做法值得我们效仿，这些国家从小学阶段就开始培养学生的践行精神。小学生会被有针对性地启发和引导，提出他们自己的课题项目，并在长达 3～6 年的课余时间内付诸实践探索。虽然这些看似幼稚的课题五花八门，但是若坚持下去，未来或许会有诺贝尔奖级别的成果出来，而这个过程对于培养学生的"知行合一"精神则更加难能可贵。因此，惰性心理要从践行习惯的培养上逐步消除。

5) 抑制保守自闭的心理

在创新过程中，创新群体之间的交流尤为重要，可以起到对创新点进行放大和倍增的作用。但在保守自私心理的驱使下，有些人将自己的想法掖着、藏着，不愿意拿出来分享，最终被创新人群抛弃和孤立。这种保守自闭心理还具有蔓延性，对群体创新危害极大。因此，团队进行创新时，应当制订规则来约束这种不良心理，形成知识观点的共享、无壁垒的认同。当然，也应当注重采取措施保护创新者的权益。

4. 创新成果保护

辩证唯物主义者认为，物质是精神的基础，因此，不能否定财富对精神的激励作用，使创新者享受到创新所带来的物质奖励，是建立可持续性创新心理的重要导向。创新创业成功范例所起到的引领示范作用要比任何说教都更具效果。

现代社会注重知识产权的保护，而创新成果已经成为一种财富，因此合理的创新成果保护和随之而来的财富增长，是形成良好创新心理激励、形成创新环境、打造创新型社会的关键。反之，大学生创业如果不能从创意源头进行知识产权保护，辛勤的工作成果则有可能付之东流，更甚者会造成一种不良的心理暗示，长期困扰创新者。

进入互联网时代后，创新已经不再仅仅是自我实现，而成为一种实实在在的经济模式。美国之所以在后工业时代依然能保持蓬勃的经济活力，与这种新型的创新经济模式有相当大的关系。其重要意义在于大大降低了创造社会价值的门槛，对于原始资金投入和生产资料的依赖成倍下降。任何具有创新精神的人都可以参与其中并成就自己，使得“草根”也可以建立自己的“企业帝国”，这在传统社会是难以想象的。这种新的经济模式可以概括为 D＝T＋I＋M。D 是“Development”，指企业发展新模式；T 是“Thinking”，指创新性思维；I 是“Idea”，指创新主题；M 是“Management”，指现代企业管理。这种经济模式高度依赖于知识产权的保护。

通过专利进行知识产权保护可以使创新者具有开办企业的优先权和获得市场价值分成。创新成果通过专利实现财产权，反过来又激发了创新者的创新欲望，这样就形成了良性循环。美国前总统林肯形容专利是让智慧之火浇上利益之油。一方面，社会应当营造良好的知识产权保护氛围，另一方面，创新者也应当善于利用法律武器和知识产权工具保护自己的创新成果，必要时单个专利保护还可上升到专利防御体系，确保创新价值的最大化。成功的知识产权保护能够使创新者体验成功与财富，反之只会带来悔恨和痛苦。具有创新意识的青年学生、学者、技术人员必须具有这种意识。以“微信”的知识产权保护为例，其发明人赵建文在发明成果受到侵害却无力反击后，不无感慨地说：“每次看到Whatapp、Line 用户超过几亿，心都像刀割一样痛。”

通过知识产权保护可以将无形资产转化为有形资产，为日后的创业提供原始资本。这是一种成本最低的成果转化模式，受到的社会公认度很高。创新型社会中的知识产权保护是必要条件，而专利保护能力是创新者必须拥有的基本技能。

创新是人类发展的永恒主题，现如今，创新更是国家、企业核心竞争力的体现。中国是文明古国、人口大国，智力资源相当丰富，随着教育水平的逐步提高、思想观念的进一步解放，蕴含的智力资源定会更加蓬勃。面对国家发展、青年学生自我实现的现实需求，作为教育工作者，当前的任务就是如何借助“新工科”建设的有利时机，改进教育教学方法，激发学生的创新思维，获得更多的创新产出以服务社会。这是值得高等教育工作者去努力思考并加以解决的重要课题。

3.3.3　实践能力

理论为实践提供了方向和思路，实践则是理论检验的过程和手段，实践能力是关键。

1. 实践能力的内涵

实践能力是在人与环境交互过程中发展、升华形成的基本活动技能。实践不是盲目的，而是有步骤、有目标的行为，是为实现目标而有计划的个人或团队行为。在"实践能力"培养的过程中，要将实践放在整体知识结构的框架中来认识，通过实践培养能力，使实践能力成为人的内化品质之一。

实践能力包含：收集处理信息的能力、获取新知识的能力；合作能力、交际能力、社会活动能力；观察事物、发现问题、汇总现象、提出问题，体验实践、分析问题；思维参与、解决问题；发展提高、交流成果。

实践能力的内化包括：感悟(感知)能力；归纳(整合)能力；反思(理论和实践)协调能力。

实践能力分为三个层次：简单的操作能力，带有较大的被动成分；在主观意志驱使下的操作能力，带有极大的主动因素；理性支配下的实践能力，具有完整的实践目标、实践步骤、实践反思和实践成果。

实践强调行为的体验过程。实践能力的培养和单纯的理论教育是不同的。实践能力的培养要解决的主要问题是让学生在学习的过程中明确"应该"怎样做，"应该"不是简单地告知，而是在具体的教学活动中让学生积极地"体验"实践过程，从中激发并形成强烈的发展意识。因此，从实践能力培养的目标上来说，可以看作以学生主体，以实践为过程，形成适应社会需求和发展的素质以及相应的价值观教育，这就是实践能力培养的模式。

2. 实践能力的培养

在大学学习阶段，培养实践能力可以从以下四个环节进行。

1) 教学实践

积极参与课堂实践，加强软硬兼具、积基树本的基础训练。围绕本专业核心基础课程，抓好基础训练。同时，利用各种基础实验平台开设必要的实验课程，加深对基础知识的理解，并通过引入典型实际案例扩展实践知识面。围绕不同专业、不同层次学生的行业技能需求，通过引入优秀设计作品案例，增加课堂的互动性和趣味性，充分调动学生的主观能动性，让学生主动地投入到学习中，强化学生的应用技能，提升实践技能。

2) 参与竞赛

大学期间，参加各种比赛是一个非常有益的经历。比赛不仅能够提升个人的技能和知识水平，还可以帮助建立自信、拓展人际关系，为未来的职业发展打下坚实的基础。首先，通过参加比赛，可以检验学生对课堂知识的掌握程度，并将多种课程的知识综合起来，达到一个知识掌握的新高度。其次，参加比赛可以锻炼个人的能力和技能。在准备比赛的过程中，学生需要投入大量的时间和精力来研究、学习和实践，这不仅有助于提高参赛学生的专业水平，还可以培养其团队协作能力和创新思维。通过与其他选手的竞争，也可以发现自身的优点和不足，从而更好地完善自己。再有，参加比赛将有助于建立自信。在比赛中，参赛者需要面对来自各个地方的竞争压力。在此环境下，如果学生能够发挥出自己的优势，取得好成绩，这将极大地增强自信心。这种自信可以影响其未来职业生活的方方面面，形成更加积极向上、乐观开朗的人生态度。国内外很多高校已经将学生竞赛水平的高低作为一种重要的奖励激励或能力评估的考察项。

大学生智能竞赛有很多种，有国际性的比赛，也有各大公司或机构举办的比赛，推荐的国际竞赛如下：

■ ImageNet Large Scale Visual Recognition Challenge：由斯坦福大学、普林斯顿大学和加州大学伯克利分校的研究人员发起的一个大型视觉识别挑战赛，旨在推动计算机视觉领域的研究进展。

■ Google AI Challenge：Google 举办的 AI 挑战赛，涵盖多个领域，如机器学习、计算机视觉和自然语言处理等。

■ Facebook AI Similarity Search Challenge：Facebook 举办的 AI 相似度搜索挑战赛，旨在推动计算机视觉和机器学习在图像搜索领域的应用。

■ Amazon Machine Learning Challenge：亚马逊举办的机器学习挑战赛，主要围绕其电商平台和 AWS 服务展开。

■ Microsoft AI Challenge：微软举办的 AI 挑战赛，涵盖多个领域，如自然语言处理、计算机视觉和语音识别等。

国内也有很多大学生人工智能比赛，这些比赛通常由高校、企业或者行业协会组织，旨在促进大学生在人工智能领域的学习和实践，提高他们的创新能力和技术水平。

■ 中国机器人及人工智能大赛：这是一项历史悠久、规模宏大、影响广泛的全国性机器人竞赛，已经连续举办多届。该比赛不仅吸引了众多高校参与，还得到了许多知名企业的支持。

■ 全国大学生人工智能创新大赛：由中国人工智能学会主办，旨在推动大学生人工智能技术的创新和应用。该比赛设置了多个赛道，包括机器学习、自然语言处理、计算机视觉等。

■ 阿里巴巴天池大赛：这是由阿里巴巴集团举办的数据科学竞赛，旨在促进数据科学和人工智能技术的发展。该比赛吸引了全球范围内的数据科学家和机器学习爱好者参与。

■ 百度之星程序设计大赛：这是由百度公司举办的程序设计竞赛，主要围绕人工智能、大数据、云计算等领域展开。该比赛为参赛者提供了展示才华的平台，也推动了相关技术的发展和应用。

这些比赛不仅为大学生提供了学习和实践的机会，也为他们提供了展示才华的平台。通过参加这些比赛，大学生们可以深入了解人工智能技术的最新进展和应用场景，提高自己的技术水平和创新能力。

3) 校企合作

校企协同培养高素质工程技术人才是高等学校工程教育的根本要求。近年来，随着经济的发展，企业用人需求的提高，校企合作成为学校培养满足企业技能需求、提升学生服务社会能力、解决创新实践资源不足的重要手段。校企合作模式也是创新教学模式的必然选择，通过探索"全程、深度、共赢"的校企合作卓越工程人才培养模式，有效解决企业参与人才培养的通道不畅、积极性不高、深度和广度不足等问题，使得学校人才培养与企业需求相互配合，企业能够全程深度参与学生的工程研究与设计能力培养，实现了校企之间的合作共建、深度融合。

4) 创新创业

大学生应积极开展观察生活、自出机杼的创新训练。注重培养观察和探究能力、质疑和融合能力、分析和解决问题能力、交流和合作能力等。教学组织可以通过设计、主办和组织学生参加国内外重要学科竞赛、创新创业项目等活动，开展创新训练，鼓励学生主动观察生活细节，做出准确判断，设计合适的解决方案，组建合适团队并最终形成具有明显创新特征的作品或产品。在这一过程中，让学生各展所长，在知识、技术、能力之外培养良好的工程素质和创新能力。

3. 智能实践项目

下面介绍一些具有代表性的实践项目，这些项目对于实践能力的培养非常有好处。

1) 智能识别

智能识别在日常生活中具有广泛应用，利用深度学习进行智能识别已经可以达到非常高的准确性，极易孕育创新创业项目，常见的有人脸/垃圾识别、文字识别、语音识别、图像识别等，下面分别进行简要介绍。

以人脸/垃圾识别为典型代表的智能识别，是一种使用计算机技术，通过识别输入信息，从中确定出有关目标的识别动作。它是一项让机器通过硬件、软件、算法和自然语言技术的辅助，能够执行智能判断和智能决策的技术。

以文字识别为例，智能识别系统能够模仿人类识字能力解析文本，把输入的文字识别后转变成机器可以识别和操作的形式。文字识别最常见的系统有基于角度的文字识别系统(OCR)、基于文字字形的文字识别系统(ICR)和基于字元的文字识别系统。

以语音识别为例，智能识别系统能够将输入的语音消息转换成文本模式。其主要实现步骤包括语音接收、音频处理、声模识别、词语识别、语言模型运算、语义调整等。常见的语音识别系统有人工智能语音识别系统、声纹识别系统、基于隐马尔可夫模型(HMM)的语音识别系统等。

以图像识别为例，智能识别系统能够模仿人类的视觉识别能力，运用深度学习、机器学习、计算机视觉等身份技术，通过对图片中的对象、物体特征进行识别，即可实现图像识别功能。典型的图像识别系统有基于模板匹配的图像识别系统、基于旋转不变性的图像识别系统、基于特征提取的图像识别系统等。

此外，其他智能识别有手势识别、货物识别、行车路况识别以及物联网等，这些技术已经被广泛应用于安防、自动驾驶、餐饮自动化、信息安全、互联网智能等领域。智能识别技术也是实现智能硬件、物联网、大数据应用等技术的重要基础。总而言之，智能识别是智能系统的终极目标之一，其应用越来越普及，对于提高智能服务的水平、改善生活等都有重要意义，相关的实践项目是考察对智能掌握和应用的重要途径。

2) 脑电图实验

脑是智慧之源(详见 4.2.2 节)，因此对于脑的探究也是一项非常有意义的实践项目，如脑电图(Electroencephalogram，EEG)的采集分析。

通俗理解，脑电图就是通过记录脑细胞放电情况而得到的图像。由于神经细胞在进行工作和信息传递时，会将化学信号转化成电信号，所以细胞会自发并且有规律地产生电信号。当大脑在处理一些任务时，对应在工作的脑区会有大量功能相似的脑细胞产生电信号。这些相同的电信号聚集起来，穿过头骨，被套在头上的脑电帽的电极收集，传输到电脑端，经过处理，输出的波状图形图像就是脑电图，如图 3-6 所示。

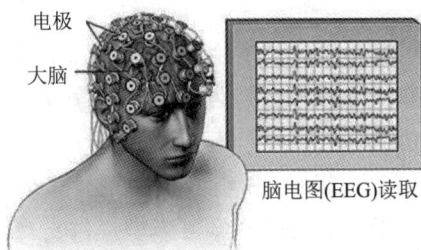

图 3-6 脑电图采集示意图

脑电图是一种时间敏感性较强(时间分辨率能达到 100 ms 以内)而空间敏感性较弱的研究方法。原因就是，当脑电信号在穿过头盖骨时，会因为穿透障碍而产生一定的位置偏移，相邻位置之间会产生一定的干扰。脑电帽的电极也并不能覆盖到头部的所有位置，只能选取固定的点来收集点周围神经元发出的电信号的一个聚合信号。这有点像我们拿着手机去寻找 Wi-Fi 信号，只知道大概在哪个范围内的信号更强，但是并不一定能找到最强的那个点。因此，在实际应用中，利用脑电图找到的具体的功能脑区，对应的也基本上是一个范围，而不是一个准确的位置。一般来说，电极越多，位置会越精确。

脑电图实验可以训练学生对脑的了解，并具有便宜、易穿戴、时间敏感性强等优点，适合广泛开展实践。

3) 语音合成

语音合成作为人机交互中必不可少的一个环节，随着计算机运算和存储能力的迅猛发展，被越来越多地应用于智能系统。

语音合成技术由早期的基于规则的参数合成，到基于小样本的拼接调整合成，并逐渐发展为现在比较流行的基于大语料库的拼接合成。语音合成常见有三种方法：文本到语音合成(Text-to-Speech，TTS)、基于规则的语音合成(Rule-based Speech Synthesis)和基于统计的语音合成(Statistical Parametric Speech Synthesis)。TTS 是一种将文本转换为语音的技术。它将文本输入到语音合成系统中，系统会根据预先训练的语音模型和语音数据库，将文本转换为相应的语音输出。TTS 技术可以应用于各种领域，如语音助手、车载导航、有声读物等。TTS 技术的优点是可以实现高度个性化的语音合成，可根据用户需求进行自定义设置，如声音、语速、语调等。基于规则的语音合成是一种利用语音合成规则来生成语音的方法。它基于语音学、音韵学等知识，通过对语音合成过程进行规则建模，实现从文本到语音的转换。规则可以包括声音的产生方式、语音的转换规则等。基于规则的语音合成的优点是可以精确控制语音的输出，但缺点是需要大量的规则设计和人工干预，增加了系统的复杂性。基于统计的语音合成是一种利用统计模型来生成语音的方法。它通过对大量的语音数据进行分析和建模，学习语音的统计特征，然后根据输入的文本生成相应的语音输出。基于统计的语音合成的优点是可以自动学习语音特征，减少了人工干预的工作量，但缺点是需要大量的语音数据进行训练，且对输入文本的准确性要求较高。

如果将语音合成与语音识别及自然语言处理(详见 5.4 节)相结合，则具有惊人的展示效果。

4) 生成式人工智能实践

生成式人工智能是指利用机器学习技术让计算机自动生成不同模态、高质量数据的方法。生成式人工智能所涉及的技术综合性强且广泛，但就其核心功能而言，主要依赖于生成式预训练和提示学习两个功能。

生成式人工智能可用于创建新的内容和想法(包括对话、故事、图像、视频和音乐)。与所有人工智能一样，生成式人工智能由机器学习模型提供支持。机器学习模型是基于大量数据进行预训练的超大型模型，通常被称为基础模型(Foundation Model，FM)。除了内容创作外，生成式人工智能还可用于提高数字图像的质量、编辑视频、快速构建制造原型、使用合成数据集实现数据增强等。

自 ChatGPT 推出以来，大模型的到来点燃了人工智能时代的烽火，为千行百业的全面智能化按下了加速键。关于大模型时代下的智能数据库如何实现、如何帮助公司落地智能业务场景、大语言模型在生产中落地的挑战有哪些、如何利用 WebAssembly 容器基础架构构建适用于大型语言模型插件的轻量级智能应用、智能作为工具的边界其潜力和局限性是什么，等等，都是生成式人工智能可以产生的有趣实践项目。

5) 无人机/智能车/无人驾驶

开展智能车/无人机/无人驾驶相关的实验有助于巩固理论知识，增强动手能力。

无人机实验是一门以无人机技术为核心的实验课程，旨在帮助学生掌握无人机的基本原理、操作方法、设计制造等方面的知识和技能。在实验中，学生可以接触到不同类型的无人机，包括固定翼、多旋翼等，了解其结构、性能、工作原理等方面的知识。同时，学生还可以通过实验掌握无人机的飞行控制、图像传输、数据处理等方面的技能，为后续的学习和实际应用打下基础。此外，无人机实验还可以帮助学生了解无人机在各个领域的应用，如农业、环保、救援、物流(如图 3-7 所示)等，拓宽学生的视野和知识面。

图 3-7　无人机物流设计图

智能车实验是一门以智能车技术为核心的实验课程，旨在帮助学生掌握智能车的基本原理、设计制造、控制策略等方面的知识和技能。在实验中，学生可以接触到不同类型的智能车，包括单片机的智能车模型，了解其结构、性能、工作原理等方面的知识。同时，学生还可以通过实验掌握智能车的控制策略、路径规划、传感器应用等方面的技能，为后续的学习和实际应用打下基础。此外，智能车实验还可以帮助学生了解智能车在各个领域的应用，如自动导航、智能交通、机器人等，拓宽学生的视野和知识面。图 3-8 为大学生智能车竞赛小车作品。

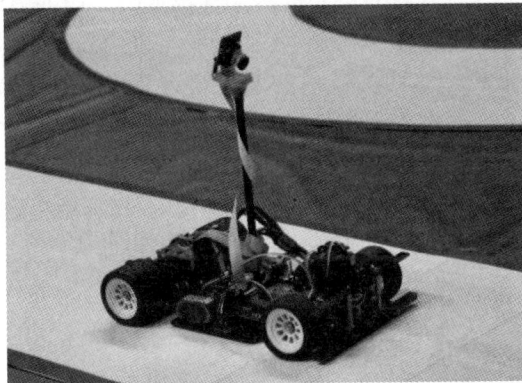

图 3-8　大学生智能车竞赛小车作品

　　无人驾驶技术是集自动控制理论、人工智能理论、视觉计算理论、体系结构理论、程序设计技术、机构控制技术、组合导航技术、传感器技术、信息融合技术、机械设计制造技术等多种理论及技术于一体的多学科、多行业的综合技术。它代表一个国家计算机科学与技术、模式识别和智能控制技术的发展水平，也是衡量一个国家科研实力和工业水平的一个重要标志，因此该技术有着广阔的应用前景。基于智能车与无人机等基础实践，在条件允许的情况下，还可以渐次开展无人驾驶汽车的实践。目前无人驾驶汽车经过了概念研究、模型试验、样车研制、设计定型、小批量生产等几个阶段后，步入实用化。按控制方式的不同，无人驾驶汽车有遥控型、感应型和自主控制型三大类；按选用动力装置的不同，无人驾驶汽车有电动型和内燃机型之分；按用途性质，无人驾驶汽车又分为军用型、民用型及科研型。

　　6）仿人机器人

　　仿人机器人是指具备人类的外形特征和行动能力的智能机器人，它可以采用双腿行走方式，通过手臂和身体的协调完成一些简单的功能，也可通过简单的语言和人类交流。仿人机器人可以帮助人类完成很多人类无法完成或实现的行为。仿人机器人的出现是控制科学、传感器技术、人工智能、材料科学等学科的技术进步以及机器人使用范围的扩大和人类日常生活需要的产物。仿人机器人以与人近似的形态出现，对人类来说就不会感到特别陌生，也不会产生排斥心理，更容易被人类所接受，所以仿人机器人将是未来日常应用中最重要的智能机器人。

　　仿人机器人的研究最早开始于 20 世纪 60 年代，目标是解决仿人机器人的双足行走问题。例如，日本早稻田大学加藤一郎教授在 1969 年研制出 WAP-1 平面自由度步行机，研究的内容包括行走机构的设计以及相应的控制方法。1973 年，加藤等人在 WL-5 的基础上配置机械手及人工视觉、听觉装置组成自主式机器人 WAROT-1，此时研究者才开始逐步研究仿人机器人的自主控制和运动，仿人机器人研究也逐步扩展到人工智能方面。在此后很长的一段时间里，仿人机器人的研究重点是行走机构的研究，如采取新的驱动方式和步行方式的控制方法，提高仿人机器人的行走速度，近期的技术发展使得仿人机器人具备奔跑能力(索尼的 SDR-3X)。进入 20 世纪 90 年代，仿人机器人在控制方法和人工智能等方面的研究成果不断出现，从而推动了仿人机器人技术的快速发展，此后机器人的行走能力、智能化和功能都越来越强大，最著名的仿人机器人就是本田公司的 ASIMO。

仿人机器人作为一个复杂的机电系统，它的发展与机构学、控制技术、传感器技术、人工智能技术的发展息息相关。这四种技术的发展与进步直接影响着仿人机器人技术的发展。除了仿人机器人，还有很多关于仿生机器人的研究。虽然这些仿生机器人不是按照人类外形研制的，但是它们与仿人机器人在技术上有很多共通之处。美国一直注重智能机器人和军用机器人的研究，研发出多种功能强大的智能机器人和军用机器人。这些智能机器人功能很强大，智能化程度也更高。以美国最新的智能军用机器人"大狗"为例(见图 3-9)，这个形似机械狗的四足机器人由波士顿动力学工程公司专门为美国军队研究设计，它长 1 m，高 0.7 m，重 75 kg，从外形上看，它基本上相当于一条真正的大狗。它不仅可以爬山涉水，还可以帮助士兵承载较重负荷。"大狗"的四条腿完全模仿动物的四肢设计，内部安装有特制的减震装置，行进速度可达到 7 km/h。

仿人机器人是多门基础学科、多项高技术的集成，代表了机器人的尖端技术。因此，仿人机器人是当代科技的研究热点之一。仿人机器人不仅是一个国家高科技综合水平的重要标志，在人类生产、生活中也有着广泛的用途。

图 3-9　波士顿动力公司研制的仿生机器人"大狗"

其他实践项目还有应答系统、推荐系统等，本书介绍从略。

3.4　就业岗位

我国在过去十几年中大幅提高了高等教育的普及率，使得大学毕业生的数量出现了快速增长。然而，就业市场的需求并没有相应地增长，这就导致供需失衡，从而形成了激烈的岗位竞争，为此就需要在学习过程中明确就业目标，提前进行准备。为了应对就业问题，国务院、教育部等国家机关都有针对性地制订了相关政策、计划(如"万企进校园"等计划)，并强调全国大学生职业规划大赛等相关赛事，因此大学生对就业问题必须给予足够重视。

智能科学与技术专业学生的就业前景十分广阔，主要有三大就业方向，即智能算法类、智能系统研发类和智能应用开发类，分别对应算法类、研发类和应用开发类岗位，参见图 3-10。

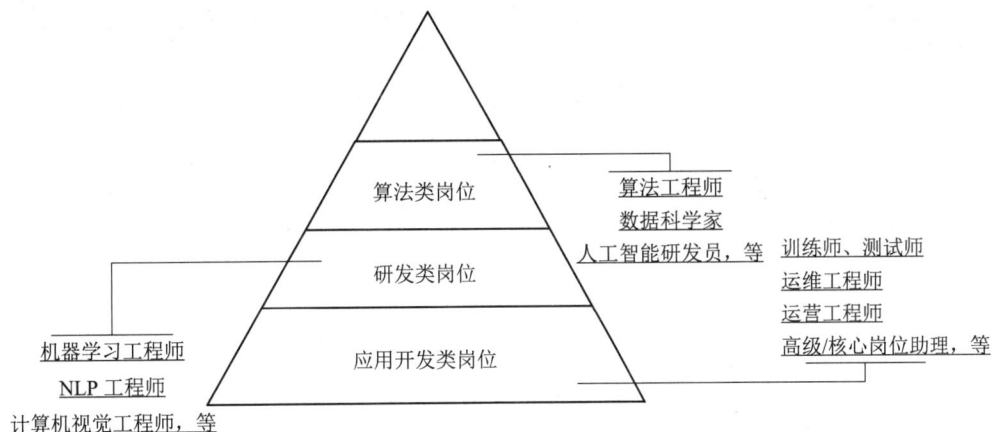

图 3-10　智能专业毕业生就业岗位分布图

3.4.1　智能算法研发类岗位

1. 岗位需求

智能算法研发类岗位的需求：硕士及以上学历，专业通常包括智能科学与技术、人工智能、自动控制、计算机、信号处理相关专业；熟练掌握 SVM/Bayes 等常用的算法和应用；关注人工智能、机器学习、数据挖掘等领域技术的发展，并具备实际应用能力；具有深度学习、自主/无人装备、机器人相关工作经验；在深度学习领域有较深的理论研究和实践经验，至少掌握一种深度学习框架，如 PyTorch、Caffe、Tensorflow 或 MXNet 等；熟悉常见的机器学习、深度学习和计算机视觉算法；有较强的算法分析和实现能力，熟练掌握 C/C++/Python 等编程语言，熟悉 Linux 开发环境；善于分析和解决问题，富有想象力和学习能力，具备良好的团队合作精神。

智能算法研发类岗位具体的工作职责大致包括：

- 负责智能算法应用相关项目的售前交流和需求挖掘。
- 负责项目的总体方案设计、工程实施及技术支持。
- 负责智能算法应用的技术方向探索和关键技术攻关。
- 参与智能算法相关技术平台或产品的设计和研发。

2. 岗位细分

智能算法研发类对应的岗位一般包括(但不限于)：

- 人工智能算法工程师，作为专业的人工智能算法工程师，负责设计、开发和优化人工智能算法，用于解决各种实际问题，如图像处理、自然语言处理、语音识别、推荐系统等。
- 数据科学家，应用人工智能算法和技术，从大规模数据中提取有价值的信息，进行数据分析、建模和预测，为企业决策提供支持。
- 人工智能研究员，专注于人工智能前沿技术的研究，岗位目标在于推动人工智能技术的不断创新和发展。

■ 人工智能农业专家，将人工智能技术应用于农业领域，进行作物病虫害识别、精准农业管理等工作。

■ 人工智能环保专家，利用人工智能技术解决环境保护问题，如空气质量预测、垃圾分类等。

■ 人工智能创意艺术家，将人工智能技术应用于创意艺术创作，创造出独特的艺术作品。

■ 人工智能可视化专家，利用数据可视化技术，将复杂的人工智能算法和数据呈现为易于理解的图形。

■ 人工智能安全专家，关注人工智能系统的安全漏洞和风险，提供安全性评估和解决方案。

■ 人工智能跨学科研究员，将人工智能技术与其他学科结合，探索交叉领域的问题。

■ 人工智能气候模拟研究员，将人工智能应用于气候模拟和预测，为应对气候变化提供数据支持。

此外，由于人工智能算法工程师是智能的高级人才，并且针对所有人工智能应用场景的算法研发，所以掌握了智能算法工程师的技能知识，也能很快平替到其他相关岗位，如深度学习工程师、计算机视觉工程师、自然语言处理工程师、语音识别工程师、强化学习工程师、人工智能售前工程师、人工智能产品经理等岗位。

3.4.2　智能系统研发类岗位

1. 岗位需求

智能系统研发类岗位需求：本科及以上学历，专业通常包括计算机、自动化、电子、通信等与智能科学与技术或人工智能相关专业；熟练掌握至少一种编程语言，如 Java、C++、Python 等；熟悉常用的数据结构和算法，掌握机器学习、深度学习等人工智能相关算法；了解常见的机器视觉、自然语言处理等技术，并能够应用于实际项目中；具备系统设计、开发、测试和部署等能力，能够独立完成项目；具备创新思维和良好的学习能力，能够快速学习新的技术和应用；具备良好的沟通和团队合作能力，能够与其他部门和客户进行有效的沟通和协作。

智能系统研发类岗位具体的工作职责大致包括：

■ 负责智能系统的需求分析、设计、开发、测试和部署等工作。

■ 研究和开发新的智能系统技术和应用，保持对新技术的学习和应用能力。

■ 与其他部门和客户进行有效的沟通和协作，保证项目的顺利进行和目标的达成。

■ 对智能系统进行优化和改进，提高系统的性能和稳定性。

2. 岗位细分

智能系统研发类对应的岗位一般包括(但不限于)：

■ 机器学习工程师，专注于机器学习算法的开发和应用，设计和实现各类机器学习模型，用于数据挖掘、分类、聚类等任务。

■ 深度学习工程师，应具备深度学习算法的实际应用和开发能力，处理复杂的数据，如图像、声音和文本等，解决模式识别和决策问题。

■ 自然语言处理(NLP)工程师，专注于处理和分析人类语言的计算机应用，如机器翻译、情感分析、智能客服等。

■ 计算机视觉工程师，负责图像和视频数据的处理和分析，开发图像识别、目标检测、人脸识别等应用。

■ 人工智能产品经理，了解人工智能技术和应用，负责规划、设计和推广人工智能产品，满足市场需求。

■ 智能硬件工程师，结合人工智能技术，开发智能硬件产品和应用，如智能家居、智能机器人等。

■ 人工智能项目经理，负责领导和管理人工智能项目的规划、执行和交付，协调跨部门合作，确保项目按时、按质完成。

■ 人工智能工程师团队负责人，领导人工智能团队，监督团队的技术进展、项目计划和资源分配。

■ 人工智能系统架构师，设计和构建复杂的人工智能系统架构，确保系统的性能、可扩展性和稳定性。

■ 人工智能数据工程师，负责数据的采集、清洗、预处理和存储，为人工智能算法提供高质量的数据支持。

■ 人工智能训练师，负责数据标注和处理，以及对模型的训练和调优等，保障人工智能模型的训练能够达标。

■ 人工智能运维工程师，负责维护和管理部署在生产环境中的人工智能系统，保障系统的稳定运行。

■ 人工智能产品测试工程师，负责测试人工智能产品的性能、稳定性和安全性，确保产品符合质量标准。

■ 人工智能游戏开发者，将人工智能技术融入游戏开发，创造更智能、逼真的游戏体验。

■ 人工智能用户体验(UX)设计师，结合用户需求和人工智能技术，设计用户友好的界面和交互体验。

■ 人工智能虚拟现实(VR)/增强现实(AR)开发者，将人工智能与虚拟现实或增强现实技术相结合，开发交互式应用。

■ 人工智能社交媒体分析师，利用人工智能技术分析社交媒体数据，洞察用户行为和趋势。

■ 人工智能语音技术工程师，专注于语音识别、合成和处理技术，开发智能语音助手和应用。

■ 人工智能机器人工程师，将人工智能技术应用于机器人控制和决策，开发智能机器人系统。

■ 人工智能交通系统优化师，应用人工智能技术，优化交通流量、减少拥堵和提升交通安全。

■ 人工智能智能驾驶工程师，将人工智能技术应用于自动驾驶系统，提高驾驶安全性和便捷性。

3.4.3　智能应用开发类岗位

1. 岗位需求

智能应用开发类岗位需求：本科及以上学历，熟悉至少一种编程语言，如 Java、Python 等；熟悉人工智能、机器学习、深度学习等领域的相关算法和应用；具备数据结构、算法和软件设计的基础知识；有较强的逻辑分析能力和解决问题的能力，能够独立思考和解决问题。善于沟通和团队合作，具备优秀的时间管理和项目管理能力；熟悉常用的开发框架和工具，如 Spring、Django、Git 等；了解云计算、大数据、物联网等领域的相关技术和应用。

智能应用开发类岗位具体的工作职责大致包括：

■　负责智能应用的开发和维护工作，包括需求分析、设计、编码和测试等环节。

■　参与人工智能、机器学习、深度学习等技术在企业级应用中的开发和优化工作。

■　研究和开发新的智能应用技术，保持对新技术的学习和应用能力。

■　参与项目管理和团队沟通，保证项目的顺利进行和目标的达成。

2. 岗位细分

智能应用开发类对应的岗位一般包括(但不限于)：

■　人工智能咨询顾问，对人工智能技术有深刻理解，能够为企业或机构提供人工智能相关的咨询和建议。

■　教育培训人员，可以成为培训机构或企业的人工智能技术培训师，传授人工智能算法和技术的知识与实践。

■　人工智能伦理与合规专家，关注人工智能的伦理和法律合规问题，提供合规性建议，确保人工智能应用的合法合规性。

■　人工智能创业者，基于持有的人工智能算法技能，创办自己的人工智能相关企业，开发创新的人工智能产品和服务。

■　人工智能法律顾问，关注人工智能法律法规，为企业提供人工智能项目合规性评估和法律咨询。

■　人工智能商务拓展经理，将人工智能技术应用于商业领域，开展市场拓展、业务合作，推动人工智能产品和服务的商业化。

■　人工智能售前工程师，配合人工智能销售人员进行人工智能产品方案的编写、宣讲等，完成人工智能产品的销售。

■　人工智能领域的作家和科普者，利用专业知识撰写人工智能领域的文章、书籍或博客，推动公众对人工智能的理解和认知。

■　人工智能医疗专家，将人工智能技术应用于医疗领域，参与医学图像分析、疾病预测等应用。

■　人工智能金融分析师，将人工智能应用于金融领域，进行风险评估、交易预测、投资分析等工作。

■　人工智能音乐创作者，探索人工智能在音乐创作中的应用，创造出新颖、独特的音乐作品。

■ 人工智能社会学家，研究人工智能对社会、文化和伦理的影响，提出相应的社会政策建议。

■ 人工智能社交媒体营销专家，运用人工智能分析工具，制订社交媒体营销策略，优化用户互动和品牌影响力。

■ 人工智能文化遗产保护者，利用人工智能技术数字化和保护文化遗产，如艺术品、历史文物等。

■ 人工智能物流规划师，应用人工智能技术优化物流和供应链规划，提高效率和减少成本。

■ 人工智能体育分析师，利用人工智能技术进行体育数据分析，优化训练和比赛策略。

■ 人工智能人力资源专家，结合人工智能技术进行招聘、绩效评估和人才管理。

■ 人工智能家庭健康顾问，结合人工智能技术为家庭提供健康管理和咨询服务。

■ 人工智能跨界艺术家，将人工智能技术与艺术相结合，创作跨界作品，如艺术装置、数字艺术等。

■ 人工智能社交心理学家，研究人工智能对人类社交和心理健康的影响，提供相关建议和方案。

■ 人工智能决策支持分析师，应用人工智能技术为企业和组织提供决策支持和数据洞察。

3.4.4 在校生就业前岗前准备

就业前的岗前准备需要学生在学校学习期间就积极、尽早准备，除了课程学习之外，还要有针对性地培养适应未来岗位工作的能力。除了专业知识外，就业市场对于一些软技能的需求也很高，如沟通能力、团队合作能力、领导能力等。

1. 提升表达沟通水平

积极参与课堂讨论、演讲比赛等活动，提升口头表达能力。同时，加强书面沟通能力，如写作、报告和邮件等。参加沟通技巧培训或加入辩论社团是提高沟通能力的有效途径。

2. 培养团队合作精神

积极参与团队项目和活动，学会与他人合作、协调和解决冲突。通过与不同背景和观点的人合作，培养团队合作能力和灵活性。

3. 训练领导组织才干

参与学生组织、社团等，争取担任一些组织、领导职务，如社团干部、项目负责人等。通过此类角色的锻炼，培养领导能力、决策能力和解决问题能力。

4. 冷静抗压解决问题

积极参与解决实际问题的项目和竞赛，学会处理问题的基本逻辑，培养分析问题、提出解决方案和实施计划的能力。同时，学会灵活应对变化和挑战，展现自己的创造力和适应能力，尤其是在一定的压力下保持冷静的头脑处置问题。

5. 持续学习自我管理

要保持持续学习的习惯，加强自我管理，正所谓"愈自律，愈自由"。通过参加一些活动来训练这种品质，例如，自主学习新技能、参加培训课程、制订学习计划和管理时间等。这些能力可以强化自我驱动和持续学习的能力。

6. 拓展视野累积经验

通过参加实习、课外活动、研究项目等方式积累实践经验，这将有助于培养和展示软技能。尤其是可以寻找相关的培训课程，通过考试获取一些智能相关证书。

■ 人工智能工程师证书(AI Engineer Certification)：目前国内最为热门的人工智能证书之一，由中国信息通信研究院主办。该证书主要考查考生在人工智能理论、算法、编程、应用等方面的能力，包括人工智能原理、深度学习、自然语言处理、计算机视觉等内容。

■ 机器学习工程师证书(Machine Learning Engineer Certification)：由美国云计算公司亚马逊 AWS(Amazon Web Services)公司推出的人工智能证书之一。该证书主要考查考生在机器学习理论、算法、编程、应用等方面的能力，包括机器学习基础、数据处理、模型训练、模型部署等内容。

■ 微软人工智能证书(Microsoft AI Certification)：由微软公司推出的人工智能证书之一，涵盖人工智能的各个方面，包括机器学习、深度学习、自然语言处理、计算机视觉等。该证书主要考查考生在微软人工智能平台上的应用能力和解决问题的能力。

■ TensorFlow 开发工程师证书(TensorFlow Developer Certificate)：由谷歌公司推出的人工智能证书之一，旨在考查考生在使用 TensorFlow 框架进行深度学习方面的能力。考试主要涵盖 TensorFlow 框架的基础知识、模型构建、训练与调试等内容。

■ 人工智能应用工程师证书(AI Application Engineer Certification)：由中国电子学会主办的人工智能证书之一，旨在考查考生在人工智能应用方面的能力。考试主要涵盖人工智能技术的应用、系统设计、性能调优、数据分析等内容。

■ 华为认证人工智能工程师(HCIA-AI/HCIP-AI/HCIE-AI)：华为公司针对人工智能领域的专业认证。该认证体系涵盖了人工智能的基础知识、理论、算法和应用等多个方面，旨在为从事人工智能相关工作的人员提供一个全面的认证标准。图 3-11 为华为认证体系图。

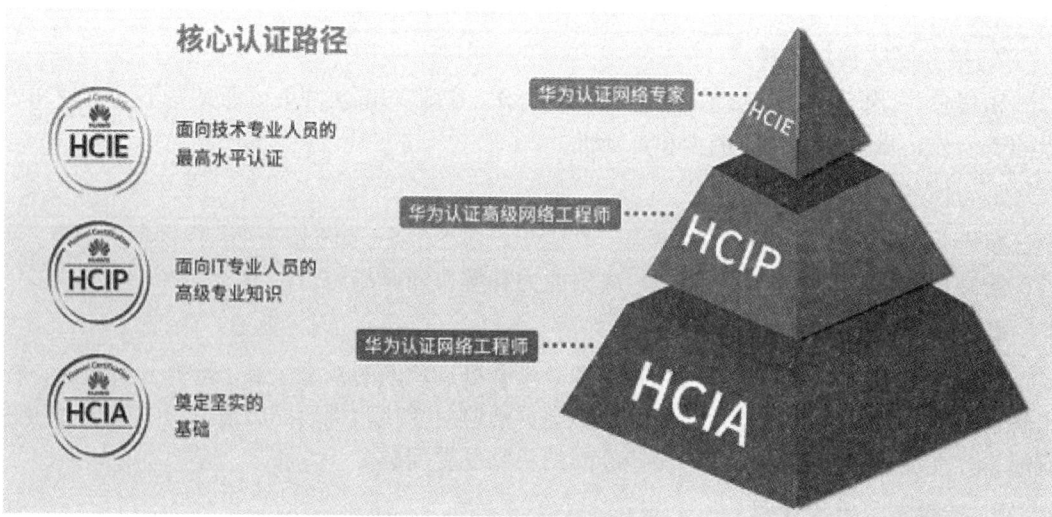

图 3-11 华为认证体系图

大学生在学习过程中注重培养上述软技能，并在简历和面试中有针对性地展示和强调自己，就一定能够在就业竞争中获取先机。当然，这些软技能绝非一蹴而就的，一定要通过在校期间的磨砺，逐渐养成。

本章小结

不可否认，智能毕竟是一个抽象的概念，对于智能专业的学习也不同于其他学科、专业的内容学习，而要强调采用科学合理的学习方法，方能实现事半功倍的效果。本章将智能专业的知识体系、学习方法和能力培养以非常直观的方式描述出来，解答了"智能"到底应该怎么学的问题。通过本章的学习，读者可采取更加明确、适合的智能专业学习方式开展后续学习。

课后习题

1. 尝试分析体育运动是科学还是技术，同时阐明理由。
2. 分析比较智能科学与智能技术之间的联系。
3. 智能专业有哪些课程大类？各有哪些侧重点？
4. 大学生常用的学习模式有哪些？
5. 分析智能科学与技术专业理论学习与实践的辩证关系。
6. 实践能力的培养可以从哪些环节入手？
7. 简述跨领域知识对于智能科学与技术专业学习的重要性。
8. 简述智能科学与技术专业毕业生就业岗位的需求异同点。

第 4 章　智能的基础问题

智能是一个抽象的名词，其具体实现纷繁复杂，但是它又可以归结为一些基础性的"元"问题。本章将对这些问题展开介绍和讨论，解释"智能到底研究的是什么"。

4.1　概　　述

智能可以说与我们如影随形，我们每天面临的生活问题都需要使用不同的智能方法去处理，这些方法在理论上可以简单归纳为脑与认知、知识推理、搜索求解、学习发现、模式识别等基础性的"元"问题。下面以一个普通智能专业学生小艾一天的学习生活来加以说明。

📍【举例】　小艾的大学生活(图 4-1)

周二一大早，小艾从睡梦中醒来，开启一天紧张的大学生活。洗漱完毕，整理床铺，之后小艾来到学校北区餐厅，点了一份营养丰富的早餐，因为她知道今天课程很满，需要多补充蛋白质、维生素以及矿物质，这些营养物质有益于大脑神经(脑)。饭后小艾翻看了一下马上要上的"高等数学"课程大纲，发现今天要讲的理论较多，她判断课堂上可能会有较多的计算，因此小艾特别回宿舍多带了一些演算纸。非常不巧，当天由于学校的学术活动，原教室被占用，昨天已经接到通知新教室在校园陌生的理工大楼 502C。小艾一路不失礼貌地沿路询问理工楼的位置。路人告诉她理工楼就是马路尽头那座安装有玻璃幕墙、外形似飞翼的一座建筑。小艾边走边搜寻，终于找到了那座建筑，并准时到达了教室。上课后，在老师的悉心讲授下，小艾认真地学习了"链式求导法则"的相关内容，通过思考总结了一些规律，并初步学会了一些例题的解法。后续是"大学英语"……

图 4-1　智能专业学生小艾的学习生活

在这一天里，小艾实际上运用了脑与认知（"早餐特地补充蛋白质以补充脑营养"）、知识推理（"多带演算纸"）、搜索求解（"问路"）、学习发现（"上课学习算法并发现算法规律"）、模式识别（"找到理工大楼"）等智能行为，其实这就是智能涉及的推理、搜索、学习、模式识别等几种基础问题。

当然，也有学者将智能的基础问题总结为脑神经网络的工作原理、感知过程和知觉理论、记忆、学习、语言加工与认知机制、思维的认知机制、智力发展、情感系统、意识、心智模型等，其基本思想与本书上述总结类似，但是涉及内容理论更加深入，可供读者参考。

下面对上述基础问题进行讨论。

4.2 智能探源

4.2.1 智能从哪里来

智能从哪里来的问题目前已经得到公认答案——脑。得出这个结论看似理所应当，但实际上却耗费了人类很多年。

在古代人心目中，脑是人体最神秘的地方。这个黏稠、半熟鸡蛋似的东西，它的任何部分似乎都不会运动。勤于思考者不免发问：脑是干什么的？古人曾经错误地把属于脑的所有功能都定位在心，认定心是思维的器官。例如，荀子认为心脏是主宰五官的器官，有检验耳、目、口、鼻、身各感官所认知的能力。心的"思维"功能可以从今日的"心思""心理学""心不在焉""心想事成"等名词中折射出来。古希腊人则认为脑的位置属于那不朽的"灵魂"（当时这个灵魂不是指思维、意识与精神），也并不认为其是智能的源头。

突破脑之神秘论的第一人是公元前 6 世纪的希腊哲学家、生理学家阿尔克梅翁(Alcmaeon)。他发现，人体有从眼球直接通向脑的连接物，还有许多类似的其他器官连接物（当时不知道是神经系统）与脑连接。他断定，脑是接受感觉并产生思维的地方。影响更大的，则是被后人誉为"医学之父"的希腊医生、医学教师希波克拉底，他得出了明确的结论：大脑是人类感情的源地。古希腊亚历山大城的埃及医生、解剖学家赫罗菲拉斯(Herophilus，公元前 335 年—前 280 年)和埃拉西斯特拉图斯(Erasistratus，约公元前 250 年)也发现了身体其他部位如何与脑内部连接。亚里士多德也曾思考过脑的问题，他写道(约公元前 335 年)："在所有的动物中，人拥有相对于身体比例而言最大的大脑。"这说明他已接近发现脑的特殊价值了。

在这之后的很多年，人脑的功能并没有被真正揭开，直到 1928 年的某一天，加拿大脑神经外科医生威尔德·彭菲尔德(Wilder Graves Penfield)在给一位患者做手术，手术探针接触到病人右侧颞叶的某个部位时，彭菲尔德小心翼翼地施加电流刺激这个部位。奇迹发生了，病人仿佛看到了多年以前的熟悉画面，甚至"闻到了熟悉的味道"。电流刺激大脑皮层，竟然"唤醒"了病人尘封已久的记忆。经过 25 年的持续研究后，彭菲尔德提出了"中央脑系统"学说，他本人也因此被誉为脑神经科学的鼻祖。

至此，脑与智能的紧密关联才被正式建立起来。

4.2.2　脑与认知

对于智能的探源，人们现已达成的共识就是：人类(动物)的大脑以及神经系统是智能产生的根源。大脑的运行原理就像生命起源一样，始终是人类探索的终极问题之一。

1. 脑的结构

脑是一个由神经元构成的网络，神经元与神经元之间的相互联系依赖于突触，这些彼此联系的神经元通过构成一定的神经网络来发挥大脑的功能。这些神经元之间的相互作用对神经环路功能的稳态平衡、复杂性以及信息加工处理发挥着关键作用。与此同时，神经元膜上的受体和离子通道对于控制神经元的兴奋性、调节突触功能以及神经元内各种递质和离子的动态平衡至关重要。在几乎所有高级动物中，脑可以说就是其智能行为的"司令部"。

在众多地球生物中，人脑又可以说是地球生物中能力最发达的，它由前脑、中脑、后脑所组成。脑的各部分具有不同的功能，并有层次上的差别。脑的任何部分都与大脑皮层有联系，通过这种联系脑把来自各处的信息汇集在大脑皮层进行加工、处理。其实，地球生命已有30多亿年的历史，在漫长的历史长河中，生物的大脑缓慢地进化，才形成了今天的样子。随着地球的不断进化，人类的大脑里面留存了这种进化的痕迹。根据脑的结构、皮质的类型和作用的不同，科学家提出了人脑的三位一体学说，即大脑有三个部分：古脑，也叫爬行脑；旧脑，也叫哺乳脑；最后一个是新脑，也就是大脑的新皮层。这三个部分一个覆盖着一个，在进化的阶梯上逐步形成，并且后来者掌管它前面的部分。

人脑结构示意如图4-2所示。

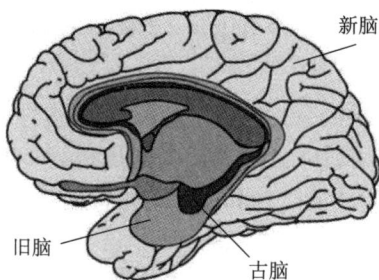

图 4-2　人脑结构

从微观神经学的视角看，在只有大约 $1.3\ dm^3$ 空间的人脑里，居住着比地球人口还多几十倍的"公民"——神经细胞和神经胶质细胞。神经胶质细胞只负责脑的营养供给工作，而"站"在工作一线的则是上百亿个神经细胞，它们是神经系统结构与功能的基本单位，负责接收刺激与传导活动。神经细胞由细胞体和细胞体发出的轴突和树突两部分组成。树突短而多，与树枝相似，故名树突；轴突长而似轴，故名轴突。树突与细胞体一起组成细胞的感觉区，接收其他神经元或感觉细胞从四面八方传来的冲动。轴突及其末梢则负责向其他神经元或肌肉等发送神经冲动。

综上所述，人脑是一个结构复杂而又功能齐全的智能系统。

2. 神经冲动

脑的活动离不开神经冲动。神经冲动也叫神经兴奋，表现为一种电冲动，是沿着整个神经纤维，从一点到另一点运行的短促电兴奋波。神经冲动是细胞内信息传递的方式。每个神经细胞的轴突末梢，与另一些神经细胞的树突和细胞体接触，这个接触区叫作突触。突触由突触前膜、突触后膜以及前后膜之间的间隙组成。突触按其所连接的细胞上的部位可以分为两种类型，一类是轴突——树突型突触，另一类是轴突——胞体型突触。神经冲动就是从轴突通过这两类突触传到下一个细胞的树突和细胞体的，信息因此在细胞间得以传递。前一个神经细胞的电冲动，有可能直接跨越小的间隙向下传递，这种突触叫作电突触；但在大的间隙之间，只能借助各种化学物质进行传递，这种突触就叫化学突触。

高等动物特别是人脑内，突触的主要类型是化学突触。神经兴奋在突触传导时会受到加强或减弱，外界的各种信息在突触处会得到初步的整理。信息沿着一个神经细胞的纤维传导，在突触处从一个神经细胞传递到另一个神经细胞，这就是脑内信息传递的基本过程。脑归根结底不过是神经细胞的一系列相互联结而已，神经细胞和突触是脑的整合功能和可塑性的物质基础。

人的所有智能活动，从某种意义上讲，其本质都是脑工作的结果。人的感觉、情感、动作，包括不能意识和控制的体内活动，都受大脑中的电化学、生物活动所左右。脑神经通过电脉冲—神经兴奋传递信息。神经细胞的电脉冲比肌肉的电脉冲更微妙，它遵循"全或无"的原则。如果向一个单一的神经细胞施加一连串微小的电脉冲并逐渐加大脉冲强度，当脉冲强度达到某一特定水平时，神经细胞会突然激发出一个脉冲并沿着神经纤维传导下去，这个特定水平就是神经细胞的激活阈值。人类复杂的视觉或拉小提琴的动作中所包含的复杂手指反应都与此有关。例如，一个视神经含有许多条纤维，其中有一些可能被激发了，而另一些没有。激发有可能是一连串地快速进行，也可能是缓慢进行，这样视神经对刺激的反应，就可能有许多种不同的组合。视神经的反应方式随着刺激的变化而连续变化，脑可以对这个不断变化的反应方式进行扫描并作出解释。

目前科学家还没有完全弄清楚脑如何解释神经的不同反应方式。科学家认为，脑在这种活动中充当了一个译码机的作用。视神经受到刺激产生了一个编码，脑收到这个编码，用它的密码表将其翻译并作出解释。在这一点上，电脑的工作原理其实与人脑相似。电脑在工作中，依靠的也是一些"0"和"1"的编码。

3. 认知科学

认识大脑的神经网络结构及其形成复杂认知功能的机制是认识、开发和利用脑的基础。现在科学界已经一致认同，人类的认知与行为都是脑功能的具体体现，是神经系统协调活动的表现。由于认知与行为依赖于神经系统，特别是人脑，因此，阐释认知过程中的分子、细胞以及神经回路等工作机制，对于认识认知和行为的本质是不可忽略和替代的。

基于脑科学提出的认知科学是研究人认识和适应周围世界的过程，与认知过程有关的神经系统及大脑的工作机理，以及人类感知和思维信息处理过程的科学。认知科学是在脑科学研究的基础上，通过研究人脑认知的过程与机制，进一步揭示大脑智能的产生与发展，同时它的研究成果反过来也必然促进脑科学的进步。认知科学通过对感知、语言、记忆、意识等人类高级活动的研究，完成人类智能处理的建模，抽象出人类智能的发生和发展。

认知科学的研究范围包括知觉、注意、记忆、动作、语言、推理、思考、意识乃至情感动机在内的各个层面的认知活动。人类认知系统最根本的认知功能就是对信息的重构。认知科学涉及生物学、心理学、细胞学、脑科学、遗传学、神经科学、语言学、逻辑学、信息科学、人工智能、数学、人类学等多个领域，是多学科交叉研究的学科。

认知的外在表现思维导图如图 4-3 所示。

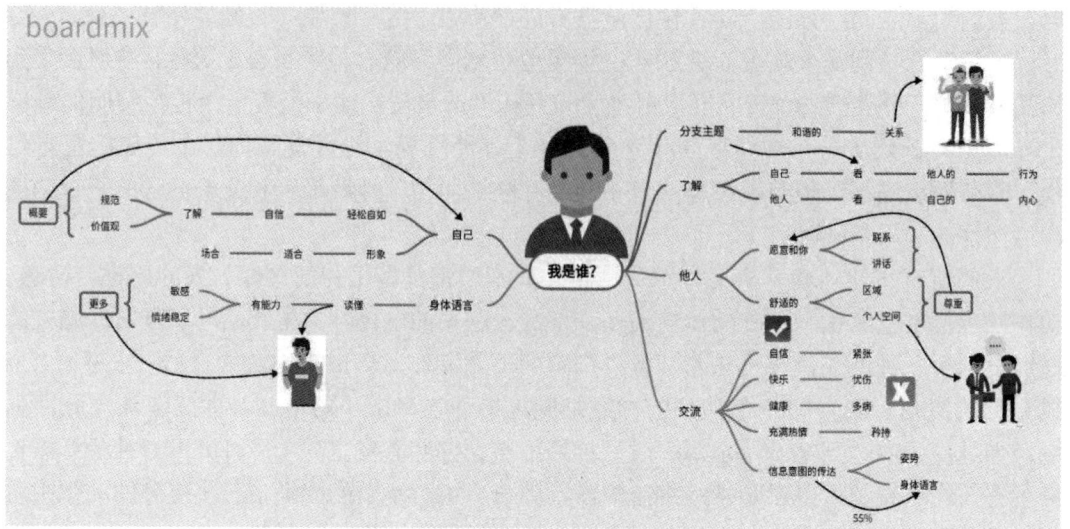

图 4-3　认知的外在表现思维导图

关于人脑智能的问题，还可以引申出智力的发展问题等，从而可指导如何测量、开发、培育儿童的智力，介绍从略。

4.2.3　相关课程

脑与认知相关课程如下。

1. 脑与认知科学

该课程全面介绍了脑科学与认知科学的基本概念，论述了脑科学和认知科学知识在现实生活中的应用，系统地探讨了人工大脑、认知计算的相关知识。主要内容包括：人类感知、学习、记忆、思维、意识等人脑心智活动过程机理，人类的智力如何由物质产生，人脑信息处理的过程，感觉的输入与复杂问题的求解，人类个体与人类社会智能活动，以及人类智能和机器智能的性质等基本理论，是智能科学与技术专业深化的重要延伸与拓展。

2. 神经与认知科学导论

该课程研究了人类大脑和认知过程，涉及神经科学、心理学和计算机科学等多个领域，介绍了神经与认知科学的基本概念、研究方法和应用领域，及其对于理解人类思维和行为的重要性。神经与认知科学采用多种研究方法，包括：神经影像技术、脑电图、脑磁图、神经解剖学、行为实验等。神经与认知科学的研究成果在许多领域都有广泛的应用。在医学领域，神经与认知科学的研究有助于理解和治疗神经系统疾病，如帕金森病、阿尔茨海默病等。在教育领域，神经与认知科学的研究可以指导教学方法和教育政策的制订，提高学习效果。在人工智能领域，神经与认知科学的研究可以启发智能系统的设计和开发，使其更加接近人类的认知能力。

人工智能、智能科学技术导论等课程也会对脑与认知相关知识有一定程度的涉及。

4.3 感 知 识 别

4.3.1 雾里看花水中望月

在人类开展智能行为之前，首先需要对周围的环境进行分辨，对要操作的对象进行识别，这是人类与自然交互的前提，因此识别是人最重要的基本智能信息处理能力之一。事实上，我们几乎无时无刻不在对周围世界进行识别。在智能所面临的诸问题中，识别的目标一般涉及文字、符号、图形、图像、语音、声音及传感器信息等形式的实体对象，而并不包括概念、思想、意识等抽象或虚拟对象，后者的识别属于心理、认知及哲学等学科的研究范畴。

虽然识别的重要性众所周知，但是掌握识别的关键要素——模式，即便是对于人类自身来说也是一件相对困难的事情，这好比"雾里看花，水中望月"，令人难以琢磨，下面举两个例子。

📍【举例】《和氏璧》

楚人和氏得玉璞楚山中，奉而献之厉王。厉王使玉人相之。玉人曰：石也。王以和为诳，而刖其左足。及厉王薨，武王即位。和又奉其璞而献之武王。武王使玉人相之。又曰：石也。王又以和为诳，而刖其右足。武王薨，文王即位。和乃抱其璞而哭于楚山之下，三日三夜，泣尽而继之以血。王闻之，使人问其故，曰：天下之刖者多矣，子奚哭之悲也？和曰：吾非悲刖也，悲夫宝玉而题之以石，贞士而名之以诳，此吾所以悲也。王乃使玉人理其璞而得宝焉，遂命曰：和氏之璧。

📍【举例】《马说》

世有伯乐，然后有千里马。千里马常有，而伯乐不常有。故虽有名马，祗辱于奴隶人之手，骈死于槽枥之间，不以千里称也。马之千里者，一食或尽粟一石。食马者不知其能千里而食也。是马也，虽有千里之能，食不饱，力不足，才美不外见，且欲与常马等不可得，安求其能千里也？策之不以其道，食之不能尽其材，鸣之而不能通其意，执策而临之，曰："天下无马！"呜呼！其真无马邪？其真不知马也！

上述两则故事分别告诉我们：因为人们未掌握对美玉和千里马的识别要领(即模式)，所以会造成很多遗憾。那么如何实现这样的识别呢，其关键就在于建立正确的识别模式。有了模式，即便是"雾里看花，水中望月"也可用模式识别的方法尝试解决。

4.3.2 模式识别

识别的关键在于掌握正确的模式，这里所说的模式识别是狭义的模式识别，它是人和生物的感知能力在计算机上的模拟和扩展。经过专家学者们多年的研究，模式识别已发展成为一门独立的学科，其应用十分广泛，在诸如信息、遥感、医学、影像、安全、军事等领域，已经取得了重要成效。

下面首先对模式和模式识别的概念进行规范。

1. 模式

模式(pattern)，就是能够表征或刻画被识对象类属特征的信息模型，其全称为对象的模式。

被识对象都具有一些属性、状态或者特征，例如，图形有长度、面积、颜色、边的数目等特征；声音有大小、音调的高度、频率分量的强度等特征，而对象之间的差异也就表现在这些特征的差异上。因此，可以用对象的特征来表征对象，即为对象建模。另外，从结构上来看，有些被识对象可以看作由若干基本成分按一定的规则组合而成。例如，一个汉字就是由若干基本笔画组成的，而一个几何图形则可以看作由若干基本线条组合而成。因此，可以用一些基本元素的某种组合来刻画对象，这就是对象建模。

2. 模式识别

概言之，有了模式，对实体对象的识别就转化为对其模式的识别问题。

通过考察我们人类识别物体的过程可以发现，识别其实就是分类，即辨识或判别被识对象的类属。例如，汉字"文"可以有多种形体、写法和大小，但它们都属于同一个类。而我们识别这个"文"字实际也就是在判定当前看到的对象"文"的类属。又如，同一个人的脸，从不同角度或在不同时间所看到的模样是不一样的，但这些模样属于同一类，即该人的脸像类。而我们在识别人的脸谱时，实际上就是在判定当前看到的样子应该属于哪一个脸像类，也就是把当前看到的模样归入我们记忆中该人脸像的类中。

继而可以作出以下定义：具有某些共同特性的模式的集合称为模式类，判定一个待识模式类属的过程就称为模式识别。

3. 模式识别的分类

依据模式的表示形式，模式识别可分为统计模式识别和结构模式识别，这是两种经典且基本的模式识别方法，其技术比较成熟。除此以外，在这两种方法的基础上，学者们还发展了神经网络模式识别和模糊模式识别等。特别是近年来还出现了自适应模式识别、仿生模式识别等多种新模式识别方法。

统计模式识别采用统计决策理论(主要是贝叶斯决策理论)进行分类决策。

结构模式识别处理的是字符串或树结构。以自然语言处理为例，模式类可描述为形式语言的文法，识别器(即分类器)就是有限状态自动机。这样，有一个模式类就有一种语言的文法规则，而作为待识模式的字符串就相当于一个句子，判定一个待识模式的类别就是自动机通过推理运算判定该句子是否遵循某种语言的文法规则。

模式识别的一般过程如图 4-4 所示。

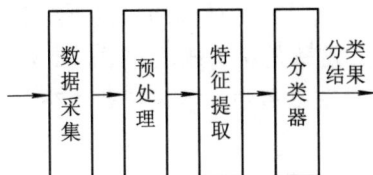

图 4-4　模式识别一般过程

4.3.3　相关课程

模式识别相关课程如下。

1. 模式识别

该课程主要介绍统计模式识别的基本理论和基本方法，一般包括近邻规则、线性判别函数、贝叶斯决策理论和算法、聚类分析、特征选择和特征提取等。

2. 计算智能

计算智能是一门跨学科的领域，涵盖了多种计算方法和技术，包括神经网络、模糊逻辑、进化计算、粒度计算、计算智能、多智能体系统和混合智能等。这些方法和技术旨在模拟和实现人类的智能行为，如学习、推理、规划、感知和适应环境等。

人工智能、机器学习等课程也会对模式识别相关知识有一定程度的涉及。

4.4　知 识 推 理

4.4.1　知识就是智能

知识是人们在长期的生活及社会实践中，以及在科学研究及实验中积累起来的对客观世界的认识与经验。人们把实践中获得的信息关联在一起，就形成了知识。一般性地说，把有关信息关联在一起所形成的信息结构就可以称为知识。

知识具有以下特性。

1. 相对正确性

知识是人类对客观世界认识的结晶，并且受到长期实践的检验，具有相对正确性，即在一定的条件及环境下，知识才是正确的。这里，"一定的条件及环境"是必不可少的，它是知识正确性的前提。由于任何知识都是在一定的条件及环境下产生的，因而也就只有在这种条件及环境下才是正确的。例如，$1+1=2$，这是人尽皆知的正确知识，但它也只是在十进制的前提下才是正确的，如果是二进制，它就不正确了。

在智能科学领域，知识的相对正确性更加突出。除了人类知识本身的相对正确性外，有时在建造专家系统时，为了减少知识库的规模，通常将知识限制在所求解问题的范围内，使得条件更加严苛，因此尤其要注意该特性。

2. 不确定性

由于现实世界的复杂性，信息可能是精确的，也可能是不精确的、模糊的，关联可能是确定的，也可能是不确定的。这就是说，知识并不总是只有"真"与"假"这两种状态，而是在"真"与"假"之间还存在许多中间状态，即存在"真"的程度问题。知识的这一特性称为不确定性。

造成知识具有不确定性的原因是多方面的，主要有以下几点。

1) 由随机性引起的不确定性

由随机事件所形成的知识不能简单地用"真"或"假"来刻画，它是不确定的。

📍【举例】 知识随机导致不确定性

对于"如果头痛且流涕，则有可能患了感冒"这条知识，虽然大部分情况是患了感冒，但有时候具有"头痛且流涕"的人不一定都是"患了感冒"。其中的"有可能"实际上就是反映了"头痛且流涕"与"患了感冒"之间的一种不确定的因果关系。因此，它是一条具有不确定性的知识。

2) 由模糊性引起的不确定性

由于某些事物客观上存在的模糊性，使得人们无法把两个类似的事物严格区分开来，不能明确地判定一个对象是否符合一个模糊的概念；又由于某些事物之间也存在着模糊关系，使得我们不能准确地判定它们之间的关系究竟是"真"还是"假"。像这样由模糊概念、模糊关系所形成的知识显然是不确定的。

📍【举例】 知识模糊性导致不确定性

"如果张三跑得较快，那么他的跑步成绩就比较好"，这里的"较快""成绩较好"都是模糊的。

3) 由经验引起的不确定性

有的知识一般由领域专家提供，是由领域专家在长期的实践及研究中积累起来的经验，这种知识的不确定性更加明显。

📍【举例】 知识经验导致不确定性

齐桓公应燕国的要求，出兵攻打入侵燕国的山戎，途中迷路了，于是放出有经验的老马，军队跟随老马找到了出路。

尽管领域专家以前多次运用这些知识都是成功的，但并不能保证每次都是正确的。实际上，经验性本身就蕴含着不精确性及模糊性，这就造成了知识的不确定性。

4) 由不完全性引起的不确定性

人们对客观世界的认识是逐步提高的，只有在积累了大量的感性认识后才能升华到理性认识的高度，形成某种知识。因此，知识有一个逐步完善的过程。在此过程中，要么由于客观事物表露得不够充分，致使人们对它的认识不够全面；要么对充分表露的事物一时抓不住本质，使人们对它的认识不够准确。这种认识上的不完全、不准确必然导致对应的知识是不精确、不确定的。

【举例】　知识不完全导致不确定

火星上有没有水和生命其实是确定的，但我们对火星了解得不完全造成了人类对火星是否有水这个知识的不确定性。

不完全性是使知识具有不确定性的另一个重要原因。

3. 可表示性与可利用性

知识的可表示性是指知识可以用适当形式表示出来，如用语言、文字、图形、神经网络等，这样才能被存储、传播。知识的可利用性是指知识可以被利用。这是不言而喻的，我们每个人天天都在利用自己掌握的知识来解决各种问题。

利用大脑和感官器官观察并发现客观规律获得知识，进一步能运用知识解决问题也是智能的重要功能。对于高级的智能活动，知识显得尤其重要，这是因为发现规律和运用知识本身就依赖于知识，甚至可以说知识是智能的基础和源泉，或者说"知识就是智能"。因此，要实现智能，智能体必须拥有理解、记忆和运用知识(这里的知识并不一定就是形式化表示的书本知识，也有可能是隐式方式存储于智能体内部的知识，如认路的技巧)的能力。

智能科学中研究知识的知识工程，其具体内容包括知识的获取、处理、表达、组织、存储、共享、重用，包括人与技术(计算机软硬件)的交互作用等，下面两小节将分别对知识表示和知识推理进行侧重介绍。

4.4.2　知识表示

知识表示是指将知识以人或机器可以理解的方式表示出来的过程，是智能科学技术中知识利用的首要问题。知识的表示方法有很多种，常用的表示方法如下。

1. 逻辑表示法

逻辑表示法是一种将知识以逻辑形式表示的方法。它使用命题、谓词、条件等来表示概念、实体、属性之间的关系。逻辑表示法以谓词形式来表示动作的主体、客体，是一种叙述性知识表示方式，利用逻辑公式描述对象、性质、状况和关系。

逻辑表示法主要分为命题逻辑和谓词逻辑，举例如下。

【举例】　用谓词逻辑表示知识"所有教师都有自己的学生"。

首先定义谓词：TEACHER(x)：表示 x 是教师。

S(y)：表示 y 是学生。

TEACHES(x，y)：表示 x 是 y 的老师。

"所有教师都有自己的学生"该知识可用谓词表示为：$(\forall x)(\exists y)(\text{TEACHES}(x) \rightarrow$
TEACHES(x,y)$\wedge$S(y))

该谓词公式可读作：对所有 x，如果 x 是一个教师，那么一定存在一个学生个体 y，x是 y 的老师。

逻辑表示法主要用于自动定理的证明，而其中谓词逻辑的表现方式与人类自然语言比较接近，适用于自然而精确地表达人类思维和推理的有关知识，是最基本的知识表示方法。

2. 语义网络表示法

语义网络表示法是一种将概念和实体之间的关系以网络形式表示的方法。它由节点和边组成，节点表示概念和实体，边表示它们之间的关系，形成网络图，进而可以利用节点和"带标记的有向图"来描述事件、概念、状况、动作以及客体之间的关系。

语义网络通常由语法、结构、过程和语义等4部分组成，用于描述客体之间的关系。在语义网络中，语法指用于表示知识的规则和符号系统；结构是节点和边的组织形式；过程是指在网络上进行的各种操作和推理过程；语义是指节点和边所承载的实际含义。

如图4-5所示，表示燕子、鸟、动物、翅膀之间的关系(ISA：实例关系；AKO：分类关系；HAVE：属性关系)。

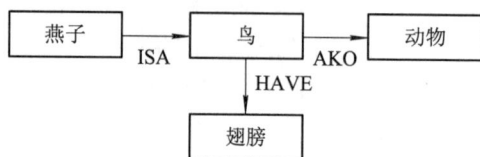

图4-5 语义网络表示示例

3. 框架表示法

框架表示法是以框架理论为基础发展起来的一种结构化的知识表示法。该理论认为人们对现实世界中各种事物的认识都是以一种类似于框架的结构存储在记忆中的，当面临一个新事物时，就从记忆中找出一个适合的框架，并根据实际情况对其细节加以修改补充，从而形成对当前事物的认识。

📍【举例】 教师智教授

```
框架名：<教师-1>
    姓名：智英杰
    年龄：45
    性别：男
    职称：教授
    部门：人工智能教研室
    住址：<adr-1>
    工资：<sal-1>
    开始工作时间：1998.9
```

框架表示法适用于表达结构性的知识，概念、对象等知识最适于用框架表示。框架还可以表示行为(动作)，有些过程性事件或情节也可用框架网络来表示。

4. 本体表示法

本体的概念出自本体论。本体论能够以一种显式、形式化的方式来表示语义，提高异构系统之间的互操作性，促进知识共享，因而被广泛用于知识表示领域。而本体则是指一种形式化的，对于共享概念体系明确而又详细的说明。用本体来表示知识的目的是统一应用领域的概念，构建本体层级体系表示概念之间的语义关系，实现人类、计算机对知识的共享和重用。图 4-6 所示为一本体表示法示例。

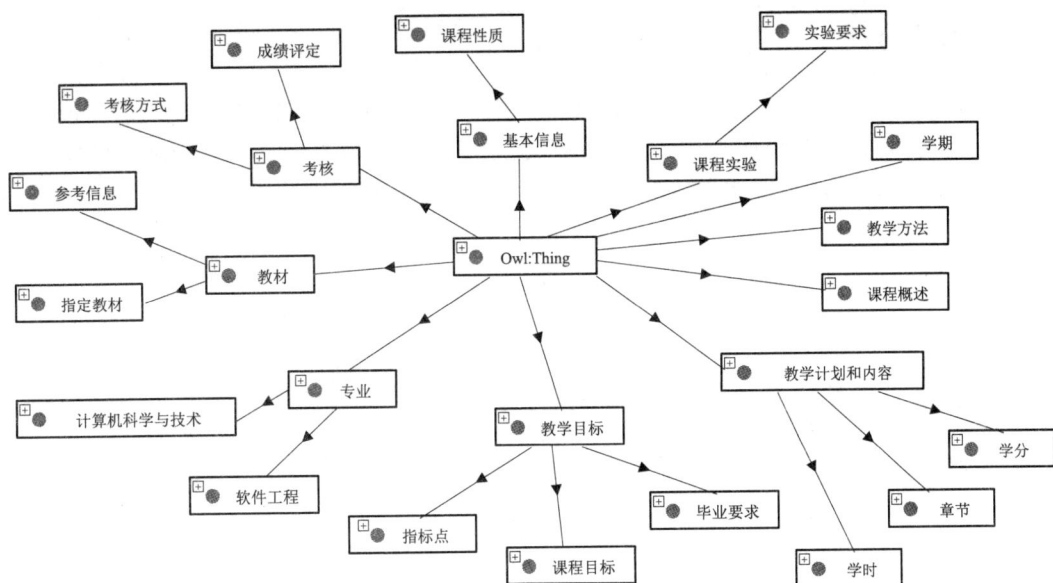

图 4-6　计算机科学与技术/软件工程教学本体

本体表示法适用于知识库的知识建模，建立领域本体知识库，用概念对知识进行表示，揭示知识之间的内在关系。

5. 面向对象表示法

面向对象表示法是指按照面向对象的程序设计原则组成的一种混合知识表示形式，它以对象为中心，把对象的属性、动态行为、领域知识和处理方法等有关知识封装在表达对象的结构中，举例如下。

📍【举例】　类定义

```
Class   <类名>   [:<超类名>]
        [<类变量名表>]
        Structure
        <对象的静态结构描述>
        Method
        <关于对象的操作定义>
        Restraint
        <限制条件>
End
```

面向对象表示法适用于将类以一定层次形式进行组织，类之间通过链实现联系，主要特点表现为继承性，灵活、易于维护，可重用性好等。

此外，知识的表示方法还有概率法、神经网络表示法、状态空间表示法、过程表示法等。

综上所述，知识的表示方法有很多种，每种方法都有自己的优缺点和应用场景。在实际应用中，需要根据具体的问题和应用场景选择合适的知识表示方法。

4.4.3　知识推理

所谓知识推理，就是利用已知的知识推理出隐性或未知结论的过程，其内容可以分为两种，第一种是已经知道的，用于进行推理的已有知识，另外一种是运用现有的知识推导或者归纳出来的新知识。后者已经成为近代以来科学发现的重要手段之一，下面举两个例子。

📍【举例】　元素周期表与新元素的发现

18世纪中期到19世纪中期，随着生产和科学试验的不断发展，几乎平均每年发现一种元素。当时已经有63种元素被人们认识，但这些元素相互之间没有联系且凌乱，给教学和科研带来了许多不便，迫切需要从这些杂乱无章的资料中理出头绪，为此科学家开始了漫长的探索。直到1869年，门捷列夫(D. I. Mendeleev)在论文《元素属性和原子量的关系》中提出元素周期表，阐述了周期律的基本论点：第一，按元素原子量大小排列起来的元素表现出明显的周期性，所有的元素都不是孤立的；第二，原子量大小决定元素的特征，元素性质与原子量有函数关系；第三，从排列顺序可以明显地发现有的元素人们还未掌握，要留有空位，据此可以预料一些未知元素的存在；第四，知道了某元素的同类元素的原子量以后，就可以判定或修订该元素的原子量。

依据元素周期表的规律，人们不断推理发现新的元素，近年来原子序数分别为113、115、117和118的新元素被发现，补齐了元素周期表的第7行。2017年5月10日，中国科学院、国家语言文字工作委员会、全国科学技术名词审定委员会在京联合发布第113号、115号、117号、118号元素中文名称，如图4-7所示。

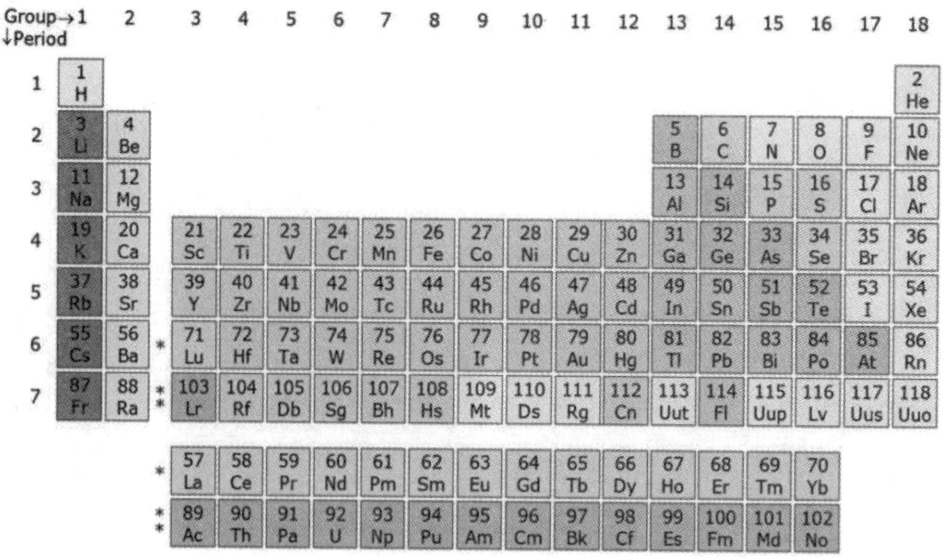

图 4-7　包含四种新元素的元素周期表

【举例】　激光的发现

激光技术是 20 世纪以来继原子能、计算机、半导体之后，人类的又一重大发明。激光是一种人造光，并被称为"最快的刀""最准的尺""最亮的光"和"奇异的激光"，其亮度约为太阳光的 100 亿倍。激光在自然界中并不存在，是 1916 年爱因斯坦通过理论推导提出了受激辐射的概念，预测光可以产生受激辐射放大。根据该理论，在组成物质的原子中，有不同数量的粒子(电子)分布在不同的能级上，在高能级上的粒子受到某种光子的激发，会从高能级跳到(跃迁)到低能级上，这时将会辐射出与激发它的光相同性质的光，而且在某种状态下，能出现一个弱光激发出一个强光的现象，这就叫作"受激辐射的光放大"。然而，囿于技术限制，直到 1960 年激光才被首次成功制造。

上述两个科学实例，揭示了知识可以引申(推理)出未知。

【思政融入点】　多数人因看见而相信，少数人因相信而看见

美国未来学家阿尔文·托夫勒把人类有史以来的力量形态归结为三种，知识就是其一。除此之外，一个团体一定要有愿景，一定要有梦想。如果没有梦想，也就实现不了梦想。不管能不能实现，梦想都能带你走出很远的距离。只要内心相信，信念所致，再难、再遥远的目标，最终被看见。

中国工农红军两万五千里的长征就是这种信念促成成功的经典例证(图 4-8)。

图 4-8　红军长征

知识推理的方法大致上可以分为逻辑推理和非逻辑推理两种。逻辑推理的过程约束和限制都比较严格，相对而言，非逻辑推理的过程对于约束和限制的关注度则没有那么高。本书主要讨论前者的相关理论。

逻辑推理的方法还可以再细分为演绎推理和归纳推理。

(1) 演绎推理：是从一般到个别的推理，这是一种自上而下的逻辑，在给定一个或者多个前提的条件下，推断出一个必然成立的结果。举一个例子，如果已知"小明会在星期二去实验室"这一知识，可以进行如下推理。"如果今天是星期二，那么小明会去实验室"，该句话前半句称为前件，后半句称为后件。在没有进行推理之前，并不知道"今天"小明是否会去实验室，恰恰就是基于已知知识，再根据性质命题，就可以推理出"小明会去实验室"。这种逻辑推理是典型的假言推理，并且属于肯定前件假言推理。进一步地，还可以根据"小明不会去实验室"推理出"今天不是星期二"，这种推理机制也属于假言推理，并且属于否定后件的假言推理。

基于符号表示，上述推理可以借助于自动推理机、推理引擎实现自动计算，使得推理速度非常快。自动推理机如图 4-9 所示。

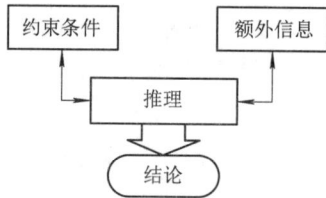

图 4-9   自动推理机

(2) 归纳推理：与演绎推理相反的是，归纳推理是一种自下而上的过程，即从个别到一般的过程。通过已有的一部分知识，可以归纳总结出这种知识的一般性原则。举例来说，如果我们所见过的每一个糖尿病人都有高血压，那么我们可以大致认为，糖尿病应该会导致高血压。进一步地，比较典型的归纳推理的方法包括归纳泛化和统计推理，其中泛化归纳是指我们通过观察部分数据，而将通过这部分数据得出的结论泛化到整体的情况上。举一个具体的例子来说，当前有 20 个学生，每个学生不是硕士生，就是博士生。随机从这 20 个人中抽取 4 个人，发现其中硕士生有 3 个，博士生有 1 个，那么我们可以推断出，这 20 个人中，有 15 个硕士，5 个博士。而统计推理是将整体的统计结果应用到个体之上。比如：当前 15 个硕士中，有 60% 的学生申请了博士，那么如果小明是这 15 个硕士中的一个，那么小明将有 60% 的概率申请博士。

相比于演绎推理，归纳推理没有进行形式化的推导。并且，归纳推理的本质是基于数据而言，数据所反馈的结论不一定是事实，也就是说即使归纳推理获得的结论在当前数据上全部有效，也不能说其能够完全适用于整体。而演绎推理的前提是事实，这种推理方法获取的结果也是一个事实，即在整体上也是必然成立的。

除了上面介绍的推理方法，一般的推理方法还包括以下几种：

(1) 确定性推理和非确定性推理：确定性推理是指所利用的知识是精确的，并且推理出的结论也是确定的。在不确定性的推理中，知识都具有某种不确定性。不确定性的推理又分为似然推理和近似推理，前者是基于概率论的推理，后者则是基于模糊逻辑的推理。

(2) 单调推理和非单调推理：这是按照推理过程中推理出的结论是否单调递增来划分的。在单调推理中，随着推理的向前推进和新知识的加入，推理出来的结论单调递增，逐步接近最终的目标，上述多个命题的演绎推理就属于单调推理。而非单调推理是指在推理的过程中，随着新知识的加入，非单调推理需要否定已经推理出来的结论，使推理退回到前面的某一步，重新开始。

(3) 启发式推理和非启发式推理：这是根据是否用与问题有关的启发性知识来划分的。在启发式推理的过程中，会用到一些启发式规则、策略等，而非启发式推理则是一般的推理过程。

4.4.4 相关课程

知识推理相关课程如下。

1. 知识图谱

该课程系统地介绍了知识表示中的知识图谱技术的基本概念、核心技术的内涵和应用，具体内容涉及知识表示与推理、图数据库、关系抽取与知识图谱构建、知识图谱表示学习与嵌入、语义搜索与知识问答、图神经网络与图挖掘分析等。

2. 知识工程

知识工程是智能科学与技术、自动化、测控等专业的专业基础课。知识工程是人工智能在知识信息处理方面的应用与发展，是研究如何由计算机表示知识、进行问题自动求解的一门新兴边缘学科。课程的设置目的是让学生了解和掌握知识工程与专家系统的相关原理和方法；掌握知识表示、求解获取、推理的相关内容；熟悉和了解常见的专家系统及其编程语言；学会专家系统的设计开发和应用，了解知识工程的发展趋势和研究课题等，为从事智能信息处理等相关行业的研究开发工作奠定基础。

智能科学技术导论、逻辑学等课程也会对知识推理相关知识有一定程度的涉及。

4.5 搜索求解

4.5.1 众里寻他千百度

在生活中的智能活动中，很多操作的核心就是从信息源中找到答案，即在给定条件下寻求一个能解决某类问题，且能在有限步内完成的方法，例如路径搜索、棋局博弈、应答系统等。

【举例】 路径搜索

从图 4-10 所示的节点"C"到达节点"Hbn"，哪一条路径是代价最低的呢？

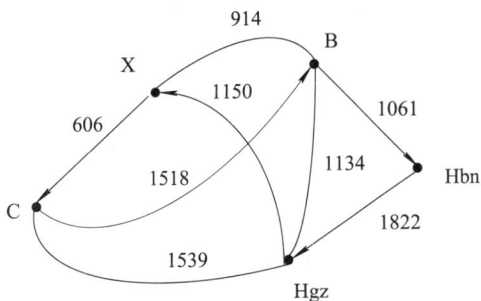

图 4-10 路径规划

【举例】 棋局博弈

在棋局博弈中，如何在如图 4-11 所示的棋盘中找到"八皇后"问题(八个皇后可以在棋盘中共存，而不会被别的皇后吃亏)的最佳落子点呢？

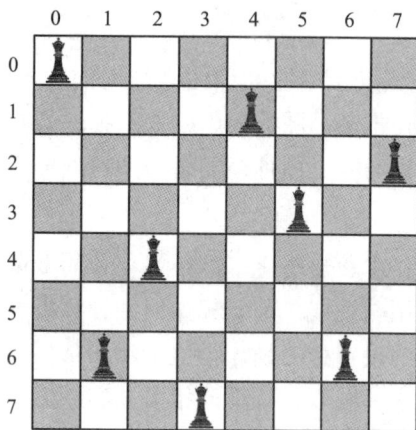

图 4-11　"八皇后"问题

【举例】 应答系统

通过智能搜索算法，智能客服可以帮助客户快速获取所需的信息，并提供满意的解决方案(智能客服应答系统如图 4-12 所示)。

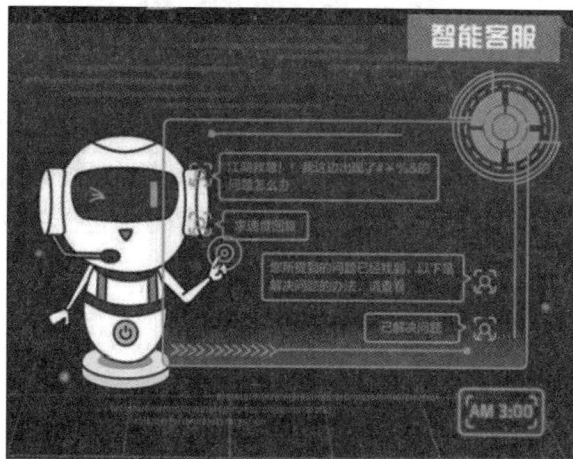

图 4-12　智能客服应答系统

生活中还有很多问题可以转化为上述类似问题。

4.5.2　搜索实现

上一节讨论的问题都可以归结为搜索问题，下面回答解答该问题的思路。

1. 搜索定义

所谓搜索，就是为了达到某一目标而多次进行某种操作、运算、推理或计算的过程。事实上，搜索是人在求解问题时不知现成解法的情况下所采用的一种普遍方法。这可以看作人类和其他生物具有的一种元知识(关于知识的知识)。此外，智能的研究实践也表明，许多问题(包括智力游戏问题和实际工程问题)的求解都可以描述或者归结为在某种图或空间上的智能活动过程，或者抽象为一个基于搜索的问题求解过程。因此，搜索技术成为智能最基本的研究内容之一。

2. 搜索范式

搜索需要回答搜索的基本问题，并给出搜索过程(如图 4-13 所示)。

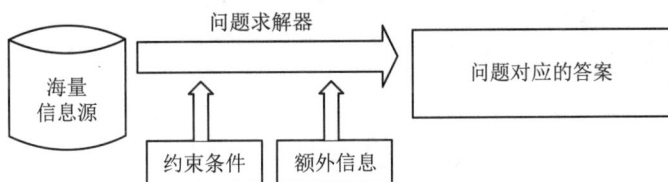

图 4-13　搜索求解的基本思想

搜索中需要解决的基本问题包括：是否一定能找到一个解？找到的解是否是最优解？时间与空间复杂性如何？是否终止运行或是否会陷入一个死循环？

搜索的主要过程如下：

(1) 从初始或目的状态出发，并将它作为当前状态。

(2) 扫描操作算子集，将适用当前状态的一些操作算子作用于其上而得到新的状态，建立指向其父节点的指针。

(3) 检查所生成的新状态是否满足结束状态，如果满足，则得到解，并可沿着有关指针从结束状态反向到达开始状态，给出一条解答路径；否则，将新状态作为当前状态，返回第(2)步再进行搜索。

为了实现解的获取，搜索可以采用以下不同的策略。

■　数据驱动：从初始状态出发的正向搜索。

■　目的驱动：从目的状态出发的逆向搜索。

■　盲目搜索：在对特定问题没有任何相关信息的条件下，按固定的步骤(依次或随机调用操作算子)进行的搜索。这好比大海捞针或瞎子摸象，按照固定顺序、蛮力地搜索。

■　启发式搜索：考虑特定问题领域可应用的知识，动态地确定和调用操作算子的步骤，优先选择较适合的操作算子，尽量减少不必要的搜索，以求尽快地到达结束状态。这好比问路，根据路人的回答逐渐接近目标。

可以说，智能科学中的专家系统、自然语言理解、自动程序设计、模式识别、机器人学、信息检索和博弈等领域都广泛使用了搜索技术。

4.5.3　相关课程

搜索求解相关课程如下。

1. 智能信息检索

该课程主要讲授信息搜索方面的一些基本知识和研究进展，目的在于深入了解搜索相关问题及其解决方案，重点了解 Web 信息搜索的基本理论和研究进展；培养学生的研究兴趣,以及发现问题和解决问题的能力。

2. 数学建模

该课程旨在培养学生运用数学知识和技能解决实际问题的能力。课程主要内容包括数学建模的基本概念、方法和技术,如线性代数、微积分、概率论与数理统计等基础知识,以及如何运用这些知识建立数学模型,进行模型分析和优化等。通过数学建模课程的学习,学生可以了解数学方法在实际问题中的应用,掌握数学建模的基本方法和技巧,提高数学素养和解决问题的能力。此外,数学建模课程还可以帮助学生培养创新思维和团队协作能力,为未来的学习和工作打下基础。

人工智能、智能科学技术导论等课程对搜索求解相关知识也会有一定程度的涉及。

4.6 学 习 发 现

4.6.1 思而不学则殆

学习是人类智能的主要内涵和获得知识的基本手段,学习能力是人类智能的根本特征。人从出生开始就在不断地向客观环境学习,也只有通过学习,人的认识能力和智慧才能在一生中逐步形成、发展和完善。其实,关于学习的重要性早已被古人所重视。

📍【举例】 道法自然

老子(图 4-14)推崇向自然学习。《老子》第二十五章里说:"人法地,地法天,天法道,道法自然。"其含义可以理解为:人的运动是在效法地,地的运作是在效法天,天的运转是在效法"道","道"的运行是在效法自然。——那么,人、地、天、道,老子眼里宇宙中的这"域中四大",其实都是在效法自然。"自然",简单理解就是"大自然"。大自然的运行法则、大自然中的周行往复,就是"道",就是世间规律,就是至高道理。人类最终要懂得的、要敬畏的,就是要向大自然学习,人道合于天道。可见学习是人类认识、改造客观世界的基本技能。

图 4-14 福建泉州老子像

【举例】　玄奘取经

　　贞观元年(627 年)，玄奘(图 4-15)从长安出发，经凉州、穿越沙碛，历尽艰辛，至达高昌，而后取道焉耆、龟兹，越凌山，经粟特诸国境，过铁门(今乌兹别克斯坦南部布兹嘎拉山口)，入吐火罗(今阿富汗北部)国境，而后沿今巴基斯坦北部，过克什米尔，入北印度。他在印度各地游历，到过尼泊尔南部，巡礼佛教六大圣地。贞观四年到那烂陀寺，拜戒贤为师，学习五年。随后，又遍访印度各地，于贞观十四年重回那烂陀寺。他研习大小乘学说，成为当地学问最高的佛学家。曾在戒日王主持下，经过辩论战胜五天竺大小乘所有论敌，被称为"大乘天"。贞观十九年，他携带搜集到的佛经六百五十七部以及佛像、花果种子等回国。玄奘历时十多年的西行求法，行程五万里，堪称中古史上罕有的一次艰险而伟大的学习旅行，对于传播佛教文化，弘扬中华文明具有极其重要的意义。

　　由此可见，人类先贤对学习的重视性，进一步可以推知智能体若不会学习，就不能算是合格的智能机器。当然，在彻底教会机器学习之前，首先要弄清楚"什么是学习"。

图 4-15　陕西西安玄奘像

　　人们对学习的定义和认识是在不断发展中成熟的，并逐步认为，学习就是系统为了适应环境而产生的某种长久变化，这种变化使得系统能够更有效地在下一次完成同类的工作。学习是一个系统中所发生的变化，它可以是系统作业的长久性改进，又可以是有机体在行为上的持久性变化。在一个复杂的系统中，由学习引起的变化是多方面的，也就是说，在同一个系统中可能包含不同形式的学习过程，不同部分会有不同的改进。

　　学习的关键是学习者必须能够预测最后的结果，即其行为是否能得到改善，最好还能得到关于他的行为中哪些部分是满意的，哪些部分是不满意的等信息。对于学习结果的肯定本身就是一种报酬或鼓励，它能产生或加强学习动机。关于学习结果的信息和动机的共同作用在心理学中叫作强化，其关系如下：

$$强化 = 结果的知识 + 报酬$$

这里的强化不一定是外在的,它也可以是内部的。强化可以是积极的,也可以是消极的。学习时必须有一个积极的学习动机,强化能给予学习动机以支持。学习材料的选择有助于增强学习动机。

📍【举例】 学习材料的选择

老师在教育中要注意学习材料的选择,以吸引学生的注意,激励他们学习。学习材料太简单,学生的精力不容易集中,容易产生厌烦情绪;学习材料太复杂,学生不容易理解,也会产生疲劳。可见,在学习中影响学习动机的因素是多方面的,但学习材料的选择和构成是首要的。这实际上与强化的理论有密切联系。

为了方便后续讨论,这里把学习简单定义为"一个系统自我改进的过程",其中"系统"可以是动物、人或机器。这里牵扯出一个问题,就是人脑是怎么学习的?如何使计算机具有人类那样强大的学习能力?尽管人们还所知不多,但已经在着手建立关于人类和动物学习的理论。一些针对特定任务,采取特定方式的机器学习算法已经被发明出来。在智能学习方面,学者们既研究让机器掌握学习能力,反过来又希望它能有助于理解人类学习的机理、能力与缺陷,以揭示人脑的奥秘。

4.6.2　机器学习

机器学习是专门研究计算机怎样模拟或实现人类的学习行为,以获取新的知识或技能,重新组织已有的知识结构使之不断改善自身性能的过程。让机器具有学习能力,也就赋予了其基本的智能。结合上述对学习的定义,为了实现机器学习,需要明确以下几个问题。

1. 学些什么

学习过程,本质上是学习系统(人、生物或机器)不断自我提高的过程。在面对任务时,机器(学习系统)需跟随经验(实例、实际数据)或把指导者提供的信息转换成系统自己的形式,并实现自我性能的提高。学习通常是从特殊的训练样本中归纳出一般概念(识别、分类等)或规律(函数)。世界事物纷繁复杂,学习系统要学习哪些东西?要提高哪些能力?或者说,当我们在实践中学习时,是在做些什么事呢?

简单来说,学习就是要发现关系与规律。例如:晴天总是阳光明媚,雨天往往阴云密布。

那么如何表示这些关系和规律呢?函数就是一个很好的选择。根据量子力学理论:"世界的本质是波函数。"即世界的本质不是原子、光子,不是我们眼中所看到的这些表象的东西,它的本质是某个函数关系。进一步地,根据万用近似定理(指一个神经网络可以以任意精度来近似任何连续函数)则说明把函数当作学习目标是可行的。

2. 从哪里学

汉语"学习"一词最早出自《礼记·月令》:"季夏之月,鹰乃学习",指雏鹰开始学习飞翔。从古人给学习下的定义可以看出,古哲人已认识到:学就是"效",是对实例的仿效,而且常常是反复练习的过程。"效"必须要有对象,也就是数据。进一步地,可以把数据看作学习的目标,一定的数据对应于一定的事物;一类数据与另一类数据的内在依赖关系,对应于两类事物之间的关系。

3. 怎样学

对人类学习的模式、过程与机理进行分析，可得出以下几种学习方式：

(1) 机械式学习，也就是"死背硬记"，如同计算机把输入的信息和模式储存起来而已。

(2) 分类学习，把记下的东西加以识别、分类、整理，系统化，如同在计算机内建立相应的数据库、知识库。

(3) 类比学习，即已知某事物的规律(源)，又知道另一事物(目标)与之相似，那么，通过类比学习能将"源"事务中的知识转换到"目标"事务中去。

📍**【举例】 原子结构的发现**

著名的"卢瑟福类比"，是英国物理学家、化学家卢瑟福(Rutherford，1871—1937 年)通过将原子结构同太阳系进行类比，从而发现了原子结构的奥秘(卢瑟福原子模型)。严格地说，尽管卢瑟福先生已知太阳系模型，但起初他并没有证据说原子结构与太阳系相似。他只是得到了一种启示，产生了灵感或直觉，从而有了发现。

(4) 归纳学习，环境或经验提供了大量的对于输入与输出、原因与结果的关系描述(实例)，学习系统进行推理归类和分析共性，抽象出一般的概念和规则(函数)。学习系统应能鉴别和除去实例数据中常有的噪声和矛盾，因此也包含非逻辑的创新成分。

此外，还有基于解释、概念和社会教育(群体智能)的学习等。

人类的学习能力既强大又复杂，我们还远远没有搞清楚。即便是这样，人们还是开始尝试让机器复现人类的学习能力了，这就是机器学习。机器学习就是对计算机中的一部分数据实施学习，然后对另外一些数据进行预测与判断。计算机(机器)的基本功能是处理数据(信息)，因此通常把计算机学习称作"基于数据的机器学习"。机器学习是一门多领域交叉学科，涉及概率论、统计学、计算机科学等多门学科。机器学习的概念就是通过输入海量训练数据对模型进行训练，使模型掌握数据所蕴含的潜在规律(函数)，进而对新输入的数据进行准确的分类或预测。

如图 4-16 所示为机器学习的结构。

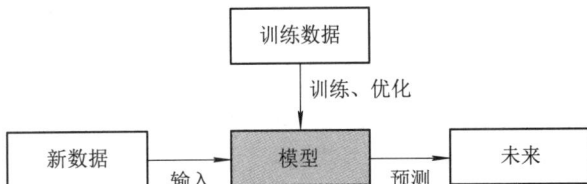

图 4-16　机器学习结构

上述机器学习的实现可以是监督学习、无监督学习、半监督学习以及强化学习。

(1) 监督学习。

监督学习就是训练机器学习的模型的训练样本数据有对应的目标值，监督学习就是通过对数据样本因子和已知结果建立联系，提取特征值和映射关系，通过对已知结果、已知数据样本不断地学习和训练，对新的数据进行结果的预测。监督学习通常用于分类和回归。比如手机识别垃圾短信，电子邮箱识别垃圾邮件，都是通过对一些历史短信、历史邮件做垃圾分类的标记，对这些带有标记的数据进行模型训练，然后获取到新短信或新邮件时，进行模型匹配,来识别此邮件是否是垃圾,这就是监督学习下分类的预测。再比如要预测公司净利润的数据,可以通过历史上公司利润(目标值),以及跟利润相关的指标(如营业收入、资产负债情况、管理费用等数据),通过回归的方式学习回归方程,建立公司利润与相关因子的方程式,再通过输入因子数据,就可以预测公司的利润了,这就是监督学习下回归的预测。

监督学习的难点是获取具有目标值的样本数据成本较高,原因在于这些训练集依赖人工标注。

(2) 无监督学习。

无监督学习与监督学习的区别就是选取的样本数据无须有目标值,无须分析这些数据对某些结果的影响,只是分析这些数据内在的规律。无监督学习常用于聚类、降维。无监督学习的优点是数据不需要人工标记,数据获取成本低。

无监督学习中还有一种自监督学习(Self-Supervised Learning),也被称作 pretext task。自监督学习主要是利用辅助任务(pretext)从大规模的无监督数据中挖掘自身的监督信息,通过这种构造的监督信息对网络进行训练,从而可以学习到对下游任务有价值的表征。自监督学习的优势,就是可以在无标签的数据上完成训练,而监督学习需要大量的有标签数据。自监督学习的主要方法可以分为基于上下文(Context based)、基于时序(Temporal Based)、基于对比(Contrastive Based)三类。

(3) 半监督学习。

半监督学习是监督学习和无监督学习相互结合的一种学习方法,通过半监督学习的方法可以实现分类、回归、聚类的结合使用,具体又分为半监督分类、半监督回归、半监督聚类、半监督降维。半监督分类:是在无类标签的样例的帮助下训练有类标签的样本,获得比只用有类标签的样本训练更优的分类;半监督回归:在无输出的输入的帮助下训练有输出的输入,获得比只用有输出的输入训练得到的回归器性能更好的回归;半监督聚类:在有类标签的样本的信息帮助下获得比只用无类标签的样例得到的结果更好的簇,提高聚类方法的精度;半监督降维:在有类标签的样本的信息帮助下找到高维输入数据的低维结构,同时保持原始高维数据和成对约束的结构不变。

半监督学习是最近比较流行的机器学习方法。

(4) 强化学习。

强化学习是一种比较复杂的机器学习方法,强调系统与外界不断地交互反馈(好像图4-17 中婴儿学步,通过不断地跌倒爬起,在反复调整中学习),它主要针对流程中不断需要推理的场景,是机器学习中的热点学习方法。

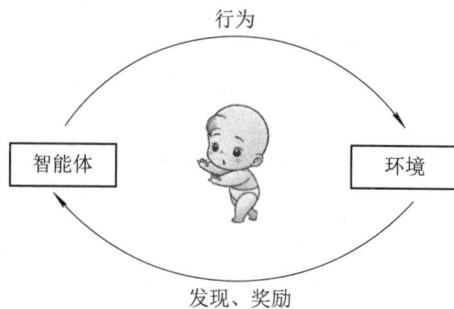

图 4-17　强化学习结构

可以说，学习是机器智能的主要内容。目前在机器学习、神经网络、进化计算、贝叶斯方法、决策树理论和统计学等领域已经创立了很多学习算法，它们正在走向融合。

4.6.3 知识发现

学习促使新科学知识的发现。

随着计算机和网络技术的迅速发展，出现了以数据库和数据仓库为存储单位的海量数据，而且这种数据仍然在以惊人的速度不断增长。如何对这些海量数据进行有效处理，特别是如何从这些数据中归纳、提取出高一级的更本质、更有用的规律性信息，就成了信息领域的一个重要课题。事实上，这些海量数据不仅承载着大量的信息，同时也蕴藏着丰富的知识。正是在这样的背景下，知识发现与数据挖掘技术应运而生。

知识发现可分为广义的知识发现(Knowledge Discovery，KD)和数据库中的知识发现(Knowledge-Discovery in Databases，KDD)。

数据挖掘(Data Mining，DM)是指从大量的数据中通过算法搜索隐藏于其中的信息的过程。最经典的数据挖掘例子就是"啤酒与尿不湿"的销售关系的发现。

📍 **【举例】 啤酒与尿布的故事**

沃尔玛需要提高公司的收益，分析师整理了几大区域的超市物品销售量，从销售量中发现周末啤酒和尿布的销售量都会上升，对这类购买人群进行分析，发现大多数用户是有孩子的父亲。这些爸爸在周末采购前夫人都会嘱咐丈夫要采购尿布，而男人在购买尿布同时也会自发采购喜爱的啤酒。发现这个现象后，沃尔玛公司下达决策将啤酒和尿布这两个本来不相关的物品摆放在一起(图 4-18 为啤酒与尿不湿的关联发现)。这一决策大大提高了商品的销量，沃尔玛的收益也大大提高。

图 4-18　啤酒与尿不湿的关联发现

知识发现与数据挖掘既有区别也有联系。知识发现是指从数据库中发现知识；而数据挖掘是指从数据中提取或挖掘知识。其实 KDD 和 DM 的本质含义是一样的，只是知识发现主要流行于人工智能和机器学习领域，而数据挖掘则主要流行于统计、数据分析、数据库和管理信息系统领域，因此现在有关文献中一般都把二者同时列出。知识发现和数据挖掘的目的就是从数据集中抽取和精化一般规律或模式，其涉及的数据形态包括数值、文字、符号、图形、图像、声音，甚至视频和 Web 网页等。数据组织方式可以是有结构的、半结构的或非结构的。知识发现的结果可以表示成各种形式，包括概念、规则、法则、定律、公式、方程等。

知识发现与数据挖掘现已成为智能科学和信息科学技术的一个热门领域，其应用范围非常广泛(如企业数据、商业数据、科学实验数据、管理决策数据等)，其研究内容也相当丰富，甚至已构成了智能技术最重要的分支领域。

4.6.4 相关课程

知识发现相关课程如下。

1. 机器学习

该课程紧密结合工程实践与应用，系统、深入地讲述机器学习的主流方法与理论。首先介绍机器学习的基本原理、所需的数学知识(包括微积分、线性代数、优化方法和概率论)，以及机器学习中的核心概念。然后介绍各种常用的有监督学习算法、无监督学习算法、半监督学习算法和强化学习算法。最后介绍机器学习和深度学习算法实际应用时面临的问题，并给出典型的解决方案。

2. 强化学习

该课程主要介绍强化学习的基本理论和基本方法，主要内容包括马尔可夫决策过程、动态规划、蒙特卡罗方法、时序差分等内容，并通过实验程序讲解这些算法在强化学习过程中的具体应用。

3. 深度学习基础

该课程介绍全连接神经网络、自编码器和多层感知机、卷积神经网络、循环神经网络等的设计与实现，以及网络训练过程中的数据处理、网络调优与超参数设置，并介绍深度强化学习和网络模型可视化、多 GPU 并行与分布式处理技术。通过本课程学习使学生掌握深度学习技术并能够应用该技术解决实际问题。

此外，人工智能、人工神经网络课程也会对知识发现相关知识有所涉及。

✒ 本 章 小 结

复杂的智能问题总是能够分解成一些简单的基础性的"元"问题，反过来简单的原理又可以构建复杂的系统。那么智能的基础问题是什么呢？本章将智能的基础问题归纳为智能探源、知识推理、搜索求解、感知识别、学习发现。这些问题已经可以独自解决一个方面的智能问题，组合起来可以解决更复杂的问题。通过本章的学习，让读者初步了解智能所关注的基础问题，并展开学习和思考。

课后习题

1. 简述脑的结构。
2. 解释什么是认知科学。
3. 比较演绎推理与归纳推理的异同点。
4. 搜索的基本范式是什么?
5. 何为模式、模式识别?
6. 什么是学习? 机器学习要解决哪些问题?
7. 尝试分析一次医疗诊断中,医生会遇到哪些基础智能问题。

第5章　智能的高级问题

在实际的智能工程实践中，上一章提及的基础问题，往往蕴含于更加贴近于与客观世界交互的复合问题中，这些问题从功能层级上来说显然要高于基础问题，因此本书将其描述为高级问题。

本章对智能的高级问题进行探讨。

5.1　概　　述

一个功能完整的智能系统，应当始于感知，精于计算，巧于决策，勤于执行，善于学习。这就好比即使是一个普通小孩子(智能体)，也能做到会看、能听、能说会道、感情丰富，以及具有良好的行动能力，也许他/她并不会解算数学题，但是我们依然认为他/她已经很聪明了。至于解题，只需通过后天的教育，则掌握那些知识只是学习与记忆的时间问题了。这些看似初级的能力，实际上是由基础智能能力的综合集成所形成的复合、高级功能。下面我们对这些功能进行问题拆解，以方便研究。

所谓"问题拆解"，本质上就是把一个复杂、笼统的大问题拆解成一个个容易操作、可执行的小问题，最好能拆成元问题，也就是无法再拆解下去的问题，然后再通过解决一个个小问题，最终解决大的问题。例如：福特的流水线，本质上就是"问题拆解"的思路。原本一个员工要完成装配的全部工序，相当耗时。于是福特就把汽车的装配工作拆分为上千道工序，然后用一个传送带把这些工序连接起来，每道工序由专人负责。这样只需监督每道工序保质保量地完成，便可以让整个装配流程良好运转。这种拆解的工作方式极大程度地促成了分工，提高了生产效率。

问题拆解有 3 种常用方法：

(1) 分支拆解法，将问题拆解成几个独立的模块进行解决。

(2) 流程拆解法，将问题按照先后的流程方式来拆解，再对流程中的每个要点逐一解决。

(3) 公式拆解法，将问题拆解成一个个具体的公式，再针对公式里的每个要素一一击破。

问题拆解方法是解决复杂问题常用的手段，也是在今后的专业学习中必须掌握的一种重要方法。按照这种思维不难发现，从智能的角度考虑，对于上述讨论的"聪明小孩"例子，智能也可以实施拆解，并得到听、思、看、说、(自主)行动几个高级问题。

进一步地，可以类比机器人，把这些高级问题及相关技术的关系表述为如图 5-1 所示。

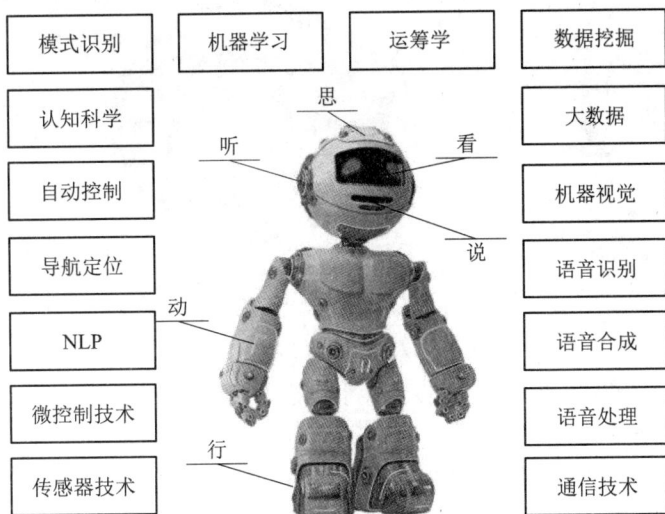

图 5-1　机器人的高级问题及相关技术

本章后续内容将对这些高级问题的定义、解决、典型应用和相关课程分别进行介绍，并将"看"对应为视觉图像、"听"与"说"对应为语音技术与自然语言处理、"行"对应为机器人技术(这里，由于"思"涉及的问题非常复杂，读者可结合后续的脑与认知科学、机器学习、运筹学、数据科学等相关课程进行详细学习)。

5.2　视　觉　图　像

5.2.1　视觉系统概述

1. 人类视觉系统

人用眼睛来观察世界，能够有效地感知到光线的明暗。可以说，它算得上是人体感觉器官里面作用最关键的一个，因为智能生物往往先用眼睛看到，然后将这些信息传回大脑分析，得出结果后进行下一步动作。

那么，人类视觉系统(Human Visual System，HVS)是怎样运作的呢？可以简单描述为如图 5-2 所示。从图中可以看出，其实眼睛只是 HVS 的一部分。HVS 获取信息的原理是人眼对光的感知过程。当光线照射到物体上并反射出来进入眼睛，通过角膜和晶状体将光线聚焦到视网膜上。视网膜上的感光细胞，即视杆细胞和视锥细胞，会对光的强度和颜色进行感知。然后，这些感光细胞将光信息转化为神经信号并传输到大脑的视觉皮层。在视觉皮层中，神经元对这些信号进行处理和解码，形成对物体形状、大小、运动和颜色等特征的理解。这些特征最终被组合或整合为一个完整的图像，使我们能够感知和理解所看到的世界。

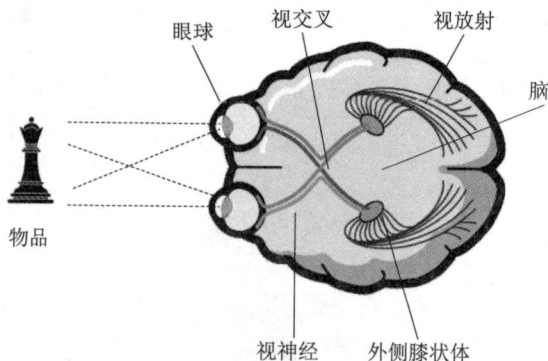

图 5-2　人类视觉系统工作机制

除了光的强度和颜色之外，大脑还会利用视觉系统中的其他特征来获取更丰富的信息，例如深度、纹理、阴影和投影等。这些特征通过大脑对多种视觉信号的分析和综合得出，使我们能够更准确地感知和理解周围环境中的物体和场景。

有研究表明，人类接收的信息有 83%来自眼睛，因此智能的高级问题不可能绕开视觉。

2. 大脑视觉作用

在 HVS 工作过程中，大脑起到非常重要的"解释"作用，这说明人类视觉系统是一个名副其实的智能处理过程。大脑不仅会整合眼睛传来的视觉信息，还会主动地解释这些信息。大脑解释视觉信息所使用的工具，就是我们平时的生活经验、惯性思维。为了说明智能在视觉中发挥的作用，可以用视错觉进行说明。

科学家发现，如果大脑对视觉图像的解释与实际图片有明显冲突，则会产生视错觉。通过分析可以发现，这种错觉显然源自大脑的错误"解释"，举例如下。

📍【举例 1】　艾宾浩斯错觉

艾宾浩斯错觉，即被更小(更大)的物体包围的物体看起来更大(更小)。如图 5-3 所示，左图与右图中的圆圈，实际的直径是一样的。

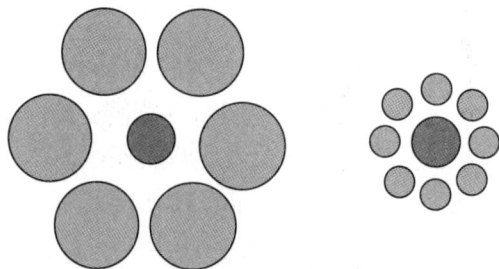

图 5-3　艾宾浩斯错觉

📍【举例 2】　黑林错觉

黑林错觉揭示了，越是密集的放射状线条，越容易让人眼将直线识别为曲线。图 5-4 中，黑林错觉中的"四边弯曲的正方形"更像一个边际弯曲的"抱枕"(这个错觉也被叫作爱因斯坦错觉)。

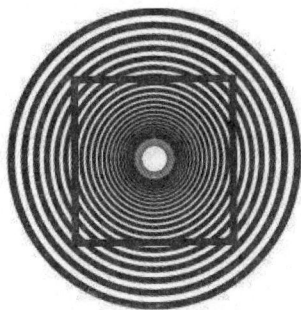

图 5-4 黑林错觉

【举例 3】 菲克错觉

菲克错觉，又叫水平-垂直错觉。图 5-5 中是欧美电影中常见的绅士高筒帽，实际上帽子的水平宽度和竖直高度是一样。

图 5-5 菲克错觉

【举例 4】 波根多夫错觉

当同一条直线被两条平行线切断或被实物覆盖时，看上去就是两条错位的平行线，如图 5-6 所示。

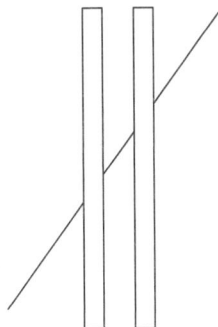

图 5-6 波根多夫错觉

尽管每一种视错觉具体的大脑机制尚未清楚，但是可以肯定的是，大脑思维一定是参与视觉工作中的。

此外，视错觉并不是人类视觉系统的缺陷，反而在很大程度上体现了人类视觉系统处理信息的灵活性和高效性。

3. 图像采集系统

随着电子信息、光学传感等技术的不断发展,人们开发出了很多设备、系统,可以采集到丰富多彩的图像数据,这相当于人眼的功能。

一般的图像采集系统由三个主要的部分组成,即光电转换器、信号处理单元和存储装置。

(1) 光电转换器。

图像采集系统的光电转换器就是摄像机。它能够将光线转换为电信号,是图像采集系统的核心部件。摄像机通常有一个镜头,用于约束光线聚焦于 CCD 相机等传感器表面。传感器感知光线并将其转换为电压信号,这些信号被发送到信号处理单元。

(2) 信号处理单元。

信号处理单元包括模拟电路和数字电路两个部分。模拟电路主要用于增强信号、校准电平和增加对比度。数字电路则相当于摄像机的芯片,它们以一种可编程的方式协同工作,从传感器读取信号并将其转换为数字信号。与传统的模拟视频信号不同,数字视频信号已被编码并且可以直接输入计算机中。

(3) 存储装置。

存储装置是数字图像采集系统的重要组成部分。数字图像是以分辨率为基础的一个数字网络,每个像素点记录一个单位的图像数据。图像可以各种不同的格式存储,包括 JPEG、TIFF、BMP 等。常规的存储方式是将图像存储在计算机内部或外部的存储介质上,以便以后访问和处理。

一些更加复杂的摄像设备,这里不作更深入介绍。

5.2.2 智能图像处理

图像采集系统完成了图像的收集,要想像人类那样了解图像的内容含义,就需要借助于智能技术进行处理、分析、理解。

1. 定义

智能图像处理就是利用智能技术去处理视觉图像的技术。

其实在智能技术被引入之前,人们很早就已经开始利用计算机进行图像处理了,这就是计算机视觉。计算机视觉就是使用光学非接触式感应设备自动接收并解释真实场景中的图像(image),以获得信息来控制机器或流程的技术。简单来说,计算机视觉就是利用计算机或其他机器设备来模拟人类的视觉功能进行测量和判断,实现对客观世界场景的感知、识别和理解,最终用于实际检测、测量和控制的技术。在某些场景下,计算机视觉有超越人眼功能的优势。

在计算机视觉领域中,图像这个词有时会与图形(graph)这个词弄混,那么二者有什么区别呢?

图像一般是由一些排列的像素组成的,用数字任意描述像素点、强度和颜色。图像的描述信息文件存储量较大，所描述对象在缩放过程中会损失细节或产生锯齿。图像在计算机中的存储格式有 BMP、PCX、TIF、GIFD 等，一般数据量比较大。它除了可以表达真实的照片外，也可以表现复杂绘画的某些细节，并具有灵活和富有创造力等特点。与图像不同，图形只记录生成图的算法和图上的某些特点，用一组指令集合来描述图形的内容，如：描述构成该图的各种图元位置维数、形状等，描述对象可任意缩放而不会失真，这种图形也称矢量图。矢量图最大的优点就是容易进行移动、压缩、旋转和扭曲等变换，主要用于表示线框型的图画、工程制图、美术字等。常用的矢量图形文件有 3DS(用于 3D 造型)、DXF(用于 CAD)、WNF(用于桌面出版)等。因为图形只保存算法和特征点，所以相对于位图(图像)的大量数据来说，它占用的存储空间也较小，但由于每次屏幕显示时都需要重新计算，故显示速度没有图像快。

2. 面临的主要问题

视觉图像的处理一般分为两类，分别是低层视觉处理和高层视觉处理。其中，低层视觉处理主要指对原始图像进行基本处理，例如图像滤波、增强、轮廓提取、特征识别等，进而从图像中提取诸如角点、边缘、线条、边界、色彩、纹理等基本特征，主要目的是更准确地识别目标。高层视觉处理主要指在识别目标的基础上，利用一幅或多幅图像的基本特征重建目标的三维图像，从而对目标和目标所处的状态进行进一步处理和分析。然而，无论是低层视觉处理还是高层视觉处理，面临的问题都极其复杂，且图像采集、传输、处理及理解等各个环节都会对结果产生影响，因此，要获得满意的结果，必须要解决以下几个问题。

(1) 图像多义性。

当利用摄像机采集现实世界中的三维场景或物体，其不可见部分的信息可能会丢失，并且对同一物体在不同方位采集到的图像也会存在很大不同。

(2) 环境因素。

计算机视觉检测系统或周围环境等诸多因素都会对生成的图像产生影响，这些因素包括照明条件、电流电压抖动、系统振动、物体几何形状、物体表面颜色、摄像机参数模型等。

(3) 知识结构。

人们对同一幅图像的理解往往受到其知识结构的影响，同一幅图像在拥有不同知识结构的人面前所呈现出的信息是不一样的。

(4) 数据量。

通常情况下，图像的数据量非常庞大，因此对存储空间和数据传输速度的要求也非常苛刻，因此对于处理的速度也有一定要求。

这些难题的解决，仅靠简单的图像处理算法是无法解决的，因此，需要利用智能技术加以破解，具体实现方法见 5.2.3 节。

3. 视觉经典应用

智能技术与计算机视觉相结合可以产生很多有价值的应用。

(1) 图像语义分割。

图像分割是将一幅图像分成多个子区域的过程,使得每个子区域内的像素具有相似的特征。图像分割是计算机视觉领域中的一个重要问题,广泛应用于医学影像分析等领域。语义分割是图像分割的一种特殊形式,即将图像中的每个像素划分到一组预定义的语义类别中,与物体实例无关。因此,语义分割可以被视为图像分类问题的推广,而不是像素级别的物体检测或实例分割问题。语义分割是许多计算机视觉任务中的基础,如自动驾驶、智能视频监控等领域,因为它能够帮助计算机理解图像中不同区域的语义含义,从而做出更准确的判断和决策。图像语义分割可以说是图像理解的基石,如图 5-7 所示。

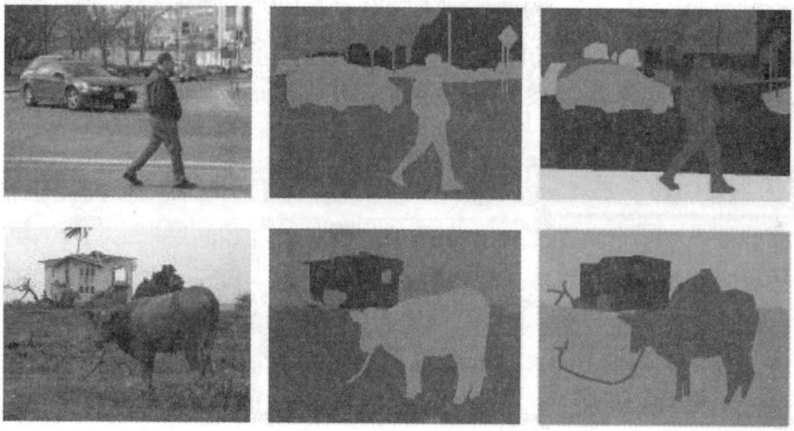

图 5-7   图像语义分割示意图

图 5-7 中,具有语义含义的牛、人被从背景中区分(分割)出来。

(2) 视觉跟踪技术。

视觉跟踪技术在视频监控、图像压缩、三维重构、虚拟现实等方面有大量应用,可根据场景中运动目标的数量、摄像机的数量、是否有相对运动、运动类型及运动获取途径的不同等,将视觉跟踪问题分为许多类型。视觉跟踪技术的思路大致可归结为两种:一种是不依赖于先验知识,直接从图像序列中获得目标的运动信息并进行跟踪;另一种是依赖于所构建的模型或先验知识,在图像序列中进行匹配运算(相似距离小,则认为成功跟踪运动目标)或求解后验概率(选择最大后验概率所对应的状态向量作为运动目标的当前状态)。

视觉跟踪技术示意图如图 5-8 所示,视频中运动的行人被跟踪框出,并被打上了标记。

图 5-8   视觉跟踪技术示意图

(3) 自动导航技术。

导航是一种为运载体航行提供连续、安全、可靠服务的地图导引技术，作用是引导飞机等运载体安全、准确地沿着选定路线到达目的地。按照导航信息的获取方式，导航系统可分为惯性导航系统、天文导航系统、计算机视觉导航系统等。其中，基于计算机视觉技术的自动导航通过 CCD 摄像机等成像装置获取图像，进而对图像进行分析、理解，获取运动目标位姿等导航信息。该技术处于多学科的交叉领域，与图像处理等学科有较强联系，可用于地面、水下、天空、太空等空间的导航任务。

(4) 图像修复增强。

图像修复是指通过计算机算法和图像处理技术，对受损或缺失的图像进行恢复和修复的过程。图像修复可以分为两种类型：一种是针对受损图像进行修复，另一种是通过插值和填充等方法对缺失的图像进行恢复。在图像修复过程中，常用的技术包括图像去噪、边缘保持、纹理恢复、颜色填充等。图像修复的应用非常广泛，比如在数字图书馆、数字档案管理、数字化文物保护等方面都有重要的应用。图像增强技术的目的是改进图像的质量以达到赏心悦目的效果，通常要完成的工作是除去图像中的噪声使边缘清晰以及突出图像中的某些性质等。

图像修复示意如图 5-9 所示，图中第 1、3 列破损的图像被较好地修复还原为第 2、4 列图像。

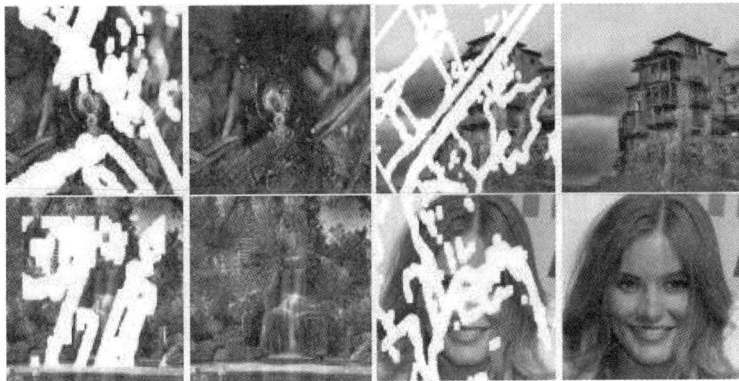

图 5-9　图像修复示意

关于其他的基本图像处理技术的应用，本书介绍从略。

5.2.3　相关课程

视觉图像相关课程如下。

1. 计算机视觉

该课程的内容包括图像处理、立体视觉、人工智能视觉等。其中，图像处理主要内容有光学成像基础、颜色、滤波器、局部图像特征、图像纹理、图像匹配等。立体视觉主要内容有相机几何模型、双目视觉、从运动中恢复物体结构、三维重建技术等。人工智能视觉的主要内容有场景理解与分析、模式识别、图像搜索、数据挖掘、深度学习等。

2. 计算机图形学

该课程的主要内容包括介绍图形显示及图形表示的方法和原理，研究如何在计算机中表示图形，以及利用计算机进行图形的计算、处理和显示的相关原理与算法，具体包括多边形扫描转换、消隐、扭失、引力场技术、灭点、正则形体、反走样、显示分辨率，以及图形硬件、图形标准、图形交互技术、光栅图形生成算法、曲线曲面造型、实体造型、真实感图形计算与显示算法等。

3. 机器视觉

该课程主要讲解数字图像处理与机器视觉的基础知识，并以理论为指导进行实践操作，主要内容包括数字图像的基础知识、空域图像增强、频域图像增强、彩色图像处理、图像分割、图像识别、图像复原以及图像形态处理等。

4. 数字图像处理

该课程主要讲授数字图像处理的基本理论与基本应用，主要内容包括图像的空间滤波、图像的频域滤波、图像的小波变换、图像复原、图像压缩、图像形态学、图像分割、对象识别等。

现代图像处理与通信、计算机图像处理、深度学习等课程也会对视觉图像相关知识有所涉及。

5.3 语 音 技 术

5.3.1 语音系统概述

除了视觉系统，人类还有非常精密的听觉系统和独特的语音系统来辅助智能活动。语音是语言的声学表现，是人类最自然、最有效、最方便的信息交流手段，是声音的子集。

1. 听觉系统

和视觉一样，听觉在人类的智力发展中起着重要的作用。当外界的声波作用于听觉器官，使得听觉接收器处于兴奋状态并引起听觉神经的冲动之后，听觉信息就会传入各级听觉中枢，最后直至大脑功能区，使得大脑能够感知并处理听觉信息。

人类的听觉系统具有巧妙的生理结构，如图 5-10 所示。

整个听觉通路从耳廓一直延伸到大脑的听觉皮层，听觉系统的不同部位起到不同的作用，共同完成对声音及言语信号的收集、传导、处理以及整合加工等听觉生理功能。听觉系统可分为两大部分，即外周听觉部分和中枢听觉部分。外周听觉系统包括外耳、中耳、内耳、听神经；中枢听觉系统包括脑干、中脑、丘脑和大脑皮层，听觉系统的神经回路是人体感觉系统中最长的中枢神经通路之一。

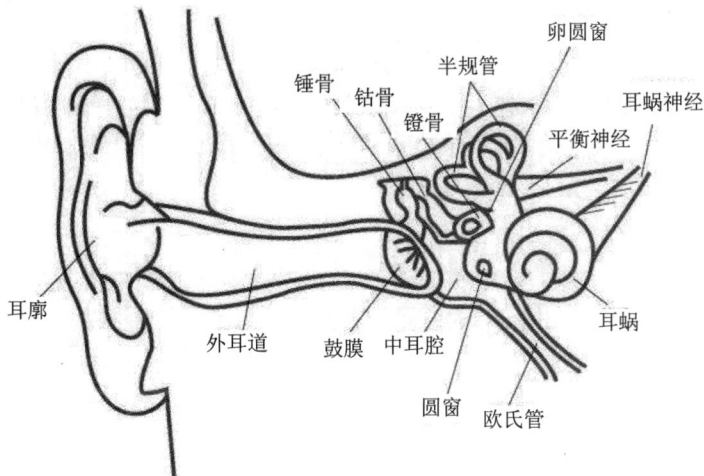

图 5-10　人类的听觉系统

2. 语音系统

人类发音的语音系统，也是一个非常复杂的系统(人类声道生理结构如图 5-11 所示)，它包括三个主要部分，分别是呼吸系统、声带系统和发音器官系统，具体又是通过嘴唇、舌头、牙齿、颚骨和鼻腔等器官来分别完成不同的功能。嘴唇是用来调节气流和阻止气流的器官，它对于鼻音相关的发音相当重要。舌头是用来调整口腔的腔面积大小和形状、阻碍空气流量的器官，是完成辅音的关键。颚骨则是用来调整口腔的大小和空间，同时它和鼻音有着很大的关系。此外，牙齿也是用来调节气流和阻止气流的器官。鼻腔是用来控制空气流过程的器官。这些器官通过复杂而精确的协同运动，才能产生清晰、准确的发音。

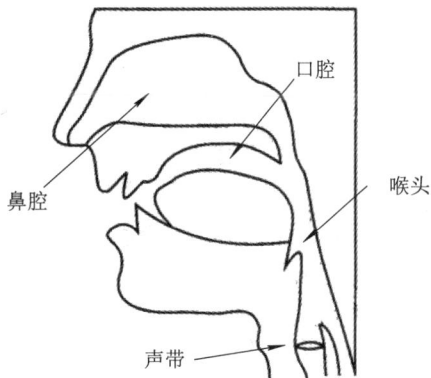

图 5-11　人类声道生理结构图

人类发声的过程分为三步。首先，呼吸系统用来提供人类发音所需要的空气流，其主要功能器官是肺部和气管。其次，声带系统用来控制声音的高低和音调，其主要功能器官是喉部和声带。最后，发音器官系统用来产生各种不同的发音，参与的主要功能器官包括鼻腔、嘴唇、舌头和颚骨。

现在，电子扬声器可以惟妙惟肖地模仿出人类所发出的语音音色，但其原理本质不同，本书不作讨论。

5.3.2 智能语音处理

研究表明，声音与智能高度相关。聋儿学习困难表现为认知水平低、学习动机弱，其主要原因就是听力障碍，进而导致获取的知识和信息少，理解问题的能力低下，这就说明人类智能离不开语音支持。

1. 语音处理的定义

语音处理已经是一门相对成熟的学问了。语音信号处理简称语音处理，它是以生理学、心理学、语音学及声学等学科为基础，以信息论、系统论的理论为指导，通过应用信号处理、统计分析、模式识别等现代化技术手段而发展形成的一门综合性学科。语音处理主要研究语音发声过程、语音信号的统计特性、语音的自动识别、机器合成以及语音感知等各种语音处理技术。由于现代语音处理技术都以数字计算为基础，并借助微处理器、信号处理器或通用计算机加以实现，因此也称为数字语音信号处理。智能语音处理，可以简单地定义为利用智能技术实现语音信号处理的科学技术。

2. 智能语音处理面临的主要问题

语音处理非常困难，这是因为人类语言的复杂性远远超出了一般人的想象。智能技术处理人类语音存在以下难题。

(1) 细微差别问题。

人类的有声语言不同于动物的叫声。动物主要通过音强、音频和长短变化表达意义。有人说，动物的“语言”和人类语言的差别主要是动物的“语言”没有语法，而人类的语言有语法。这或许只说对了一半。其实动物的语言不仅没有语法，它们的声音变化也没有人类语音那么复杂。人类语音有许多非常细微的差别，而这些细微的差别可能表达了极为不同的意思，这是所有其他动物所不具有的。我们可以用声音合成器模仿各种动物的叫声，并且能做到惟妙惟肖，但如果用声音合成器模仿任何人类语言，目前几乎还不可能做到完全“真实”。就像有些辅音频率极高，其间的差别很难通过机器再现来辨别。例如：英语中常见的字母组合 th 通常发为[θ]，这个音用一般机器播放出来与[f]几乎没有差别，但是在自然语言中这两个音相差很大。类似的辅音还有很多，如果要机器来“听辨”这种差别非常困难，目前的方法是根据词或短语的语音整体特征进行模型匹配，但是要让计算机来模拟人的自然语言，难度又会提高很多。

(2) 音色差别问题。

声音的物理属性主要有音强、音长、音高和音色，这些都可能带来语义的变化，但并非所有这些属性的变化都会带来语义的变化。例如：男人和女人的声音主要为音高的区别，但这些区别并不带来语义的变化；不少辅音之间的差别也表现为音色的差别，而不同人之间的语音差别也主要是音色的差别，然而人与人之间的音色差别并不能用来区分语义。那么，哪些音高或音色的差别是有意义的差别，而哪些音高或音色的差别是没有意义的差别？处理这些问题对我们来说都不困难，但是对计算机来说这或许就是严重的问题，对音色、音高与语义的差别等都需要依赖于非常复杂的规则，否则计算机将无所适从。

(3) 音变问题。

人类语言的最小语音单位是音素，若干音素构成一个能够区别意义的集合，这就是音位。看起来，只要我们能把一种语言中所有音素的特征研究清楚了，就能根据组合规则再现一段表达某种意义的语音。如果我们真这么做了，结果一定会让你大吃一惊，因为你会发现你所再现的那段语音根本不是"人话"，而是你从来没有听过的古怪的"机器话"。为什么？因为人类语言中还存在一种"音变"现象，当一个音素与其他音素相连的时候，它们之间就会发生一种互相适应的变化。例如，当我们说"面包"这个词的时候，"面"音节最后的辅音原本是 n，但却因为受到后面"包"中 b 的双唇音的影响，"面"最后的 n 变成了 m。这种类似的音变非常多，而且无时无刻不在发生，因此，只是把理论中的音素简单组合起来的方法是行不通的。

(4) 情感问题。

除了以上这些问题之外，人类在语言上的情感表现力也是个极其复杂的问题。有些人的语音具有非常强的感染力，同样一段话，用不同的语音、语调来说，有些就非常动人，甚至能让你为此而流泪，而有些就很乏味，甚至令人生厌。为什么同样一段话，仅仅是语音上的差别，就会具有如此强大的感染力？这也是语言学家所研究的难题之一。

(5) 社会角色问题。

语言还具有社会角色的定位。社会语言学家的调查表明，男人和女人不仅在声带的生理属性上有差别，而且在音色甚至音素上也有差别。

以上这些问题的存在，都呼唤引入智能新技术予以解决。

3. 语音典型应用

基于智能技术，人们开发出了许多语音应用，可以归纳为语音识别和语音合成两大类。

(1) 语音识别。

语音识别的应用领域非常广泛，常见的应用有语音输入系统、语音控制系统和智能对话查询系统。相对于键盘输入方法，语音输入系统更符合人们的日常习惯，也更自然、更高效。语音控制系统用语音来控制设备的运行，相对于手动控制来说更加快捷、方便，可以用在诸如工业控制、语音拨号系统、智能家电、声控智能玩具等许多领域。智能对话查询系统根据客户的语音进行操作，为用户提供自然、友好的数据库检索服务，例如家庭服务、宾馆服务、旅行社服务、订票服务、医疗服务、银行服务、股票查询服务等。

根据识别对象的不同，语音识别任务大体可分为 3 类，即孤立词识别(isolated word recognition)、连续语音识别和关键词识别(或称关键词检出，keyword spotting)。其中，孤立词识别的任务是识别事先已知的孤立的词，如"开机""关机"等；连续语音识别的任务则是识别任意连续的语音，如一个句子或一段话。连续语音流中的关键词识别针对的是连续语音，但它并不识别全部文字，而只是检测已知的若干关键词在何处出现，如在一段话中检测"计算机""世界"这两个词。

根据发音人的不同，语音识别技术又可分为特定人语音识别和非特定人语音识别，前者只能识别一个或几个人的语音，而后者则可以识别任何人的语音。显然，非特定人语音识别系统更符合实际需要，但它要比针对特定人的语音识别困难得多。

(2) 语音合成。

语音合成(TTS，见 3.3.3 节介绍)技术，能将任意文字信息实时转化为标准流畅的语音并朗读出来，相当于给机器装上了人工嘴巴。它涉及声学、语言学、数字信号处理、计算机科学等多个学科技术，是信息处理领域的一项前沿技术，主要解决的问题就是如何将文字信息转化为可听的声音信息，即让机器"像人一样开口说话"。这里所说的"让机器像人一样开口说话"与传统的声音回放设备(系统)有着本质的区别。传统的声音回放设备(系统)，如磁带录音机，是通过预先录制声音然后回放来实现"让机器说话"的。这种方式无论是在内容、存储、传输或者方便性、及时性等方面都存在很大的限制。而计算机语音合成技术则可以在任何时候将任意文本转换成具有高自然度的语音，从而真正实现"让机器像人一样开口说话"。

语音识别技术和语音合成技术是实现人机语音通信的基本手段，是建立一个有听说能力的智能口语系统所必需的两项关键技术。

5.3.3 相关课程

语音识别相关课程如下。

1. 信号与系统

该课程的主要内容包括信号与系统的基本概念、连续系统的时域分析、离散系统的时域分析、连续系统的频域分析、连续系统的 S 域分析、离散系统的 Z 域分析、系统函数、系统的状态变量分析等。此外，该课程还介绍了如何利用 MATLAB 软件对信号与系统的基本概念、原理及分析方法进行仿真。具体来说，信号与系统课程涉及的信号包括连续信号与离散信号、周期信号与非周期信号、能量信号与功率信号。信号的运算包括乘法、加法、积分、微分、平移、反转、尺度变换等。

2. 语音识别与生成

该课程使学生了解语音信号处理与生成的基础理论知识、技术和方法，并掌握国内外有关语音识别与生成的最新发展动态，培养和提高学生在多媒体信息处理方面的分析与解决问题的能力。课程主要内容包括语音信号处理的基础知识、语音信号的各种分析和处理技术、语音信号处理技术的应用，以及语音信号生成的数字模型、倒谱分析、LPC分析等。

除此之外，语音识别技术在机器人工程、嵌入式系统原理及应用等课程中也会有所涉及。

5.4 自 然 语 言

如前所述，语言是人类智能进化的重大成果，让机器懂得人类语言具有十分重要的意义。

5.4.1 自然语言概述

人类语言(即自然语言)在人类文明发展中起到至关重要的作用，是智能觉醒的产物(见2.1.1 节)。

一般认为，语言是在劳动的过程中产生的，劳动使得类人猿的前后肢进化可以直立行走，直立行走进一步使人的肺部和声带得到了发育，能够连续发出许多高低不同的声音。同时，劳动的过程中也可以产生各种声音，声音的产生为语言的产生奠定了基础。直立行走后的猿人获得了许多有益的进化，包括视野变得开阔，知识丰富了，头脑发达了，思维逐步形成了，而思维的形成也是促使语言产生的原因之一。

　　语言产生的原因尚待完全揭开，但在《语言的诞生》一书中，语言学家、人类学家埃弗里特认为，语言起源于符号发展。语言起初从标引符号逐渐演变成图像符号，最后演变成象征符号，这些象征符号和其他象征符号结合起来产生语法，构建出更复杂的象征符号，形成现在的语言。

【思政融入点】　劳动产生语言

　　马克思、恩格斯认为劳动是语言产生的基础，人类语言有一个由简单到复杂的发展过程，社会意识是人类通过语言的形式建立起来的。语言不只是随着社会的产生而产生，而且必然随着社会的发展而发展。

5.4.2　自然语言处理

1. 自然语言处理的定义

　　人类的语言(见图 5-12)难以被机器所"理解"，于是人们尝试采用自然语言处理技术加以解决。

　　自然语言处理(Natural Language Processing, NLP)是指让计算机能够理解、处理和生成自然语言的能力。需要注意的是，自然语言处理并不是简单地去研究人类所使用的自然语言，而是着重研究人与计算机系统的交互。

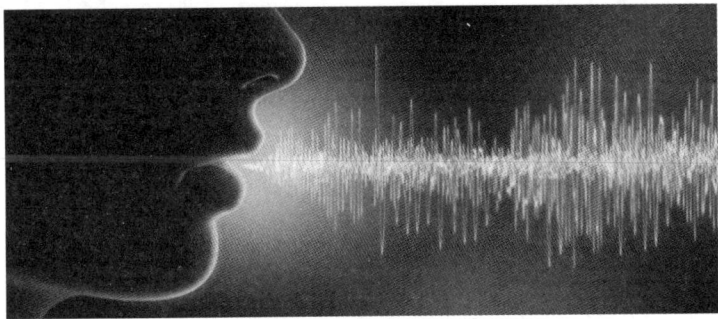

图 5-12　人类自然语言示意

　　自然语言处理是一门融合了语言学、数学、计算机科学等多学科的交叉领域，涉及语言认知、语言理解、知识库构建和常识推理等诸多技术。

2. 自然语言处理面临的主要问题

　　自然语言处理目前主要采用两种技术手段来实现：一是基于统计的方法，二是基于规则的方法。前者因计算机硬件性能的提升和网络技术的快速发展更便于实现，已逐步成为自然语言处理领域的主流，但它很难做到深层次的语义理解；后者则是对大量语言现象进行抽象与总结，归纳出相应的语言规则并形成一套复杂的规则集，再通过对自然语言的语法、句法、语义等进行分析而处理或生成语言。

　　自然语言处理过程中，必须解决以下难题。

(1) 歧义性问题。

自然语言想要自动化处理，或是让机器能够理解自然语言的难点有很多。造成这些难点的根本原因是自然语言的文本和对话中广泛存在的歧义性(或多义性)。歧义性指在语义分析等处理语言过程中存在的歧义问题，即不同环境下的同一个词语会有不一样的意思，于是就会增加自然语言的处理难度，而消除歧义则需要大量知识。当进行机器翻译时，翻译的机器必须具有一定的语言学知识和相关背景知识，才能精准地翻译出对话。

【举例】 谁也赢不了

足球队谁也赢不了，乒乓球队谁也赢不了。

这里气候很极端。冬天太冷，"能穿多少穿多少"。夏天太热，"能穿多少穿多少"！

第一个"赢不了"指的是无法击败对手，后一个"赢不了"指的是没有被击败的可能。后一句的第一个"穿多少"指的是尽量"穿多"，而第二个"穿多少"指的是尽量"穿少"。

(2) 分词问题。

在自然语言处理中，承载语义的最小单位是单词，因此自然语言处理中对分词的处理是主要问题。在口语表述中，词和词之间是连贯的，尤其是由于汉语不像英语等语言具有天然分词特性，因此对汉语的处理就又多了一层障碍。在自然语言处理中，会通过分隔符来进行词语的处理，但有时候句子存在歧义，就会加大分词难度。

(3) 上下文问题。

自然语言处理中上下文内容的获取问题也是一个挑战。人们在理解一句话的时候，通常会根据句子所处的语境来推理其准确含义。以代词为例，要理解代词指代的是什么，就要通过上下文的描述来推断。自然语言非常灵活、多变、复杂，而且充满歧义，这些因素使得计算机很难对其进行量化解释，就如同程序语言为计算机而生，人类也很难自然地理解程序语言一样。而且自然语言所表达的含义都必须建立在使用场景、文化背景、地域分布等知识之上，人类在交流过程中一般对这些知识进行了精简，这给自然语言处理带来了巨大的挑战。

【举例】 谁去拿谁的书？

大舅去二舅家找三舅说四舅让五舅去六舅家取七舅放在八舅桌子上九舅借十舅给十一舅的书。

对于上述难题，自然语言需要借助智能技术加以处理，其实现必须从多方面出发，主要分为三部分，分别是认知、理解和生成。具体又可以概括为以下过程：首先，智能机器应能接收人类的自然语言；其次，其应能通过信息提取，将自然语言转换成有意义的符号和联系，然后根据目的对其进行处理；最后，其应能通过分析数据得出结果并再以自然语言方式输出。三者互相作用，使得用户可以通过自然语言与计算机进行交互。

自然语言的智能处理方法目前发展非常快。

3. 自然语言处理的经典应用

在人工智能相关领域中，让机器理解、翻译人类的自然语言是一项重要且艰巨的任务，相关技术已经被应用到许多任务中，如文本检索、信息抽取、文本分类、序列标注、问答系统、搜索引擎、文本翻译软件等，下面举例说明。

(1) 机器翻译。

机器翻译(machine translation)是指通过计算机技术将一种语言转换为另一种语言。语言的翻译和转化是自然语言处理的重要应用之一，机器翻译这一方向的发展更能体现出自然语言处理的本质。

(2) 语义分析。

语义分析是目前自然语言处理领域的重点研究方向，也是制约机器智能发展的一大技术瓶颈。从任务角度出发，语义分析的主要任务涉及语义分类问题、信息配对问题、机器翻译问题、结构化信息处理问题和对话问题。对汉语来说，单单依靠分词无法完成自然语言的句义转化。语义分析需通过连接句法和一个句子中所包括的单个词语含义，将句义以一种特殊形式翻译成计算机语言。

对于不同的语言单位，语义分析有着不同的意义。在词的层面上，语义分析指词义消歧；在句的层面上，语义分析指语义角色标注；在篇章的层面上，语义分析指篇章分析。词义消歧的基本方式是结合上下文对一个选定的多义词进行分析，在多个词义中选择出最符合逻辑的一个。

语义角色标注即浅层语义分析，是在确定句子谓语的前提下，将句中其他成分挑选出来成为谓语的语义成分的过程。语义成分一般与句法中的成分相对应，用于反映句中成分彼此之间的关系。语义角色标注方法主要分为三部分：剪枝、识别、分类。篇章分析是对整篇文章进行分析研究，作为语义分析的延伸，篇章所具有的连贯性既是对研究的挑战，也对于计算机更好地理解单一句子的内涵有一定的帮助作用。

(3) 问答系统。

问答系统是一种能够用自然语言自动回答人类提出的问题的系统，该系统能够直接从文档、对话、网站等处提取信息，来满足用户的信息需求。问答系统不是让用户阅读整个文档，而是给用户提供简洁的答案。如今，问答系统可以非常容易地与其他自然语言处理系统结合使用，并且一些问答系统的功能甚至超越了对文本文档的搜索，它甚至可以从图片集合中提取信息。

(4) 情感分析。

计算机要想真正理解人类的交流方式，它们需要理解的不仅是客观意义上的语义，还有人类的情感。情感分析是一种有趣的自然语言处理和数据挖掘任务，用于衡量人们的观点倾向。例如，计算机可以对电影评论或由该电影引起的人类情感状态进行分析，从而可以为人们提供更高级的服务。

(5) 文本分类。

文本分类是指用机器按照一定的分类体系或标准对文本集、其他实体进行自动分类标记。通过自然语言处理技术，文本分类器可以自动分析文本，然后根据文本内容为其分配一组预定义标签或类别，也就是对指定的文本划分其所属的类别。文本分类的具体应用包括垃圾邮件识别、语音分类识别、文本主题分类等。文本分类是自然语言处理的基础研究领域，但其研究意义十分重大。

目前，文本分类常用的方法有基于词的匹配方法、知识工程方法、基于统计和机器学习的方法。近年来，随着深度学习技术的不断发展，文本分类的准确性和速度均有了极大的提升，为人们的学习工作提供了更多的便利。文本分类是一种监督学习(见4.6.2节介绍)的过程，需要人类事先对数据进行一定的区别和分类，在此基础上，计算机系统再通过机器学习来对数据进行分类。

(6) 文本生成。

文本生成是自然语言处理技术的一个重要应用领域，它是指利用自然语言处理技术，对大量文本数据进行学习和理解掌握语言的规律，让机器自动生成符合语法和语义要求的文本内容。文本生成技术可以应用于各个领域，如文学创作、新闻报道、摘要生成、对话系统、机器翻译、智能客服、智能问答、聊天机器人等。自动生成文本内容可以大大提高内容生产效率，降低生产成本，同时也能够满足各种个性化需求。

【思政融入点】 生成式自然语言系统

ChatGPT 与文心一言都是新近开发的生成式自然语言系统。ChatGPT 是一个人工智能对话机器人，由美国的 OpenAI 公司开发，是大模型(详见 10.6.1 节介绍)的一种变种应用。它使用了大规模语言模型，可以根据用户的输入，以自然语言的形式进行对话。ChatGPT 不仅可以回答简单的事实性问题，还可以进行复杂的推理、辩论、创作等任务。它甚至可以承认自己的错误(自我反省)，挑战错误(质疑提问的正确性)，拒绝不恰当的请求(拥有自己的立场)等。文心一言也是一个类似于 ChatGPT 的人工智能对话机器人，由中国的百度公司开发。它使用了百度自研的大规模语言模型 PaddleNLP，可以根据用户的输入，以自然语言的形式进行对话。文心一言不仅可以回答简单的事实性问题，还可以进行复杂的推理、辩论、创作等任务。它还可以根据用户的喜好和场景，调整自己的语气和风格。文心一言的优点在于专注中文自然语言的理解与生成，利用百度的知识图谱和搜索技术，结合有监督和无监督的训练方法。其缺点在于与多种语言共同使用的情况下难以准确识别问题的上下文，生成的文本原创性不高。文心一言代表着中国智能技术在文本生成方面的努力与成就。

随着交互式、新媒体等技术的不断进化，自然语言处理会变得越来越重要。

5.4.3 相关课程

自然语言处理相关课程如下。

1. 自然语言处理

自然语言处理是计算机科学领域与人工智能领域中的一个重要研究方向。该课程从统计工具入手，围绕着词法分析、句法分析、传统机器学习、结构化学习、深度学习、语言概要等，为学生深入学习、研究、实践基于自然语言的智能系统和技术提供理论基础。该课程为人机之间的交互提供有效工具，还与智能科学与技术的其他专业课有较多交叉和融合。

2. 情感计算

情感计算旨在通过赋予计算机识别、理解和表达人的情感的能力，使得计算机具有更高的智能。本课程通过对情感计算、人工心理和感性工学等相关理论的介绍，使得学生能够掌握高级智能技术的基本原理与应用。该课程主要内容包括情感识别、情感建模和情感反应三部分。

此外，高级信息检索、智能推荐系统中也会对自然语言处理相关知识有所涉及。

5.5 机 器 人

随着智能时代的到来，机器人(robot)越来越多地参与到我们的生活和工作中来。机器人能够提高社会的生产水平和人类的生活质量，替代人类完成一些其干不了、干不好的工作，例如一些会对人体造成伤害的喷漆或重物搬运工作，人类无法长时间完成的汽车焊接等精密工作，需要在恶劣环境下完成的工作，一些枯燥单调、重复性强的流水线工作等。可以说，机器人是人们对智能的最直观形象认知。

5.5.1 机器人概述

1. 机器人的定义

机器人是自动执行工作的机械装置，依靠自身动力和控制系统来实现其功能。它既可以接受人类指挥，又可以运行预先编写的程序，也可以按照人工智能技术的原则行动，它的任务是协助或替代人类进行工作。机器人具备一些与人或生物相似的能力，如感知能力、规划能力、动作能力和协调能力，是一种具有高度灵活性的自动化机器。

机器人技术综合了多学科的发展成果，代表了现代工程技术的发展前沿，它在人类生活中的应用领域不断扩大。随着机器人技术的飞速发展和信息时代的到来，机器人技术所涵盖的内容越来越丰富，机器人的定义也不断得到充实和创新。

需要明确的是，机器人并不一定拥有酷似人类的外表。机器人有时候是人形的，有时候则不是。智能科学技术中的人工智能是机器人"体内"的"大脑"，机器人是人工智能技术的一个应用领域，人工智能技术能够在机器人这种具有实体和执行能力的对象上得到更全面的体现。人工智能技术的发展，也丰富了机器人的概念，机器人已经不再局限于能够看得见、摸得着的实物，还可以是"看不见"但一直在帮助我们的智能体，如翻译机器人等。

2. 机器人的分类

根据功能和用途的不同，机器人有多种分类。

(1) 按照外观形态分类，机器人可分为人形机器人、轮式机器人、飞行器机器人等。

人形机器人：这类机器人的外观和人类相似，通常具有头、身体、四肢等部位，主要用于服务领域，如酒店接待、陪伴照料等。它们能够通过语音识别和人脸识别等技术与人类进行交互。

轮式机器人：这类机器人通常采用轮子作为移动方式，具备较高的机动性和灵活性，广泛应用于清洁、巡检和物流等场景，能够代替人类完成重复性、危险性较高的工作。

飞行器机器人：这类机器人采用飞行器的形式，如无人机、飞行器等，具有空中侦察、搜救、航拍等功能，广泛用于农业、航空等领域。

(2) 按照功能分类，机器人可分为工业机器人、服务机器人、农业机器人、教育机器人。

工业机器人：这类机器人主要应用于工业生产线上，能够代替人类完成重复烦琐的工作，如焊接、装配、搬运等，具备高速度、高精度等特点，能够提高生产效率和产品质量。

服务机器人：这类机器人主要用于人类生活和服务领域，如餐厅服务员、医疗助手等，能够通过语音识别和人脸识别等技术与人类进行交互，提供便利和帮助。

农业机器人：这类机器人主要应用于农业领域，如自动化种植、采摘、喷洒等，能够提高农业生产效率，有利于环境保护和可持续农业发展。

教育机器人：这类机器人主要用于教育和培训领域，如语言学习机器人、编程教育机器人等，能够提供智能化的教学方式和互动方式，提供个性化的学习体验，促进学生的学习兴趣和能力发展。

(3) 按照智能程度分类，机器人可分为传感器机器人、自主导航机器人、深度学习机器人。

传感器机器人：这类机器人主要通过传感器获取外部环境信息，并做出相应的反应，广泛应用于环境监测、安全监控等领域，能够实时获取数据并进行分析处理。

自主导航机器人：这类机器人具备自主导航的能力，能够在未知环境中自主探索和移动，广泛应用于勘探、探险等领域，能够代替人类进行危险任务。

深度学习机器人：这类机器人具备深度学习和人工智能技术，能够进行复杂的数据分析和决策，广泛应用于金融、医疗等领域，能够提供精准的预测和决策支持。

(4) 按照应用领域分类，机器人可分为医疗机器人、救援机器人、探险机器人。

医疗机器人：这类机器人主要用于医疗领域，如手术机器人、康复机器人等，能够提高手术精度和康复效果，减少手术风险和病人痛苦。

救援机器人：这类机器人主要用于灾害救援和搜救领域，如火灾救援机器人、地震救援机器人等，能够进入危险区域进行搜救和救助，减少人员伤亡。

探险机器人：这类机器人主要用于探险和勘探领域，如火星探测器、深海探测器等，能够代替人类进行危险任务，获取未知环境的数据和信息。

此外，机器人根据外观形态、功能、智能程度和应用领域的不同，还可以有多个分类。随着人工智能和机器人技术的不断发展，机器人在各个领域的应用将越来越广泛，为人类生活带来更多便利和可能性。

3. 通用机器人

智能机器人学习人类的技能，与人类拥有共同的价值标准，可以看作人类思维的后代。新一代能力更强、用途更广的机器人被称为"通用"机器人。通用机器人的发展已经历了四代。

第一代通用机器人在 2010 年面世，它的明显特征是有多用途的感知能力以及较强的操作性和移动性；第二代在 2020 年出现，它最为突出的优点是能在工作中学到技能，具有适应性的学习能力；2030 年估计会诞生第三代通用机器人，这一代机器人将具备预测的能力，在行动之前若预测到出现的结果比较差，它能及时改变意图；第四代通用机器人预计会在 2040 年出现，这一代机器人将具备更完善的推理能力。

未来机器人将具备种种人性化的特征，追求"机器的人化"目标。

5.5.2 机器人关键技术

机器人开发和制造过程中的一些关键技术推动了其快速发展和广泛应用，这些技术均不同程度地与智能技术进行了结合。

1. 感知技术

机器人的感知技术是指机器人能够通过各种传感器感知周围的环境，例如光学传感器、声学传感器、力学传感器等。感知技术是机器人实现智能化、自主化的基础，通过感知技术，机器人能够自主地执行任务，避开障碍物，保证自身安全，实现对环境的理解和分析。

2. 运动控制技术

机器人的运动控制技术是指机器人能够通过各种机械部件完成自身的运动和动作，例如关节、传动系统、执行器等。运动控制技术是机器人实现运动控制、定位控制、动作规划的基础，通过运动控制技术，机器人能够精确地完成各种任务，并实现高效、精确的生产和操作。

3. 智能控制技术

机器人的智能控制技术是指机器人能够通过各种控制算法和策略，实现自主决策和智能操作。智能控制技术是机器人实现智能化、自主化的重要手段，通过智能控制技术，机器人能够自主地完成任务，避免人为干预，实现高效、精确的操作。

4. 人机交互技术

机器人的人机交互技术是指机器人能够与人类进行有效的交互和沟通，例如语音识别、视觉识别、手势识别、自然语言处理等。人机交互技术是机器人实现与人类无缝接口的重要技术，通过人机交互技术，机器人能够与人类进行有效的交流和协作，实现高效、精确的工作。

5. 机器学习技术

机器人的机器学习技术是指机器人能够通过自主学习和自我优化，不断提高自身的智能水平和执行能力。机器学习技术是机器人实现自主学习和适应性控制的重要手段，通过机器学习技术，机器人能够不断地优化自身的执行策略和决策能力，提高任务执行的效率和准确性。

6. 虚拟机器人技术

虚拟机器人技术可以在计算机上模拟出一个或多个具有智能和行为能力的机器人。这种技术融合了多元人工技术，如自然语言处理、计算机图形学和计算机视觉等，以实现智能机器人的模拟和控制。虚拟机器人具有高度的灵活性和可配置性，可以根据需要进行快速定制和修改。在虚拟环境中，机器人可以实现复杂的动作和任务，如理解并回答人类的问题，甚至通过学习和训练逐渐适应各种复杂环境。

7. 多智能体(multi-agent)控制技术

多智能体控制技术是指将多个智能体通过通信或互动的方式协同起来工作，以实现某种任务的控制技术。其中，智能体是指具有独立思考和决策能力的智能系统。它主要对多主体的群体体系结构、相互间的通信与磋商机理、感知与学习方法、建模和规划、群体行为控制等方面进行研究。多智能体控制技术分为集中式控制、分布式控制和混合式控制三类，其技术原理包括决策、推理、学习、规划、感知、记忆、执行等过程。在应用方面，多智能体控制技术可以应用于各种领域，如机器人技术、制造系统、航空航天、医疗系统等。

8. 微型/微小型机器人技术(micro/miniature robotics)

微型/微小型机器人技术是机器人研究的一个新的领域和重点发展方向。由于过去在该领域的研究几乎是空白的，因此该领域研究的进展将会引发机器人技术的一场革命，并且对社会进步和人类活动的各个方面产生不可估量的影响。微小型机器人技术的研究主要集中在系统结构、运动方式、控制方法、传感技术、通信技术以及行走技术等方面。

9. 软机器人技术(soft robotics)

软机器人技术主要应用于医疗、护理、休闲和娱乐场合。传统机器人的设计未考虑与人紧密共处，因此其结构材料多为金属或硬性材料，而软机器人技术要求其结构、控制方式和所用的传感系统在机器人意外地与环境或人碰撞时是安全的，使机器人对人是友好的。图5-13所示为软机器人。

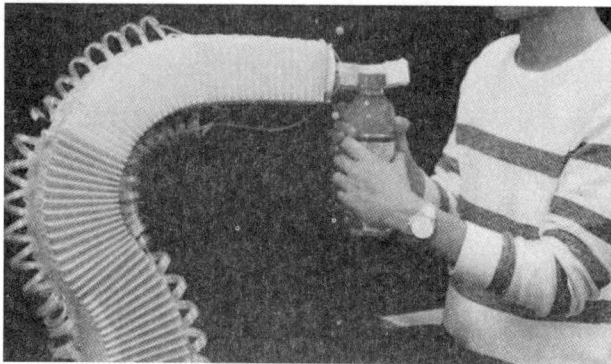

图5-13　软机器人

10. 仿人和仿生技术

仿人和仿生技术是机器人技术发展的最高境界，使得机器人具有人类的形态。尤其是未来的机器人将会被赋予情感，这些情感包括恐惧与羞愧、情感表达，甚至是愤怒与争斗。如图5-14所示为仿生机器人。

图5-14　惟妙惟肖的仿生机器人

未来机器人和它的后代将具有人类的感知力和行动力，并且具有超级推理能力。它们能在许多艰巨且必要的任务上取代人类，甚至能在外太空中工作，帮助人类将生产移向具有更多资源的太阳系其他星球。总体来说，未来这些关键技术将继续得到完善和发展，为机器人技术的应用和创新提供更多的可能性。

本书第 10 章还会对机器人的最新进展进行简要介绍。

5.5.3　相关课程

机器人相关课程如下。

1. 机器人学

该课程的目标是让学生掌握机器人设计和开发的基本理论和实践技能，课程的主要内容包括机器人学的起源与发展、位姿和坐标系描述、平移和旋转坐标系映射、平移和旋转齐次坐标系变换、物体的变换和变换方程、机器人运动学、机器人轨迹规划等。

2. 智能机器人

该课程的主要目标是培养学生掌握智能机器人设计与开发的基本理论和实践能力，课程的主要内容包括机器人机械结构、传感器、控制算法等方面的理论知识以及实践操作等。

此外，机器人机械系统、机器人控制技术、机器人视觉与传感技术等课程也会对机器人相关知识有所涉及。

本章小结

在明确智能的基础问题后，本章基于问题拆解的方法，将智能归纳为听、思、看、说、(自主)行动几个高级问题，并从此话题出发介绍了视觉图像、语音识别、自然语言、机器人几个常人更容易理解的智能研究。可以说，这些技术问题是基本智能功能联合起来的高级问题，它们的解决其实并不简单，但这些问题也恰恰形成了不同的智能发展方向。通过本章学习，使得读者更加明确了身边的智能问题是怎样解决的。

课后习题

1. 简述人类视觉的原理。
2. 解释图像处理的难点。
3. 描述视觉的主要应用。
4. 简述人类听觉与语音系统的工作原理。
5. 简述语音处理的应用。
6. 解释自然语言处理的难点。
7. 描述自然语言处理的主要应用。
8. 简述机器人的分类。
9. 机器人开发和制造过程中有哪些关键技术？

第6章 人工智能要素及其发展历程

正如意识不可能脱离物质基础存在一样，智能也不可能凭空存在，需要一些必要要素的支持。反过来，只有弄清楚智能实现的要素条件，才有可能不断提升智能的水平。本章将从人类智能的分析入手，逐步引出人工智能的三大要素。

6.1 人类智能的分析

人工智能已经成为当前智能科学赋能现代人类社会的主要方式，要学习和发展人工智能，必须首先回答"人工智能怎样实现""人工智能的实现需要哪些要素"等关键问题。由于人工智能是对人脑的计算机模拟，因此不妨先对人类生物智能展开分析，继而进行类比回答。

6.1.1 智慧的描述

古今中外，凡是具有出众智力的人都会为人们所瞩目，而他们所展现的"智慧"也是人们所崇尚的，甚至把他们作为偶像，例如古希腊的雅典娜、印度神话中的象头神犍尼萨、中华古代神话中的伏羲，这些掌管智慧之神在神话故事中都具有极高的地位，这足以说明人类对智慧的崇拜。在此人们也不禁会发问：怎样做才能算聪明呢？在回答这个问题之前，这里不妨列举出中国古代与"智"相关的成语，具体如下：

足智多谋、智子疑邻、智勇双全、聪明睿智、急中生智、聪明才智、大智若愚、大智大勇、智勇兼备、才薄智浅、三智五猜、挈瓶之"智"……其实，还有一些成语虽然没有带"智"也含有聪明、智慧的含义，如见多识广、饱读诗书、胸有成竹等。如果对这些成语进行分类，大致可以将它们分为三类。

第一类：才思敏捷、聪明睿智、一目十行、冰雪聪明、眼疾手快……

第二类：饱读诗书、立地书厨、学富五车、高屋建瓴、博览群书……

第三类：见多识广、老马识途、博大精深、饱经世故、身经百战……

可见，第一类代表头脑灵活，反应很快；第二类代表理论学识很深厚；第三类代表有很丰富的经验，当然还有很多成语中的"智"，是上述分类兼而有之的描述。

在此，我们不妨进行简单推论，聪明就是思维敏捷、有学识、经验丰富，这实际上也从另一个侧面说明了智力是多要素的。

6.1.2　智能的分析

从上述人类智能的研究逐步引申，会发现人工智能的实现需要满足一些基本要素。

1. 关于智力的核心

智力作为人类智慧的一般心智能力，是人们识别和理解客观事物并使用知识、经验和其他工具的能力，包括记忆、想象、观察、思考、判断等能力。人的一切智能可以说都来自大脑的思维活动，人类的一切知识也都是人类思维的产物，因而通过对思维规律与方法的研究将揭示出智能的本质。可以说，思维能力作为人类大脑反映客观事物的间接能力，当人们学会观察事物时，会逐渐对各种物品、事件、经历、人进行分类，之后就需要使用思维进行更高级的活动。不管是学生的学习活动，还是人类的各种发明创造，都需要思维，思维能力是智力的核心，是处理问题的综合能力。

思维比人类的其他能力更强、更重要，具体有以下五大特征。

(1) 创造性：指思维活动的创造意识和创造精神。

(2) 系统性：指在不忽视其重要细节的情况下掌握问题各个方面的思维品质。我们必须始终从整体开始考虑问题，并能够处理整体和部分之间的关系。

(3) 深刻性：指思维活动中的抽象逻辑推理、抽象判断。该特征表明思维可以深刻理解概念，并通过分析问题把握事物的本质和规律。

(4) 敏捷性：指思维活动的熟练程度和速度快慢。它体现在快速灵活的问题思维中，思维可以快速准确地作出决策和解决问题。

(5) 灵活性：指思维可以从不同的角度、方面、方向按照不同的方法来思考问题，能灵活地进行综合分析，可以触类旁通。

科学家们大胆地指出，如果赋予一个系统思维能力，使之能够像人一样具有一定的认知能力，既有感知、会分析、自决策、善动作，又可以在分析与决策过程中善于运用知识，同时学习、积累乃至创造知识，就实现了人造智能，其关键在于思维的实现。

2. 思维即计算

计算就是运用事先规定的规则，将一组数值变换为另一组(所需的)数值的过程。计算通常需要利用数学工具实现，而人们对数学工具的认识也是逐步成熟的。反过来，成熟的数学理论又为计算的实现提供了坚实的基础。其实，这种认识也不是一蹴而就的，数学的正确性也曾遭受过质疑。

18 世纪，随着"经典物理学"理论趋于完善，物理规律的确定性是其精神支柱。牛顿的伟大著作《自然哲学的数学原理》震惊世人，尤其是自此之后引力论长期影响人们的世界观。不少学者认为，人类已经洞悉了宇宙的秘密，采用数学-物理方法可以解释一切问题，包括人和人的智能本身。其中，最具代表性的就是著名的拉普拉斯决定论，即宇宙的一切已被决定。

拉普拉斯认为，人类可以把目前的宇宙状态看作过去的结果和将来的原因。如果一个有理性的人知道某时刻生物界的一切力和所有生物的相互位置，而他的才智又足以分析一切资料，那么它就能用一个方程式表达宇宙中最庞大的物体和最轻微的原子的运动。对他来说，一切都是确定的，将来与过去都能够呈现在他眼前。也就是说，牛顿力学"原则上"

可以精确地预测将来会发生的一切。这好比已知某时刻太阳和行星的位置与速度，用牛顿定律就可以计算出任何时刻太阳系的状态。推而广之，只要知道宇宙在某一时刻的状态，便能依此定律预言宇宙中将会发生的任何事件。进一步假定存在某种定律，它能确定每一件东西，包括人类的智能行为。还有一些科学家也持类似观点，例如霍布斯认为"一切思维不过是计算"，莱布尼茨甚至认为"人类思维可以全盘机械化"，拉·美特利认为"人就是机器"。

1847 年，爱尔兰科克城女王学院的数学教授布尔出版了名著《逻辑的数学分析》，提出了逻辑代数。他在另一部著作《思想规律的研究》中明确指出：符号语言与运算可用来表示任何事物。布尔为逻辑推理建立了形式语言，成为数理逻辑第一人，也使逻辑学由哲学变成了数学。

在这样的思维导引下，著名数学家希尔伯特提出设想，将数学公理作为大厦的地基，然后在此基础上推导出宇宙间所有的定理。数学家们坚信：他们一定可以推导出所有的定理，这是建立数学大厦的原则。如果推导不出来，那不是大厦的地基出了问题，而一定是个人的能力问题。然而，如果从现代数学的认识出发，上述前人的认识显然是片面的。正当人们陶醉于数学征服世界时，哥德尔不完全性定理被提出。

哥德尔不完全性定理是库尔特·哥德尔(Kurt Friedrich Gödel)于 1931 年证明并发表的，其主要思想是：任何自洽的形式系统，只要蕴含皮亚诺算术公理，就可以在其中构造在体系中不能被证明的真命题，因此通过推理演绎不能得到所有真命题(即体系是不完备的)。总结成一句话就是，任何包含了自然数论的形式体系中，自洽性和完备性必定无法同时满足。

为了方便理解，举一个哥德尔不完全性定理的例子。"本句话是一句谎话"，如果你试图弄清这句话的真伪，你会发现，如果这句话是真的，那么这句话就是个假话，如果这句话是假话，那么这句话就是真话，无论从哪个角度看，结论都是互相矛盾的。也就是说，如果这句话可以被证明真伪(无论真假，具备完备性)，那么推导出来的结论必然互相矛盾(不满足一致性)。相反，如果要保证证明一致性(不会产生互相矛盾的结论)，那么这句话无论真假，它都是不可以被证明的(不具备完备性)。

建立数学大厦的设想崩塌了，但是这并不代表着数学无用论，只是人类对数学和计算的理解过于片面。

在哥德尔研究成果的影响下，20 世纪 30 年代后期图灵开始从计算一个数的一般过程入手对计算的本质进行研究，从而实现对计算本质的真正认识。该成果不仅再次表明某些数学问题是不能用任何机械过程来解决的思想，而且还深刻揭示了计算所具有的"能行过程"(可以理解为通过可计算理论、可判定性理论以及算法设计等方法，来寻求和实现有效的问题解决方案的过程。这个过程涉及数学模型的建立、算法设计与分析以及计算能力的评估等多个方面)的本质特征。

自此，人们对数学和计算产生了全新的认识，也渐次推动了计算机和人工智能的产生(8.1.1 节将进行详细讨论)。

3. 算法引导计算

计算的作用在于解决了从定性到定量的问题，计算既是生产力，又影响生产关系、上层建筑。计算依赖于算法，也可以表述为算法引导计算。这里的算法是指：对某一类问题，如能找到一组确定的规则，当给出这类问题中的任一具体问题后，按规则可以完全机械地在有限步内求出结果，则说这类问题是可计算的，上述规则就是算法。大量的实践已经反复证明，不同的算法展现出不同的计算效率。这是因为，算法在解决问题的过程中扮演了桥梁的角色，它将复杂或抽象的问题转换为可以通过计算步骤解决的具体问题。正确选择算法可以简化问题的解决过程，使计算更加高效。

对于现代问题求解所采用的计算机编程而言，算法更加明显地起到了程序计算的基础和引导作用。程序员软件开发不仅仅是编写代码，更重要的是选择合适的算法来解决问题。优秀的算法是软件质量、性能和可维护性的保证。通过模块化和重用优秀的算法组件，可以提高软件开发的效率和可靠性，降低开发成本。

此外，人们在充分认识到算法重要性的基础上，始终都在不断地尝试着寻找更科学、更高效的算法，并且意识到拥有更丰富的知识可以设计出更优的算法。

4. 数据驱动智能

常言道，三思而后行。意思是思考在前，行动在后，必须经过仔细周密的考虑再有所行动，如此才能取得最好的效果，避免一些不必要的麻烦。这里的"三思而后行"出自《论语·公冶长》："季文子三思而后行"。

对于思与行的关系，王阳明(图 6-1)认为应该强调知与行的统一。所谓知，便是对事情各方面的思考与了解，只有思考明白、了解清楚了才能开始行动；所谓行，便是将那些思考明白、了解清楚的东西付诸实践，如此才能有所成就。王阳明指出，圣人之学乃身心之学，其要领在于体悟实行，不可将其当作纯粹的知识，仅仅流于口耳之间，行恰恰能反作用于知。

图 6-1　中国明代心学大师王阳明塑像

从以上典故可以看出思与行的紧密关系：思指导行，行反过来驱动思。进一步地，思并不是凭空思，而是总结之前行的得失——经验。经验其实就是数据(见 9.1.1 节)。算法很多情况下来自于经验，再用数学工具实现其计算。

根据强化学习的观点，智能体为了达成目标在与环境的互动中而进行学习。而环境反馈给智能体的恰恰就是蕴含客观规律的数据。正如《辞海》中对智能的描述："它是先天素质，社会历史遗产与教育的影响以及个人努力与实践三方面因素相互作用的产物。"

本章后续内容，将首先回顾由智能的机器模拟衍生出来的人工智能发展史，然后采用与人类智能类比的方法，探讨人工智能的基本要素。

6.2　人工智能的提出

6.2.1　人工智能的诞生

人工智能的产生，是人类对智能的探究达到一定程度后的必然结果。

1. 构想

智能科学的萌芽期为人工智能的提出积淀了大量理论，计算机的发明使得人工智能的产生条件更加成熟。1955 年 8 月，时任达特茅斯学院数学系助理教授、1971 年图灵奖获得者麦卡锡(J. McCarthy)，时任哈佛大学数学系和神经学系青年研究员、1969 年图灵奖获得者明斯基(M. L. Minsky)，时任贝尔实验室数学家、"信息论之父"香农(C. Shannon)和时任国际商业机器公司(International Business Machines Corporation，IBM)信息研究主管、IBM第一代商用计算机 IBM 701 的主设计师罗切斯特(N. Rochester)等 4 位学者向美国洛克菲勒基金会递交了一份题为《关于举办达特茅斯人工智能暑期研讨会的提议》(A Proposal for the Dartmouth Summer Research Project on Artificial Intelligence)的建议书，希望基金会资助拟于1956 年夏天在达特茅斯学院举办的人工智能研讨会，研究"让机器能像人那样认知、思考和学习，即用计算机模拟人的智能"的科学。

在这份建议书中，"人工智能"(Artificial Intelligence，AI)这一术语被首次提出，用来表示"人工所制造的智能"。该建议书对能够实现"人造智能"的原因进行了如下描述：学习的每个方面或智能的大多数特性原则上都可以被精确描述，从而可以用机器来模拟。

2. 创立

在该建议的倡导下，1956 年 6 月 18 日至 8 月 17 日，30 多位学者如期来到达特茅斯学院，参加持续 8 周左右的人工智能暑期研讨会，AI 从此正式登上了人类历史舞台。本次会议可谓"群星璀璨"，其中麦卡锡、明斯基和所罗门诺夫(R. Solomonoff) 3 位学者全程参与了会议，参加会议的还有 1975 年图灵奖得主纽厄尔(A. Newell)、1975 年图灵奖和 1978 年诺贝尔经济学奖得主西蒙(H. A. Simon)、1977 年图灵奖得主巴克斯(J. Backus)、"机器学习"(machine learning)一词的创立者塞缪尔(A. Samuel)等，他们在信息论、逻辑和计算理论、控制论、机器学习、神经网络等领域都做出过奠基性的工作，将该会议的水平推向极高的层次。

此次会议的议题包括：

■　计算机科学的基础理论，如何定义计算机、算法、程序等概念，如何描述计算机科学的基本原理和规律。

■　计算机科学的应用领域，如何将计算机应用于科学、工程、商业和社会等领域，如何开发新的计算机应用。

■ 计算机科学的教育和培训，如何培养计算机科学的专业人才，如何设计计算机科学的课程和教材。

达特茅斯会议与会专家合影如图 6-2 所示。

图 6-2　达特茅斯会议与会专家合影

会议最终取得丰富的成果，提出了一系列新思想、新概念。

■ 操作系统的概念：约翰·冯·诺伊曼提出了操作系统的概念，即一种控制计算机硬件和软件资源的系统软件。这个概念为后来的操作系统设计提供了重要的思想支持。

■ 编程语言的发展：约翰·麦卡锡提出了 LISP 语言的概念，这是一种基于符号计算的编程语言，为后来的人工智能研究提供了重要的工具和思想支持。

■ 人工智能的概念：艾伦·图灵提出了人工智能的概念，即一种模拟人类智能的计算机程序。这个概念为后来的人工智能研究提供了重要的思想支持。

■ 软件工程的发展：约翰·麦卡锡提出了软件工程的概念，即一种系统化的软件开发方法。这个概念为后来的软件工程研究提供了重要的思想支持。

■ 计算机科学的教育和培训：参会者们讨论了计算机科学的教育和培训问题，提出了一些关于计算机科学课程和教材的建议。

达特茅斯会议对计算机科学、人工智能的发展产生了深远的影响，为未来的发展指明了方向，并切实推动了人工智能的快速发展。

3. 分类

人工智能提出以后，人们对其进行了不同方式的实现(见 6.2.2 节)，也就形成了不同的人工智能分类，以下是几种常见的分类方式。

(1) 按照实现方式划分。

弱人工智能：也称为狭义人工智能，指专注于执行特定任务的 AI 系统，如语音识别、图像识别等。它在特定领域表现出色，但不能进行通用性任务。

强人工智能：也称为强化人工智能、通用人工智能，指能够像人类一样在多个领域执行任何智力任务的 AI 系统。目前尚未实现强人工智能，这是未来的研究目标。

(2) 按照功能划分。

感知型 AI(Perception AI)：包括计算机视觉、语音识别等，用于感知和理解环境。

认知型 AI(Cognitive AI)：涉及对信息的理解、推理和学习，包括自然语言处理、机器学习等。

执行型 AI(Action AI)：涉及在感知和认知的基础上作出决策和执行动作。

(3) 按照学习方式划分。

监督学习：从标注好的数据进行学习，能够进行分类、回归等任务。

无监督学习：从没有标注的数据进行学习，能够进行聚类、降维等任务。

强化学习：通过与环境的交互和奖励机制学习，常用于决策和控制领域。

(4) 按照应用领域划分。

医疗健康 AI：用于医学诊断、患者监测等。

金融 AI：用于风险管理、欺诈检测、投资分析等。

教育 AI：用于个性化学习、教学辅助等。

自动驾驶 AI：用于无人驾驶汽车和其他交通工具。

客户服务 AI：用于在线客服、聊天机器人等。

其他分类方法略。

6.2.2 人工智能的学派

人工智能自提出以来，人们给出了不同的理解与实现设计，形成了不同的流派。

1. 符号主义

推理是进行思维模拟的基本形式之一，是从一个或几个已知的判断(前提)推出新判断(结论)的过程。因此，只要前提正确，推理所得出的结论往往是正确的。符号主义 AI 认为只要将人类所有的知识符号化，把包罗万象、囊括万物的符号化知识组织起来，构建"知识水晶球"，形成如笛卡尔所言的"人类思想字母表"，就可以对所有未知问题进行推理，形成答案，应用于不同领域。著名的苏格拉底三段论"所有人都是要死的""苏格拉底是人"和"所以苏格拉底是要死的"就是符号主义 AI 推理的一个著名例子。在这个例子中，从"所有人都是要死的"这个大前提及"苏格拉底是人"这个小前提，可以推理得到"所以苏格拉底是要死的"这个结论。

2. 连接主义

连接主义也称为联结主义心理学或仿生学派，是一种基于大脑或神经系统的工作原理来研究人工智能的学习理论。它认为学习过程涉及神经网络中神经元之间的连接和交互，强调认知是由简单而大量的加工单元组成的联结网络，这些单元在特定时刻处于不同的激活状态，并与环境中的其他连接单元相互作用。图 6-3 所示为连接主义对生物神经元的模拟。

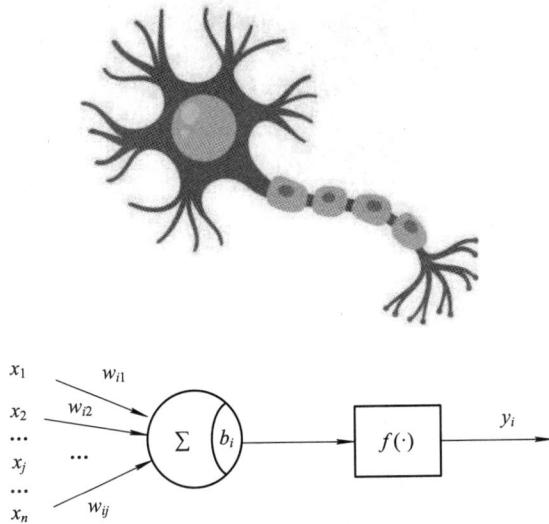

图 6-3 连接主义对生物神经元的模拟

图 6-3 中，$x_j(j = 1,2,\cdots,n)$ 为神经元 i 的输入信号的一个维度变量，w_{ij} 为突触强度或连接权。u_i 是由输入信号线性加权求和后的输出，b_i 为神经元 i 的阈值或偏置值(相当于为激活设定一个"门槛")，则输入与输出的关系可以表示为 $y_i = f(u_i - b_i) = f\left(\sum_{j=1}^{n} w_{ij}x_j - b_i\right)$。其中，$f(\cdot)$ 为激活函数，y_i 为神经元的输出。通过上述结构组成网络可以用来学习智能模型。

连接主义经历了神经网络萌芽期、浅层学习浪潮、深度学习产生期和深度学习爆发期四个阶段，目前人工智能最炙手可热的深度神经网络就是其衍生成果。

3. 行为主义

行为主义 AI 也被人们称为进化主义(Evolutionism)或者控制论学派(Cyberneticsism)，它试图让机器具有"不需要明确编程就能学习的能力"(The ability to learn without being explicitly programmed)，目标是构造一种"学习机器"(learning machine)，使之像人一样具有自我学习能力，而非按部就班完成预设任务。在真实环境中，AI 模型在与其所处环境的不断交互中进行学习，通过"尝试与试错"和"探索与利用"等机制在其所处状态下采取行动，直至进入终止状态，再根据其在终止状态所获得的奖惩来改进行动策略，序贯完成决策任务。这一学习方法被称为行为主义 AI，其代表实现路线有强化学习(见 4.6.2 节)等。例如，"遇山挖洞、天冷加衣"就是行为主义学习的结果。在行为主义 AI 中，学习信号以奖励形式出现，AI 算法在与环境的交互中去取得最大化收益，这种学习方式既不是从已有数据出发，也不依赖于已有知识，而是从"授之以鱼"迈向"授之以渔"。

图 6-4 所示为基于行为主义设计的海星机器人，它可以在复杂环境中自主移动。

图 6-4 基于行为主义设计的海星机器人

4. 贝叶斯派

贝叶斯派就是假设"现实"的所有模型、理论或概念都只不过是某种信念，是主观性的表达。该派别认为所有模型都是错的，实际数据应该帮助我们调整并重新赋予不同概率模型的重要性，即置信度。在保证数据正确性的情况下，调整方式应该尽可能严谨地遵循贝叶斯公式。通俗地讲，就是在过去的经历中所获得的认知，即使真实发生过，也不意味着发生的概率是百分之百。基于贝叶斯公式，可以通过观察新的经历去更新现有的认知，才能更客观、更理性地看待事物。例如，广义相对论刚诞生的时候，没几个人相信，所以它的置信度很低，可能是 10%。但当相对论能解释水星进动现象后，并给出了一个弱的实验证据，它的置信度就可以提高到 30%。1919 年，人们观测到光线经过太阳会弯曲，进一步验证了广义相对论的预测，这时候广义相对论的置信度提高到 50%。1929 年，哈勃引力红移现象被发现，广义相对论的置信度提高到 85%。2015 年引力波被发现后，广义相对论的置信度进一步提高到 99%。

贝叶斯派是一种在统计学、机器学习和数据分析等领域中广泛应用的理论框架和思维方式。

5. 行为类比主义

类比是一种很有用和很有效的推理方法，它能清晰、简洁地描述对象间的相似性，是人类认识世界的一种重要方法。类比学习就是通过类比工具展开学习，即通过对相似事物加以比较所进行的一种学习。行为类比主义 AI 基于核机器，根据约束条件来优化函数，讲求"尽可能走到更高，但同时不要离开原来的道路"。

在这些学派的支持下，人工智能的科学理论发展得相当丰富。

6.2.3 相关课程

人工智能相关课程如下。

1. 人工智能

该课程主要介绍人工智能领域的发展概况以及该领域内各个学派的基本知识与方法，其具体内容包括知识的表示与推理、状态空间搜索、计算机博弈、约束满足问题、机器学习以及自然语言理解等，还从技术层面探讨了当前人工智能的发展方向和实现手段。

2. 智能科学技术导论

该课程的内容包括智能科学的概述、智能科学的发展历程、智能系统的基本结构、人工智能及其应用、智能控制与智能管理、智能技术与社会的互动以及智能科学的未来展望等。此外，该课程还将探讨智能科学与人文社会科学之间的互动关系，以及智能科学在未来科技和社会发展中的前景和挑战。通过学习该课程，学生可以全面了解智能科学的基本知识、发展历程和应用领域，掌握智能系统的基本结构和应用方法，提高他们在智能科技领域的学习和创新能力。

此外，机器学习、深度学习基础等课程也会涉及部分人工智能内容。

6.3　人工智能的发展

在明确了人工智能的基本要素之后，本节回顾一下人工智能的发展。普遍认为，自 1956 年提出以来，人工智能的发展并非一帆风顺，而是经历了三次浪潮。

6.3.1　第一次浪潮

人工智能的诞生(见 6.2.1 节)让人们第一次看到了智慧通过机器实现的可能，人工智能也因此迎来了属于它的第一次浪潮。在此后长达十余年的时间里，计算机被广泛应用于数学和自然语言领域，用来解决代数、几何和英语问题。这让很多研究学者看到了机器向人工智能发展的可能。

虽然这个阶段人工智能的成果层出不穷，但由于人们对人工智能研究的估计过于乐观，以及科研人员在人工智能的研究中对项目难度预估不足，导致很多人工智能项目一直无法实现，人工智能进入了第一个痛苦、艰难的阶段。

当时人工智能面临的技术瓶颈主要有三个方面：一是计算机性能不足，导致很多程序无法在人工智能领域得到应用；二是问题的复杂性，早期人工智能程序主要是解决对象少、复杂性低的特定问题，一旦问题上升维度，程序立刻就不堪重负；三是数据量严重缺乏，当时没有足够大的数据库来支撑程序进行机器学习，这就很容易导致机器无法读取足够的数据进行智能化。随着公众热情的消退和投资的大幅削减，人工智能在 20 世纪 70 年代中期进入了第一个冬天。

6.3.2　第二次浪潮

第二次浪潮以专家系统取得的阶段性成功为标志，同时也孕育着人工智能新的改变。

1980 年，卡内基梅隆大学为数字设备公司(DEC)设计了一套名为 XCON 的"专家系统"，XCON 可以基于规则根据顾客需求自动配置零部件。它采用人工智能程序，可以简单地理解为"知识库＋推理机"的组合，是一套具有完整专业知识和经验的计算机智能专家系统。这套系统在 1986 年之前每年能为公司节省超过 4000 万美元经费。

专家系统的成功也逐步改变了人工智能发展的方向，科学家们开始专注于针对具体领域实际问题的专家系统，这和当初建立通用的智能系统的初衷并不完全一致。与此同时，人工神经网络的研究也取得了重要的进展，1986 年，大卫·鲁梅尔哈特(David Rumelhart)、杰弗里·辛顿(GeoffreyHinton)和罗纳德·威廉姆斯(Ronald Williams)联合提出的"反向传播算法"(Back Propagation)，可以在神经网络的隐藏层中学习对输入数据的有效表达，被广泛用于神经网络的训练。

但到了 20 世纪 80 年代后期，产业界对专家系统的巨大投入和过高期望开始显现出负面效果，人们发现专家系统的开发与维护成本昂贵，而商业价值有限。仅仅维持了 7 年，这个曾经轰动一时的人工智能系统就宣告结束历史进程。从此，专家系统风光不再，人工智能的发展再度步入冬天。

6.3.3 第三次浪潮

20 世纪 90 年代中期开始，随着人工智能技术尤其是神经网络技术的逐步发展，人们对人工智能不再有不切实际的期待，人工智能技术开始进入平稳发展时期。2006 年，辛顿在神经网络的深度学习领域取得突破，让人类又一次看到机器赶超人类的希望，这也是人工智能发展史上标志性的技术进步。

进入 21 世纪后，互联网的蓬勃发展带来了全球范围内电子数据的爆炸性增长，人类迈入了大数据时代。与此同时，计算机芯片的计算能力持续高速增长，一块专用处理器(英特尔 Stratix 10 FPGA)的计算能力已经轻松突破了每秒 10 万亿次的浮点运算，在这样强大算力的加持下，人工智能算法也取得了重大突破。

这一阶段，人工智能更加实用。图像分析、视频应用中以多层神经网络为基础的深度学习解决方案被推广到多个应用领域，特别是语音识别方面的成功引爆了一场新的科技革命，谷歌、微软、百度等互联网巨头，还有众多的初创科技公司，纷纷加入人工智能产品的战场，掀起了新一轮的智能化狂潮。

随着新技术的日趋成熟和大众的广泛接受，世界各国的政府和商业机构都纷纷把人工智能列为未来发展战略的重要部分，由此，人工智能的发展迎来了第三次热潮。目前人工智能领域引发了全社会的关注和重视，新的科技创新还在不断涌现。

【思政融入点】 优秀的华人人工智能科学家

在人工智能的第三次浪潮中，活跃着一大批华人科学家、企业家、教育学家，为推动人工智能的发展作出了突出贡献，同学们在未来的学习中可能会接触到他们的研究成果。他们当中影响力突出的有吴恩达、李飞飞、黄仁勋、李开复、汤晓鸥、何恺明、任少卿、王海峰、张潼、孙剑、焦李成、周靖人等。值得庆幸的是，新一批的华人青年才俊也在快速成长，在人工智能领域的著名杂志 *IEEE Intelligent Systems* 公布的 2022 年度"人工智能十大新星"(AI's 10 to Watch)名单中，有九位都是华人研究者。

6.4　人工智能的要素

在完成了对人类智慧的分析后，相信读者的脑海中对"如何用计算机来模拟人类智能"这个问题已经开始清晰，那就是利用计算实现思维。人工智能专家认为，这个问题的答案在于支撑人工智能的三要素：算力、算法和数据。

本节将结合三则中国经典故事中的"聪明"人，对算力、算法、数据进行类比学习，以方便理解。

6.4.1　算力

1. 定义

算力指的是智能体所具备的处理能力和运算速度。

2. 人类脑力

算力是实现智能的基本物质因素，在一定程度上体现了智能计算的速度和效率。一般来说，算力越大，则实现更高级智能的可能性也更大。算力是依附于生物体器官、设备上的，所以一般谈论算力都是指这些实体的能力。

人类脑力的算力差异也是非常明显的。

📍 【举例】《伤仲永》

金溪民方仲永，世隶耕。仲永生五年，未尝识书具，忽啼求之。父异焉，借旁近与之，即书诗四句，并自为其名。其诗以养父母、收族为意，传一乡秀才观之。自是指物作诗立就，其文理皆有可观者。邑人奇之，稍稍宾客其父，或以钱币乞之。父利其然也，日扳仲永环谒于邑人，不使学。余闻之也久。明道中，从先人还家，于舅家见之，十二三矣。令作诗，不能称前时之闻。又七年，还自扬州，复到舅家问焉。曰："泯然众人矣。"王子曰："仲永之通悟，受之天也。其受之天也，贤于材人远矣。卒之为众人，则其受于人者不至也。彼其受之天也，如此其贤也，不受之人，且为众人；今夫不受之天，固众人，又不受之人，得为众人而已耶？"

正如王先生所述，仲永天赋异禀，具有超出常人的智力(聪明的大脑)，这是其被称奇的关键。

值得注意的是，人脑的算力随着年龄、身体状态的变化会有起伏，也可以通过一些训练进行提升，例如智力运动等。所谓智力运动就是以智力为主导的体育运动，其竞技方式主要是通过各种棋类、牌类等比赛项目来训练、比拼选手的智力、策略和思维能力。这项运动的发展历史可以追溯到几千年前，中国智力运动的历史极为悠久。

📱 【思政融入点】　中国古代的高超智力游戏

中国智力运动有着悠久的历史。最早的中国棋类游戏可以追溯到公元前 3000 年左右的夏朝时期，当时流行的游戏有离乱、六博等。随着时间的推移，越来越多的棋类游戏出现，如围棋、象棋、叶子戏等，这些游戏不仅娱乐人们的生活，也成为一种文化和传统。值得骄傲的是，中国古代产生的围棋，号称人类智慧的巅峰。通过比较可以发现，国际象棋每回合有 35 种可能，一盘棋可以有 80 回合；而围棋有 361 个眼位，所有的可能性叠加起来有 3(黑、白、空)的 361 次方之多，这比全宇宙的原子总数加起来还要多，是名副其实的人机对抗人类智慧的"最后堡垒"。可以说，中国智力运动经历了从民间文化到正式体育运动的转型，从国内到国际的扩展，从技术落后到职业化发展的历程。今天，中国智力运动已经成为国内体育中不可或缺的一部分，更是向世界展示中国智慧和文化的重要窗口。

3. 机器算力

在认识到计算的重要性后，人们就像发明机械工具那样，不断探索发明能够提高人类计算能力的工具。人类善于利用工具，对于智能的追求也很自然地想到利用工具来加强，这可以从一些早期的计算工具中看出。

在数的概念出现之后，就开始出现了数的计算。计算需要借助一定的工具来进行，人类最初的计算工具就是人类的双手，掰指头算数就是最早的计算方法。绝大多数人天生有十个指头，因此十进制就成为人们最熟悉的进制计数法。由于双手的局限性，人类开始学习用小木棍、石子等身外之物作为计算工具。在拉丁语中，"计算"的单词 Calculus 的本意就是用于计算的小石子。随着文明的进步，人类学会了使用越来越多、越来越复杂的计算工具，计算方法也越来越高级。

人类最早的计算工具，其源头可以上溯至春秋战国时代由中国人发明的算筹。在大约公元前 600 年的东汉末年，中国人又发明了更为方便的计算工具——算盘，并一直沿用至今。许多人认为算盘是最早的数字计算机，而珠算口诀则是最早的体系化的算法。

欧洲文艺复兴时期的伟人达·芬奇，在科学方面的造诣丝毫不亚于其艺术成就，他很早就提出过计算工具的设想。后人在达·芬奇的手稿中，发现了关于机械式计算工具设计方案的记录，并根据达·芬奇的手稿仿制出了机械式计算器。

1621 年，英国人冈特发明计算尺，这是世界上最早的模拟计算工具。17 世纪的文献详细记载了冈特发明这种计算工具的过程。

1642 年，法国数学家、物理学家和思想家帕斯卡发明加法机，这是人类历史上第一台机械式计算机，其原理对后来的计算机械产生了持久的影响。

计算机械装置如图 6-5 所示。

图 6-5　计算机械装置

　　德国科学家希克尔德被许多人认为是世界上真正的第一台计算机的发明人，后人在他的手稿中发现了他对计算机的设计草图和详尽的文字描述，并随后根据其方案成功仿制了一台机械式计算机。

　　1673 年，德国数学家莱布尼茨发明乘法机，这是第一台可以运行完整的四则运算的计算工具。莱布尼茨同时还提出了"可以用机械代替人进行烦琐重复的计算工作"的伟大思想，这一思想至今鼓舞着人们探究新的计算机。

　　1822 年，英国数学家巴贝奇发明差分机，专门用于航海和天文计算。这是最早采用寄存器来存储数据的计算工具，体现了早期程序设计思想的萌芽。第一台差分机从设计到制造完成，花费了整整十年。巴贝奇采用了三个具有现代意义的装置：保存数据的寄存器(齿轮式装置)；从寄存器取出数据进行运算时，乘法以累次加法来实现的装置；控制操作顺序、选择所需处理的数据以及输出结果的装置。

　　1888 年，美国人赫尔曼·霍勒斯发明了制表机，它采用穿孔卡片进行数据处理，并用电气控制技术取代了纯机械装置。这是计算机器发展中的一次质变。以穿孔卡片记录数据，体现了现代软件的思想萌芽。制表机公司的成立，标志着计算机器作为一个产业初具雏形。

　　霍勒斯于 1896 年创立了制表机公司，1911 年该公司并入 CTR(计算制表记录)公司，这就是著名的 IBM 公司的前身。1924 年，托马斯·沃森一世把 CTR 更名为 IBM。

　　虽然上述这些机器有助于智力活动，但是并不能作为真正机器智能的载体，直到电子计算机的产生(将在 8.1.1 节进行介绍)，才使得人们可以从真正意义上模拟人类智能。下面简要回顾电子计算机的发展史。

　　电子二极管和三极管在 20 世纪的前几年相继问世。真空电子二极管的发明使人类打开了电子文明的大门，而电子三极管的发明及其放大原理的发现，标志着人类科技进入了一个新的时代——电子时代。

　　1938 年，德国科学家朱斯制造出 Z-1 计算机，这是第一台采用二进制的计算机。在接下来的四年中，朱斯先后研制出采用继电器的 Z-2、Z-3 和 Z-4 计算机。Z-3 计算机使用了 2600 个继电器，但它在 1944 年美军对柏林进行的空袭中被炸毁。

　　1943 年，英国科学家研制成功第一台"巨人"(Colossus)计算机，专门用于破译德军密码。"巨人"算不上真正的数字电子计算机，但在继电器计算机与现代电子计算机之间起到了桥梁作用。第一台"巨人"有 1500 个电子管，5 个处理器并行工作，每个处理器每秒处理 5000 个字母。二战期间共有 10 台"巨人"在英军服役，平均每小时破译 11 份德军情报。

　　1944 年，美国科学家艾肯在 IBM 的支持下，研制成功机电式计算机 MARK-1。MARK-1 外壳用钢和玻璃制成，长 15 m，高 2.4 m，自重 31.5 t，使用了 15 万个元件和 800 km 电线，每分钟进行 200 次运算。它取消了齿轮传动装置，以穿孔纸带传送指令，其研制灵感来自一个多世纪以前巴贝奇留下的思想精华。

　　虽然这些工具在当时的时代都极具创新性，然而历史已经证明这些工具对人类智能的提升是非常有限的，直到现代计算机的产生(将在 8.1.1 节进行介绍)。

利用计算机模拟人的智能的尝试始于二十世纪四五十年代数学家和计算机工程师的实验。1950 年，按照图灵的设想，如果一台机器能够与人类开展对话而不被辨别出机器身份，那么这台机器就具有智能，图灵还大胆预言了真正具备智能机器的可行性。

现如今，机器算力已经包括基础算力、智能算力、超算算力和终端算力等。

■ 基础算力：主要由基于 CPU 芯片的服务器提供，用于通用基础计算，如移动计算和物联网等，云计算、边缘计算也属于基础算力。

■ 智能算力：由基于 GPU、FPGA、ASIC 等 AI 芯片的加速计算平台提供，主要用于人工智能的训练和推理计算，如语音、图像和视频的处理。

■ 超算算力：由超级计算机等高性能计算集群提供，主要用于尖端科学领域的计算，如行星模拟、药物分子设计、基因分析等。

■ 终端算力：包括个人桌面、终端及边缘等非集约化、规模化算力。

随着数字化转型的加速和智能化时代的到来，人工智能算力的发展也得到了越来越多的重视和支持。算力是依附于设备的，所以一般谈论算力，都指的是具体的设备，如 CPU、GPU、TPU、DPU、NPU、BPU 等，以下是这些名词的全称。

CPU：Central Processing Unit，中央处理器。

GPU：Graphics Processing Unit，图像处理器。

TPU：Tensor Processing Unit，张量处理器。

DPU：Deep learning Processing Unit，深度学习处理器。

NPU：Neural network Processing Unit，神经网络处理器。

BPU：Brain Processing Unit，大脑处理器。

随着人工智能技术的快速发展，人工智能算力在各个领域的应用也越来越广泛，如自然语言处理、图像识别、智能推荐等。人工智能算力的提升可以加速人工智能应用的开发和部署，提高人工智能应用的性能和准确性。同时，人工智能算力的发展也可以促进人工智能技术的不断创新和进步，为未来的智能化社会提供更好的基础设施支持。

关于人工智能涉及的算力实现问题将在第 8 章进行介绍。

6.4.2 算法

1. 人类知识

人类对自然科学知识的不懈追求就是对算法改进的不断追求。

人类社会之所以发展出越来越高级的文明，离不开学习知识，而知识的传播流传越快，则社会发展也越快。笼统地讲，知识实际上可以视为算法。一般来说，知识的获取来自两种途径：一种是通过他人的经验而获得知识，也就是将他人的知识整理成册，然后供大家学习，这也是目前的主流学习方式；另一种是通过自己的探索而获得知识，这种学习方式目前只存在于高精尖领域的知识学习，当在已有的开放社会资源中找不到可以学习的知识时，只能自我探索获取。

算法对于问题的解决极为重要，也是区分智力水平的显著标志，举例如下。

【举例】　《曹冲称象》

曹冲生五六岁，智意所及，有若成人。时孙权曾致巨象，太祖欲知其斤重，访之群下，咸莫能出其理。冲曰："置象于船上，刻其水痕所至。称物以载之，则校可知矣。复称他物，则象重可知也。"太祖大悦，即施行焉。

原文并没有强调曹冲的大脑有多聪明、反应有多快，而是指出他提出了一种别人都没有想到的奇妙方法(算法)解决了问题，继而被公认为聪明。其实，具有现代数理知识的人就知道，曹冲使用的是微分的思想。

2. 算法特征

人工智能中的算法是对解题方案准确而完整的描述，是一系列清晰的解决问题指令。算法代表着用系统的方法描述解决问题的策略机制。也就是说，算法能够对一定规范的输入，在有限时间内获得所要求的输出。如果一个算法有缺陷或不适合某个问题，执行这个算法将不会解决这个问题。不同的算法可能以不同的时间、空间或效率代价来完成同样的任务。一个算法的优劣可以用空间复杂度与时间复杂度来衡量。

现代理论下的算法应该具有以下五个重要的特性：

(1) 有穷性(finiteness)：算法必须能在执行有限步骤之后终止。如果一个计算不符合有穷性，它将会永远运算下去，造成算力的浪费。

(2) 确切性(definiteness)：算法的每个步骤必须有确切的定义。

(3) 输入(input)：一个算法有 0 个或多个输入，以刻画运算对象的初始情况。所谓 0 个输入，是指算法本身定义了初始条件。

(4) 输出(output)：一个算法有一个或多个输出，以反映对输入数据加工后的结果。没有输出的算法是毫无意义的。

(5) 可行性(effectiveness)：算法中执行的任何运算步骤都可以被分解为基本可执行操作步骤，每个计算步骤都可以在有限时间内完成(也称为有效性)。

要明确的是，人工智能可以通过数学工具实现其算法，关于人工智能涉及的数学问题将在第 7 章进行介绍。

6.4.3　数据

1. 定义

数据是计算机能够处理的来自客观世界的经验信息，可以是数字、文本、图像、声音等形式。

2. 人类经验

智能得以成长的重要因素是数据，数据是一切智慧物体的学习资源，没有了数据，任何智慧体都很难学到知识。自从有历史记录以来，人类社会发展了数千年，在此期间，人类社会不断发展变化，从最早的原始社会到奴隶社会，再到封建社会、资本主义社会、社会主义社会，未来还会发展到共产主义社会，在这漫长的发展过程中，都少不了数据作为人类社会发展的动力。

在计算机产生之前，数据的记录通常是比较困难和不太受重视的，但这并不代表数据缺乏，其实很多数据都是以经验或记忆形式存在的。经验是什么呢？就是从实践数据中获取对客观规律的理解与认识(9.1.1 节还将进行深入讨论)。

📍【举例】 《卖油翁》

陈康肃公善射，当世无双，公亦以此自矜。尝射于家圃，有卖油翁释担而立，睨之久而不去。见其发矢十中八九，但微颔之。康肃问曰："汝亦知射乎？吾射不亦精乎？"翁曰："无他，但手熟尔。"康肃忿然曰："尔安敢轻吾射！"翁曰："以我酌油知之。"乃取一葫芦置于地，以钱覆其口，徐以杓酌油沥之，自钱孔入，而钱不湿。因曰："我亦无他，惟手熟尔。"康肃笑而遣之。

卖油翁反复地训练，在获取大量数据的同时，也使得肌肉记忆达到了极高的境界，这才是其非凡技艺的根本。

3. 数据工程

数据是智能算法的"饲料"，人工智能通过数据工程获取数据得以自持。

数据工程是信息系统的基础工程，其围绕数据的生命周期，规范数据从产生到应用的全过程。数据工程将数据的存储管理、数据挖掘以及数据的可视化进行结合，为信息系统的运行提供可靠的数据保障和服务，为信息系统之间的数据共享提供安全、高效的支撑环境，为信息系统实现互联、互通、互操作提供有力的数据支撑。

数据工程与人工智能之间有着密切的关系。数据工程通过减少数据科学家和分析师在数据处理和构建基础架构或数据库中的工作量来进行数据预处理，而人工智能则可以在这些预处理的数据中训练模型并产生有价值的见解。同时，人工智能本身也是一种大数据应用，特别是在进行机器学习训练时，使用的数据量越大、质量越好，人工智能系统的质量就越高。因此，数据工程与人工智能在技术创新的协同作用中，可以共同推动现代企业从数据中提取价值。

关于人工智能涉及的数据、数据工程、大数据问题，本书将在第 9 章进行详细介绍。

✒ 本章小结

智能的快速发展得益于计算机产生后形成的人工智能新范式。人工智能利用计算机去模拟人类智能，使得智能呈现出了从未有过的新形势，这种形势的发展也不是一蹴而就的，同时也需要很多必要条件的支持。本章从人类智能类比引出人工智能的概念，并回顾了人工智能的发展，最后指出了人工智能的三要素。本章内容的学习为后续章节的展开起到了重要的铺垫作用。

课后习题

1. 解释为什么算力具有如此高的重要性。
2. 简述计算机的产生过程。
3. 论述算力与智能的关系。
4. 算力有哪些类型？
5. 算力提升的困难和途径是什么？
6. 简述计算机系统的研究内容。
7. 简述计算机软件的研究内容。
8. 简述嵌入式系统与智能的关系。

第7章 算法数学基础

7.1 概　　述

随着研究的深入，数学已经成为智能科学中研究和模拟生物智能的基本工具。当前，这种由数学家主导，具备良好数学素养的心理学家、生物学家、信息科学家和工程师等积极参与，以数学为媒介实现多学科结合，发展智能理论与工程实践的方法已经成为智能科学今后发展的主要途径或常用范式。进一步而言，人工智能实际上是一个将数学、算法理论和工程实践紧密结合的领域，其内核的算法就是数理逻辑、微积分、概率论、统计学、线性代数、最优化理论等在智能领域中的具体实现，最终在各个领域将各种数学理论发挥和体现出来。

7.1.1 数学分类

数学是一个非常宽泛的科学范畴，在涉及具体问题时还需进行细分以便讨论。为了方便研究开展，学界一般将整个数学领域粗略地划分为基础数学、应用数学和数学史三部分。

1. 基础数学

基础数学又称为纯粹数学，其研究从客观世界中抽象出来的数学规律的内在联系，也可以说是研究数学本身的规律。基础数学包含代数学、几何学、分析学等主要领域。代数学是研究数、数量、关系、结构与代数方程的数学分支，可以形象地说成是解决"数"的问题。几何学是研究空间结构形状及性质的一门学科，也就是解决"形"的问题。分析学是一个较复杂的专业数学分支，涉及微积分、复分析、泛函分析等诸多内容。

2. 应用数学

应用数学是应用目的明确的数学理论和方法的总称，主要研究如何应用数学理论解决其他领域的问题，其概念与基础数学相对。应用数学包含计算数学、运筹学、统计学、控制论、信息论等诸多领域。为了方便理解，可以将应用数学拆分为两个词，即"应用"和"数学"。从而，应用数学就包括两个部分，一部分就是与应用有关的数学，这是传统数学的一支，我们可称之为"可应用的数学"；另外一部分是数学的应用，就是以数学为工具，探讨解决科学、工程学和社会学方面的问题，这超越了传统数学的范围。应用数学在 21 世纪主要应用于两个领域：一个是计算机，随着计算机的飞速发展，需要一大批懂数学的软件工程师做相应的数据库的开发；另一个是经济学，经济学有很多问题都需要用非常专业的数学知识进行分析。

3. 数学史

数学史是研究数学科学的起源、发展及其规律的科学。通俗地说，数学史就是研究数学的历史。数学史的研究内容包括追溯数学内容、思想和方法的产生、演变、发展过程，以及影响这些过程的各种因素。除此之外，数学史还研究数学科学的发展给人类文明所带来的重要影响。数学史属于交叉学科，其研究对象不仅包括具体的数学内容，同时还涉及哲学、历史学、宗教学、文化学等社会科学与人文科学内容。数学史涵盖了世界数学史、中国数学史等领域。

这里可以明确的是，与智能直接相关的是应用数学。

7.1.2 智能数学

数学一直被誉为科学的王冠，而逻辑又是这项王冠上最耀眼的那颗宝石。那么数学、逻辑与智能又有什么关系呢？可以用一句话回答，就是"逻辑与智能同源，智能与数学共生"。

1. 标准逻辑是计算机提出的基础

思维是各种客观事物变化规律在大脑这个智能部件中的映像，而逻辑又是思维的法则，更是数学的精髓。逻辑可以说是无处不在，当把人脑思维和客观规律的"语义内容"抽去后，留下来的共同遵循的"语法规则"就是逻辑。我们不仅可从数学的推理过程中抽象出逻辑规律，建立某种逻辑，也可以从很多方面获得逻辑。例如：从日常思维活动认识的发生、发展和完善的过程中，从市场的形成、发展和完善的过程中，从人工生命研究中，等等，去发现和总结出各种逻辑规律。

研究逻辑的是逻辑学，如果从研究对象上看，逻辑学又可分为形式逻辑和辨证逻辑两部分：形式逻辑研究具有内在同一性和外在确定性的概念、命题之间的必然联系；辨证逻辑研究具有内在矛盾性和外在不确定性的概念、命题之间的必然联系和演化。它们分别反映了两种不同"世界"的逻辑规律，即形式逻辑反映了封闭、全信息、确定性的"理想世界"的逻辑规律，其中排除了一切形式的不确定性、矛盾和演化；辩证逻辑反映了开放、非全信息、非确定性的"现实世界"的逻辑规律，其中需要不同程度地考虑某种形式的不确定性、矛盾或演化。如果从描述形式上看，逻辑学又有自然语言形态和数学形态两种：自然语言形态的逻辑叫传统逻辑；数学形态的逻辑叫数理逻辑。数理形式逻辑(即标准逻辑)是刚性逻辑，它只有一个类别，也是一个完整的理论体系；数理辨证逻辑(包括各种非标准逻辑)是柔性逻辑学，由于现实世界中的不确定性、矛盾和演化有无穷多种不同的表现形式，所以柔性逻辑有无穷多个不等价的形式。

千百年来，人们始终在不断提升逻辑学水平，同时也利用逻辑创造了很多新的理论和工具，对于计算机而言，它就是标准逻辑的产物。回顾人工智能学科的诞生经历了漫长的孕育过程，这段历史已经证明：思维机械化的前提条件是逻辑的数学化；形式逻辑的数学化产生了标准逻辑；在标准逻辑基础上建立了计算机、计算机科学和计算语言学，最后在它们的基础上诞生了人工智能。这一系列的历史事实让人们相信，标准逻辑是人工智能必不可少的理论基础，这足以说明智能与数学的密切关系。

因此，本章后续小节将结合智能涉及的数理逻辑、微积分、概率论与统计学、线性代数、最优化理论等进行介绍。

2. 数学与智能是同一数轴的两端极限

现在智能化已经走到了自然科学舞台的中央，而在智能信息处理中主要关注的就是那些具有各种亦此亦彼性特征的"非理性问题"，传统数学已经不能用一个普适性公理系统和标准逻辑描述和解决它们。而且随着人工智能系统的不断演化发展，新的事物及其变化规律不断地涌现出来，可见人类认知的方向不是走向"最终的确定性"，而是了解和掌握越来越多的不确定性，于是，怀疑数学对于智能的适用性的论调开始产生。

在人工智能诞生后的 20 年，是逻辑学派占主导地位的时期，主要是发现了标准逻辑推理和启发式搜索在智能模拟中的重要作用，并依靠这些发现，很快在定理证明、问题求解、博弈、LISP 语言和模式识别等关键领域取得重大突破。人工智能的先驱者认为，人工智能与传统计算机程序的本质差别就在于它不仅能计算，还能进行演绎推理。他们甚至预言，依靠标准逻辑中几个有待发现的推理定理和计算机的大容量及高速度，可以在不久的将来彻底解决各种智能模拟问题。然而，经过对消解原理和通用问题求解程序的深入研究后发现，这个预言根本无法实现，人工智能中的形式演绎推理和状态空间搜索，与传统的数值计算一样，也存在逻辑组合爆炸问题，且依然无法回避计算复杂性问题。尤其是 20 世纪 80 年代中期爆发的人工智能理论危机彻底暴露了标准逻辑的应用局限性，具体如下：

(1) 用标准逻辑描述的算法在执行时存在组合爆炸，会迅速吞噬掉计算机的时空资源；

(2) 各种经验知识推理、常识推理和机器学习过程都无法用标准逻辑描述和处理；

(3) 群体智能中各智能体(Agent)只有局部的知识和智能，它们之间存在矛盾和利益冲突，不满足标准逻辑的使用条件。

这一切似乎反映出智能与数学存在矛盾。就在人工智能理论的数学危机产生后，学科的发展出现了两个截然相反的方向。

一方面，主流方向尽可能避免对逻辑和知识的依赖，于是兴起了各种计算智能(包括连接主义、行为主义、神经网络计算、进化计算、蚁群算法、微粒群算法、免疫计算、生态计算等)，它们与近来出现的深度学习及大数据处理相结合，完全用各种结构、模型、过程来描述智能活动的全过程，都取得了巨大的成功。这些研究成果似乎可证明，不需要知识和逻辑的智能模拟也是大有可为的，这似乎从根本上动摇了逻辑在智能科学中的基础理论地位。然而，数学是科学的语言，数学基础知识背后蕴含着处理智能问题的基本思想与方法，也是理解复杂算法的必备要素，要理解一个算法的内在逻辑，没有数学是不行的。在运行上述计算智能算法时，常用的处理方法就只是调参或调包，不会用到数学，但是当发现该算法效果不好的时候，如果不知道算法背后的数学模型，就很难对该算法进行优化，这一点是人工智能编程和传统编程的不同之处，也印证了数学的重要性。

另一方面，仍然有一些学者坚信逻辑学和智能的同源性，他们认为理论危机仅仅证明了标准逻辑的"非此即彼性"约束太强，它无法满足智能活动中需要处理的大部分具有"亦此亦彼性"的现实问题的需要，因此，放宽对标准逻辑的某些约束条件以便适应描述某些不确定性推理的需要，成为信息时代逻辑学发展的正确方向。为了适应计算机科学、计算语言学和人工智能发展的迫切需要，非标准逻辑研究已经取得了丰硕的成果，包括泛逻辑理论、超协调逻辑的证明表明，可处理各种不确定性推理的辩证逻辑不仅是存在的，甚至连辩证逻辑也是可以数学化的。在此理论的支撑下，全新的数学与智能的关系被建立起来，具体如图 7-1 所示。

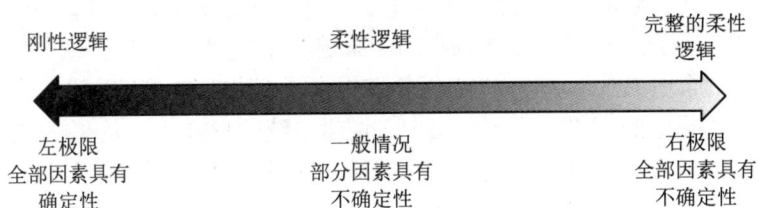

图 7-1　数学与智能关系图

图 7-1 表明数学与智能是同一数轴的两端极限。智能信息处理要面对现实世界中可能存在的各种确定性和不确定性，其右极限是：现实中可能存在的所有不确定性全部包含在待解决的问题中，只有最完整的柔性逻辑才能描述和求解。而传统数学中的形式演绎是智能信息处理的左极限：它通过抽象或忽略，可把现实中所有的不确定性全部理想化为确定性，允许用刚性逻辑描述和求解。而一般智能信息处理介于两个极限之间，其中部分因素是确定的，部分因素又是不确定的，从而解决智能的确定与不确定兼有的数学理论恰恰成为现代数学面临的新任务。

截至目前，数学与智能的密切关系已经深入人心了。作为智能科学最成功的成果，人工智能在人脸识别、语音识别、网页搜索、购物推荐、自动化交易等方面取得了突破性进展，掀起新一轮的人工智能浪潮。这些应用的背后是一大批新的智能算法，如统计学习理论、支持向量机、概率图模型、深度神经网络等，这些算法都建立在数学模型的基础上对数据进行训练，都离不开数学工具的支撑。

本章后续小节将择其重点对数学算法工具进行简要介绍。

7.2　数理逻辑

7.2.1　数理逻辑的概念

1. 定义

数理逻辑是一门研究符号语言和推理的科学，其主要分支包括模型论、证明论、递归论和公理化集合论。其中，两个最基本的也是最重要的组成部分，就是"命题演算"和"谓词演算"。命题演算是研究关于命题如何通过一些逻辑连接词构成更复杂的命题以及逻辑推理的方法。这里命题是指具有具体意义又能判断它是真还是假的句子。谓词演算是数理逻辑最基本的形式系统，其又被称为一阶逻辑。一个可以回答真假的命题，不仅可以分析简单命题，还可以分析其中的个体、量词和谓词。个体表示某一个物体或元素，量词表示数量，谓词表示个体的一种属性。

"数理逻辑"的名称是由皮亚诺首先给出的，又称为符号逻辑。数理逻辑在本质上依然是亚里士多德的逻辑学，但从记号学的观点来讲，它是用抽象代数来记述的。某些哲学倾向浓厚的数学家对用符号或代数方法来处理形式逻辑作过一些尝试。比如，莱布尼茨和朗伯(Johann Heinrich Lambert)，但他们的工作鲜为人知，后继无人。直到 19 世纪中叶，乔治·布尔和其后的奥古斯都·德·摩根才提出了一种处理逻辑问题的系统性的数学方法(当然不是定量性的)。至此，亚里士多德以来的传统逻辑才得到改革和完成，由此也得到了研究数学基本概念的合适工具。这种"新"逻辑在很大程度上澄清了有关数学的哲学问题。在整个 20 世纪里，逻辑中的大量工作已经集中于逻辑系统的形式化以及在研究逻辑系统的完全性和协调性的问题上。本身这种逻辑系统的形式化研究就是采用数学逻辑的方法。

数理逻辑有力地支持了符号主义学派观点。

2. 求解问题举例

在智能科学中，有很多逻辑问题需要有工具对其进行表示和计算，举例如下。

📍【举例】 逻辑表示

可以用形式化的符号表示一个逻辑，如"苏格拉底是人"：(Man(Socrates))，"人都会死"：$((\forall x)(man(x) \rightarrow mortal))$。

基于逻辑表示以及规则的逻辑问题就可以进行推理。

📍【举例】 推理

昆虫有六条腿，请推理出：蝈蝈是昆虫 → 蝈蝈有六条腿。

其他举例略。

通过符号表示和推理技术的运用，上述问题已经可以利用计算机来实现计算，可以说数理逻辑使得逻辑可以通过计算实现，这好比教会了计算机去"思考"。

7.2.2 数理逻辑的应用

现代逻辑学常常被称为分析方法学，它在 20 世纪获得了充分肯定和发展。许多分析哲学家都认为：哲学就是应用逻辑和逻辑分析，哲学就是语言分析。甚至维特根斯坦曾讲："全部哲学就是语言批判。"美国哲学家普特南(H. Putnam)曾说："不懂得微积分的人不可能精通物理学，同理，不懂得数理逻辑的人不可能理解分析哲学。"这些论点充分肯定了数理逻辑与数学、计算机科学的密切关系，同时也对逻辑学、哲学等自然科学和人文科学产生了现实的意义，并催生了很多现实应用。

1. 命题逻辑

命题逻辑是数理逻辑中的一种基本形式，它用来研究命题之间的逻辑关系(4.4.2 节进行了举例)。例如，命题"今天下雨了"可以表示为 P，命题"明天会晴天"可以表示为 Q。可以使用逻辑联结词(如"与∧""或∨""非¬")来描述这些命题之间的关系。例如，"今天下雨了并且明天会晴天"可以表示为 P∧Q。

2. 谓词逻辑

谓词逻辑是一种扩展的命题逻辑，它允许使用变量和谓词来描述命题。可以定义一个谓词"是素数"，然后使用变量 x 表示一个整数，这样我们就可以描述一个命题"x 是素数"。

我们还可以使用量词(如"存在""任意")来描述这些命题的数量和特征。例如,"存在一个素数 x,使得 x 大于 10"可以表示为 x(P(x)∧x>10)。

3. 命题演算

命题演算是一种用于计算逻辑表达式的数学方法。可以使用真值表来计算一个命题逻辑表达式的真值,或者使用命题演算的规则来简化一个逻辑表达式。例如,我们可以使用命题演算的规则将一个复杂的逻辑表达式简化为等价的形式,或者使用它来证明一个定理的正确性。

4. 证明论

证明论是数理逻辑中研究证明方法和证明结构的学科,可以使用数学归纳法来证明一个命题的正确性,或者使用逆证法来证明一个逆命题的正确性。证明论还研究证明的可靠性和有效性,以及如何避免常见的证明错误。

5. 模型论

模型论是一种用于研究逻辑语言及其语义结构的方法,其可以使用模型来解释一个逻辑理论的含义,或者使用模型来验证一个逻辑理论的正确性。模型论还研究逻辑语言和自然语言之间的关系,以及如何将自然语言翻译成逻辑语言。

基于上述数理逻辑应用,人们通过把已知知识进行形式化描述,然后让机器在其上进行推理,就可以构成专家系统了。

【举例】　医疗专家系统

专家系统在医疗领域的应用非常广泛(示例如图 7-2 所示)。医疗专家系统可以辅助医生进行诊断和治疗决策,特别是在疾病的早期诊断和治疗方案的制定方面。由于医学知识非常庞杂,且不断更新,专家系统可以帮助医生及时获取最新的医学知识和研究成果,提高医疗质量和效率。此外,专家系统还可以用于药物研发和生产控制等方面,帮助制药公司提高药物研发的效率和质量,并确保药品符合相关的法规和标准。

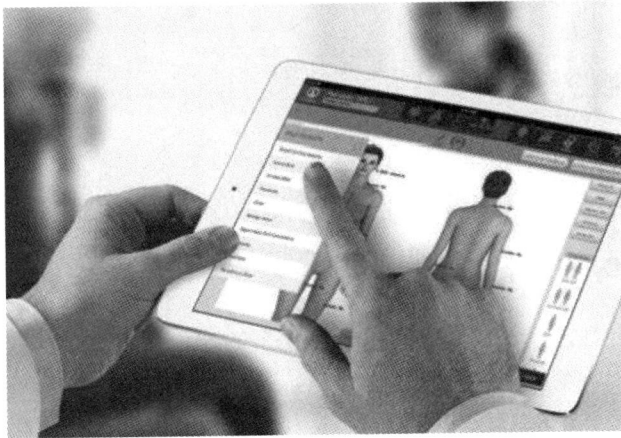

图 7-2　医疗专家系统示例

可见,数理逻辑可以帮助我们理解和分析许多不同领域的问题,包括数学、计算机科学、哲学、语言学等。

7.2.3 相关课程

数理逻辑相关专业课程如下。

1. 数理逻辑

该课程基本内容包括集合论、布尔逻辑、论证理论、递归理论及相关应用。其中，集合论是数理逻辑中最基本的知识，它涉及研究逻辑思维应该如何处理围绕一组对象的概念；布尔逻辑是一种使用具体逻辑公式来描述逻辑命题的方法，它可以帮助人们更好地理解信息和进行推理；论证理论涉及研究逻辑证明的不同方法，并使用它们来构建逻辑证明并思考不同的概念；递归理论涉及使用递归函数来表示数学变量的概念，并分析和推导它们之间的关系。

2. 逻辑学概论

该课程的基本内容包括命题逻辑、谓词逻辑、归纳逻辑、批判性思维、论证技巧等的基础概念和基本知识，以及对具体逻辑问题进行分析和推理的实践训练。除了以上内容外，一些逻辑学课程还会介绍其他逻辑分支，如拓扑学、模糊逻辑等。此外，该课程还会涉及应用逻辑学的内容，如人工智能、自然语言处理等领域中的逻辑应用等。

3. 离散数学

该课程是计算机科学的基础内容，可以为计算机系统提供其处理对象的状态及其变换的有效描述。计算机科学相关的许多领域都要用到离散结构中的概念，包括逻辑学、集合论和代数系统、图论等重要内容。逻辑学的内容是人工智能课程的重要基础，数据结构和算法分析与设计中含有大量离散结构的内容；集合论和代数系统的概念用于软件工程和数据库中；图论中的概念用于计算机网络、操作系统和编译系统等领域。

此外，在人工智能、知识表示与专家系统等课程中也对数理逻辑相关知识有所涉及。

7.3 微 积 分

7.3.1 微积分的概念

1. 微积分的定义

微积分(Calculus)是高等数学中研究函数的微分(Differentiation)、积分(Integration)以及有关概念和应用的数学分支。它是数学的一个基础学科，其主要内容包括极限、微分学、积分学及其应用。

微分学包括求导数的运算，是一套关于变化率的理论。它使得函数、速度、加速度和曲线的斜率等均可用一套通用的符号进行讨论。

积分学包括求积分的运算，起初它为定义和计算面积、体积等提供一套通用的方法。

微积分的产生分为三个阶段，即极限概念的提出、求积的无限小方法提出，以及积分与微分的互逆关系的提出和建立。其中前两阶段的工作中，欧洲的大批数学家(可一直追溯到古希腊的阿基米德)都做出了各自的贡献，最后一步是由牛顿、莱布尼茨完成的。

2. 求解问题举例

有了微积分，人类就能把握运动的过程，更进一步地，微积分逐渐成为人们描述世界、寻求问题答案的有力工具。微积分促进了工业大革命，带来了大工业生产，许多现代化交通工具的产生都与微积分相关，微积分知识在人工智能算法中的应用也是随处可见。

【举例 1】　最优解

在最优化问题中，某一优化问题的最优解在图 7-3 所示曲面中的最高点(假设该点代表最佳的生产效率)上，求出该点的坐标位置，即可获得答案。

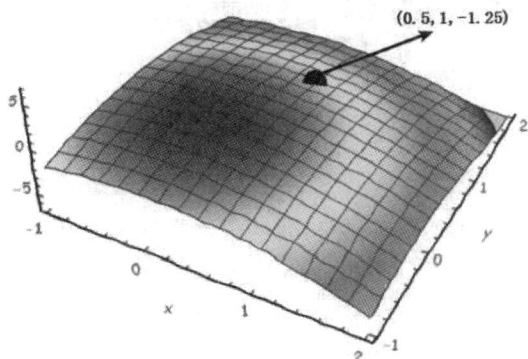

图 7-3　曲面极值点

【举例 2】　图像分析

在图像处理中，一幅黑白图像的信息主要集中在边缘，为了进行机器识别，经微分运算后可以将图形的边缘轮廓突出出来(如图 7-4 所示)，方便后续分析。

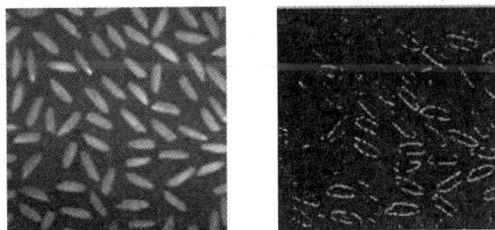

| (a) 原图 | (b) 求微分后的结果 |

图 7-4　图像的微分运算获得边缘

7.3.2　微积分智能应用

微积分学的创立，极大地推动了数学的发展，过去很多初等数学束手无策的问题，通过运用微积分，往往就迎刃而解了，这凸显出微积分学的非凡威力，几乎影响了现代生活的所有领域。

1. 求极值

导数是变化率的极限，是用来找到"线性近似"的数学工具，它是一种线性变换，体现了无穷、极限、分割的数学思想，主要用来解决极值问题。人工智能算法的最终目标是得到最优化模型，其最后大都可转化为求极大值或极小值的问题。

2. 求解代价函数

梯度下降法和牛顿法是人工智能的基础算法，现在主流的求解代价函数最优解的方法都是基于这两种算法改造的，如随机梯度法和拟牛顿法，其底层运算就是基础的导数运算。从将来专业学习的深度神经网络来看，链式法则反向求导求代价函数的计算，是让机器具有学习能力的关键。

3. 函数逼近

有一种学术观点认为，世界皆函数，并理想化地认为函数可以描述世界上一切复杂的过程。虽然这种观点有待商榷，但是从另外一个角度强调了函数研究的重要性。有时函数过于复杂，则需要用级数法逼近。

级数也是微积分中非常重要的概念，常见的级数有泰勒级数、傅里叶级数等，它们在人工智能算法中也有非常重要的地位。其中，泰勒级数体现了用多项式近似和逼近函数的思想。泰勒级数在人工智能算法的底层起到了非常重要的作用，对理解很多基础算法的原理很有帮助。例如：梯度下降法的数学原理涉及代价函数的一阶泰勒近似(在后续课程"深度学习基础"中将有进一步深入学习)；而牛顿法的推导过程应用了目标函数的二阶泰勒近似(在后续课程"最优化理论"中将有进一步深入学习；其与泰勒级数类似，傅里叶级数只是用来逼近和近似函数的基本元素从多项式变成了三角函数(在后续课程"语音识别与生成"中将有进一步深入学习)。它可以反映函数的频率特性，每阶的三角函数系数可以看成该阶频率的成分量。

4. 模式识别

由微积分所支撑起来的傅立叶级数和傅立叶变换是紧密联系的，它们在人工智能、模式识别中起到了很重要的作用，尤其是在计算机视觉方面，在处理图像、视频时，经常要分析其频率特性，如进行平滑滤波、锐化滤波、边缘特征提取和谱分析等，这些都会涉及傅立叶级数和傅立叶变换，从频域角度识别模式。

5. 凸优化

凸优化是一个优化的子领域，研究了凸函数在凸集上的最小化问题。鉴于凸优化具有局部最优值必定是全局最优值的优良特性，很多非凸问题都可以等价转化为凸优化问题或者近似为凸优化问题来求解。关于凸集和凸函数可以进行如下简单直观的解释。

在欧氏空间中，对于集合内的每一对点，若连接该一对点的直线段上的每个点也在该集合内，则称该集合为凸集。按照上述定义，图7-5中椭圆形就是凸集，而月牙形则不是。

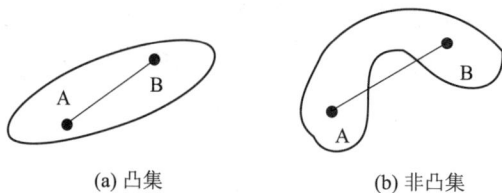

(a) 凸集   (b) 非凸集

图 7-5   凸集与非凸集

凸函数是一个定义在某个向量空间的凸子集 C 上的实值函数 f，而且对于凸子集 C 中任意两个向量 x_1、x_2，又满足条件：$f((x_1 + x_2)/2) \leqslant (f(x_1) + f(x_2))/2$。常见的凸函数有指数函数、非负对数函数、仿射函数、二次函数、常见的范数函数、凸函数非负加权的和等。

凸函数与非凸函数示例如图 7-6 所示。

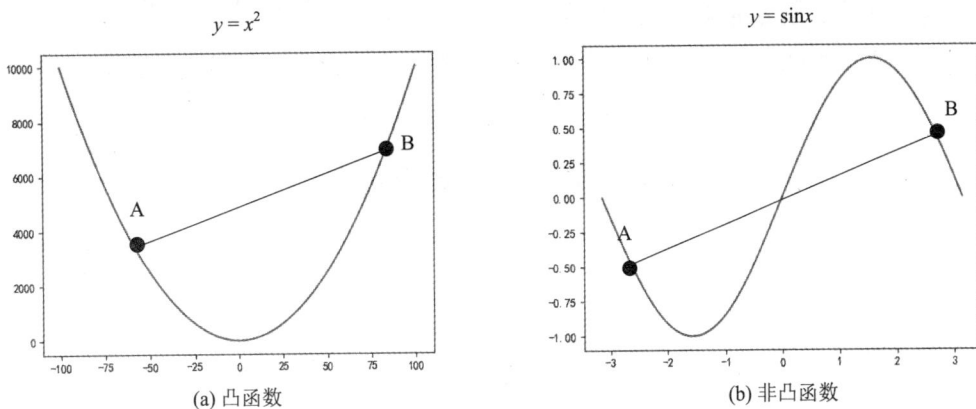

图 7-6　凸函数与非凸函数

利用上述凸函数的性质，凸优化的求解是通过找到一个点列使得目标函数值持续减少，直到触发停止条件或达到一个最小值(临界)即可，比如：使下降中的变化梯度与步向(搜索方向)相反(如内积为负)等就可以实现了。常见的凸优化方法有线性规划(Linear Programming，LP)、二次规划(Quadratic Programing，QP)、二次约束的二次规划(Quadratically Contrained Quaratic Programing，QCQP)、半正定规划(Semidefinite Programing，SDP)等，这些函数的优化将在后续的专业课程中陆续学习。

6. 微分方程和动态系统建模

许多人工智能任务中都需要对动态系统进行建模和预测，如时间序列分析、控制系统、强化学习等。微积分提供了对微分方程进行建模和求解的工具，用于描述和预测系统的变化和行为。

可以说，微积分与大部分科学分支关系密切，包括医药、护理、工业工程、商业管理、精算、计算机、统计、人口统计等，特别是物理学。几乎所有现代科学技术，如机械、土木、建筑、航空及航海等都以微积分学作为基本数学工具。微积分使得数学可以在变量和常量之间互相转化，让我们可以已知一种方式推导出另一种方式。

上述这些应用还可以进行组合使用。

7.3.3　相关课程

微积分相关专业课程如下。

1. 高等数学

该课程的主要内容包括极限、微积分、空间解析几何与向量代数、级数、常微分方程等。通过学习高等数学，学生能够理解数学的基本概念和原理，掌握数学分析和计算的方法，提高他们的数学素养和解决问题的能力。

2. 数学分析

该课程主要包括实数、极限、微积分、级数理论等内容。学习这些内容可以帮助学生理解数学分析的基本概念和方法，掌握数学分析和计算的方法，提高他们的数学素养和解决问题的能力。数学分析课程也是很多其他数学课程和科学课程的基础，如微分方程、概率论、实变函数、泛函分析等。

此外，人工智能、深度学习基础等课程中也会对微积分相关知识有所涉及。

7.4   概率论与统计学

7.4.1   概率论与统计学的概念

1. 概率论的定义

概率论是研究随机现象数量规律的数学分支，是一门研究事情发生的可能性的学问。通常用随机变量代表一个随机事件，而用随机变量的取值代表随机事件的结果。因此，概率论主要研究随机变量的概率、分布函数、数值特征、特征函数等主要内容。概率论主要解决关于随机事件发生的可能性及其结果的数学特性等方面的问题。

如图 7-7 中，上面骰子出现的情况或是从下面袋子中抽出黑球或白球的可能性，都是概率问题。

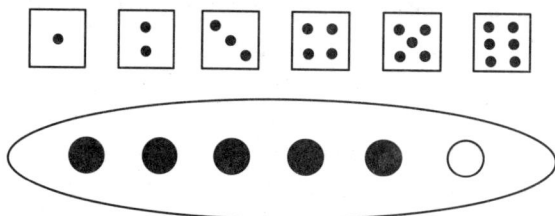

图 7-7   概率问题举例

2. 统计学的定义

统计学是指通过搜集数据、整理数据、描述数据、分析数据等手段以达到推断所研究对象的本质，或者预测对象未来趋势的一门综合性学科。统计学要解决的是如何从已有的数据中发掘其统计规律。即，当面对一大堆数据时，如何对数据进行处理，从而挖掘出其蕴藏的价值，它主要包括数据预处理、数据建模、模型检验、模型应用等步骤。与概率论相比，概率论偏理论，而统计学则偏应用。

进一步地，统计学领域的研究人员大致可以分为频率派和贝叶斯派两个派别。对于概率定义的不同理解是频率派和贝叶斯派的根本区别。频率派认为概率是客观概率，可以用事件结果出现的频率来计算。贝叶斯派所理解的概率则是主观概率，它描述的是人们相信一个事件结果出现的可能性，随着观测到的数据的不断增加，人们不断修正自己心中所认为的这个可能性的大小。频率派认为统计模型的参数是唯一的(即当模型使得评价指标取得最优值时，该参数对应的值)。贝叶斯派则认为，模型中的参数值是不唯一的，参数的值也可以用统计分布来描述。频率派一般先求似然函数，然后求似然函数的最大值来获得模型的参数值，即使用极大似然估计方法求模型参数。贝叶斯派一般先求后验概率，然后求后验概率的最大值来获得模型的参数值，即使用最大后验概率估计方法求模型参数。在计算机和数据抽样方法没有发明之前，后验概率的求解非常困难。这导致贝叶斯派的理论无法拓展到应用层面，而只能够停留在理论层面。从而，在统计学发展的早期，频率派占有较大优势。后来，由于计算机的发明以及蒙特卡罗和吉布斯采样等数据抽样方法的出现，使得贝叶斯派方法的应用成为可能。相比于频率派的统计建模过程，由于贝叶斯派的统计建模方法利用较少的数据就能够获得较为精确的模型参数估计结果，其在现代统计应用中占有更大的优势。

通俗地说，概率论可视为统计学的重要理论支撑，而统计学则是概率论的具体应用，二者密不可分，对于智能算法均具有至关重要的作用。

3. 求解问题举例

在智能领域，概率论主要解决如何推理，据此设计一些算法来计算或者估算由概率论导出的表达式；其次，它还可以用概率和统计从理论上分析系统的行为。

【举例 1】　生日礼物

每个人都有生日，偶尔会遇到与自己同一天过生日的人，但在生活中这种缘分似乎并不常有。假设有一个 50 人的旅游团，某一天导游为当天过生日的团友准备生日礼物，准备多少个合适呢？也就是求解在 50 个人当中出现同天生日这种缘分的概率有多大？

【举例 2】　预测地震

贝叶斯统计可以根据地震史和历史记录来估计地震发生的可能性，从而帮助地震预报者做出更准确的预测。贝叶斯统计可以利用地震史上发生过的地震的时间、地点和烈度等信息，来推断未来地震发生的可能性。贝叶斯统计还可以根据历史记录来估计地震发生的可能性，从而更好地预测地震的发生时间、地点和烈度。

7.4.2　概率论与统计学智能应用

概率论是人工智能的基础知识之一。人工智能需要建立模型来描述和处理不确定性的信息，而概率论提供了一种数学框架来处理不确定性问题。通过概率论，人工智能可以将不确定性转化为概率分布，从而对不同情况进行量化和分析。例如：在机器学习中，概率论被广泛应用于概率图模型、贝叶斯网络等算法中，用于建模和推理。

人工智能和统计学是密不可分的，两者存在千丝万缕的联系。统计学为人工智能提供了重要的数学基础和方法论，为人工智能算法的设计、优化和评估提供了理论支撑和实践指导。同时，人工智能技术的发展也推动了统计学的创新和进步，促进了统计学与其他学科的交叉融合。统计学作为一门应用广泛的数学学科，有着丰富的概率论、统计推断、回归分析等数学理论和方法。这些方法被广泛应用于人工智能技术中，例如机器学习、数据挖掘、自然语言处理等领域。通过应用统计学方法，可以使人工智能算法更加准确、高效和可靠，提高人工智能系统的性能和鲁棒性。

概率论和统计学为我们提供了理解和处理数据的工具和框架。许多机器学习算法(如贝叶斯分类器、随机森林、马尔科夫模型等)都有着深厚的概率论基础。同时，统计指标(如精度、召回率、ROC 曲线等)被用来评估模型的性能，并作为优化的目标。除此之外，还有以下具体用途：

1. 概率建模和推断

概率论为人工智能提供了建模和推断的框架。通过概率模型，可以对不确定性进行建模，并利用贝叶斯推断等技术进行推理和预测。例如，在机器学习中，贝叶斯网络和隐马尔可夫模型等概率模型被广泛应用于分类、聚类和序列建模等任务。

2. 参数估计和假设检验

在人工智能任务中，通常需要对模型的参数进行估计和验证。数理统计提供了一系列参数估计方法和假设检验技术，用于从数据中推断模型参数的最佳估计，并对模型的显著性和效果进行统计检验。

3. 特征选择和降维

在人工智能任务中，特征选择和降维是提高模型效果和减少计算开销的重要步骤。概率论和统计方法可以用于评估特征的重要性和相关性，并选择最具信息量的特征子集。降维技术如主成分分析(PCA)和因子分析等也是概率论与统计的重要应用。

4. 异常检测和异常值处理

在人工智能任务中，异常检测是识别和处理异常值或离群点的过程。概率论和统计方法提供了异常检测的理论基础和技术工具，如基于概率分布的异常检测、离群点分析等。

5. 统计推断和决策

统计推断是基于样本数据进行总体参数估计和决策的过程。在人工智能中，统计推断可用于判断模型之间的差异是否显著、做出分类决策的置信度估计等。例如，在自然语言处理中，语言模型与机器翻译的实现等。

其他应用介绍略。

7.4.3　相关课程

概率论与统计学相关专业课程如下。

1. 概率论与数理统计

该课程的主要内容包括随机事件与概率、随机变量及其分布、多维随机变量及其分布、随机变量的数字特征、大数定理和中心极限定理、数理统计的基本概念、参数估计、假设检验等。通过学习该课程，学生能够掌握概率论与数理统计的基本概念、基本理论和方法。

2. 统计分析

该课程是一门应用广泛的学科，它使用数学和统计的方法来分析和解释数据，从而认识数据的内在规律。该课程的主要内容包括描述性统计、推论性统计、回归分析、方差分析、时间序列分析等基本统计方法，可帮助学生掌握数据的收集、整理、分析和解释等技能。同时，学生还将学会如何运用各种统计软件进行数据处理和分析，如 Excel、SPSS 等。

7.5　线性代数

7.5.1　线性代数的概念

1. 定义

线性代数是数学的一个分支，它起源于对二维和三维直角坐标系的研究，其研究对象是向量、向量空间(或称线性空间)、线性变换和有限维的线性方程组等。线性代数广泛应用于抽象代数和泛函分析中。通过解析几何，线性代数得以被具体表示。

线性代数的一个重要分支矩阵论在智能领域中也有广泛应用。矩阵论的内涵包括矩阵的性质、矩阵的运算、矩阵的特征值与特征向量、矩阵的分解以及矩阵的应用等方面。矩阵论中最基本的问题是线性方程组的求解，而线性方程组的系数矩阵及其性质是矩阵论的核心内容之一。矩阵的运算包括加法、乘法、转置、逆等。通过求解特征值和特征向量，可以得到矩阵的重要性质，如矩阵的对角化等。常见的矩阵分解有 LU 分解、QR 分解、奇异值分解等，这些分解在数学、工程等领域都有着广泛的应用。

线性代数与矩阵论是密切相关的学科，它们在许多方面都有共同的研究对象和理论。二者区别在于，矩阵论主要关注矩阵的代数性质和运算，更注重矩阵的性质和应用，而线性代数主要研究向量空间和线性变换。矩阵论中的许多概念和理论，如矩阵的秩、逆矩阵、特征值等，都是线性代数中非常重要的概念。因此，在学习线性代数和矩阵论时，需要相互借鉴和引用，才能更好地理解和掌握这些学科的知识。

2. 求解问题举例

线性代数与矩阵结合，可以解决有限维向量空间及其线性变换的相关问题。

📍【举例 1】　求解方程

快速求解下面线性方程组，如图 7-8 所示。

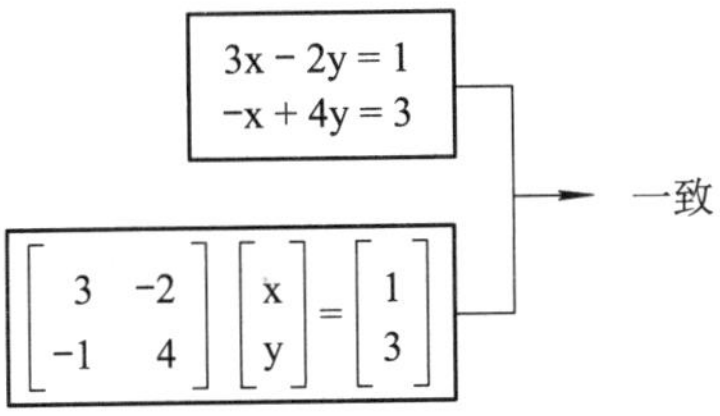

$$\begin{cases} 3x - 2y = 1 \\ -x + 4y = 3 \end{cases}$$

——一致

$$\begin{bmatrix} 3 & -2 \\ -1 & 4 \end{bmatrix} \begin{bmatrix} x \\ y \end{bmatrix} = \begin{bmatrix} 1 \\ 3 \end{bmatrix}$$

图 7-8　矩阵表示线性方程组

📍【举例 2】　健康区分

找到一根直线(如图 7-9 所示)，通过线性代数的旋转、投影计算，对下面描述两类人群的两簇点进行区分，使之具有最好的区分度，从而给出健康建议。

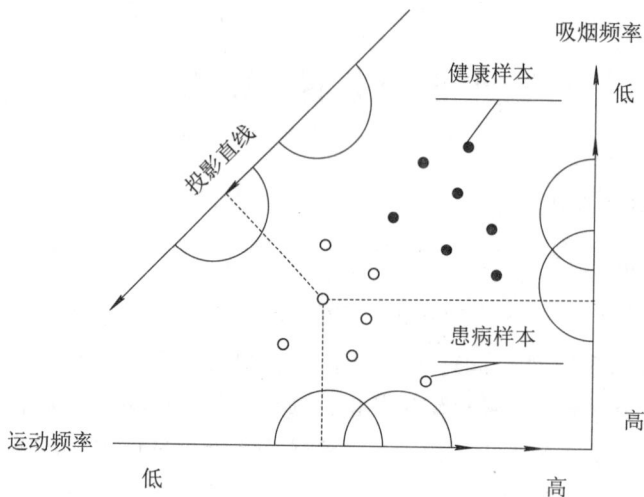

图 7-9 分类问题的不同投影效果比较

📍【举例 3】 特征人脸

在图 7-10(a)所示的图库中，若要找出能够对图库中的任意人脸(可以用矩阵表示)进行区分的最少表示特征(这样可以提高检测效率，减少存储空间)，即特征人脸，就可以通过矩阵变换和特征选取来实现(图 7-10(b))。

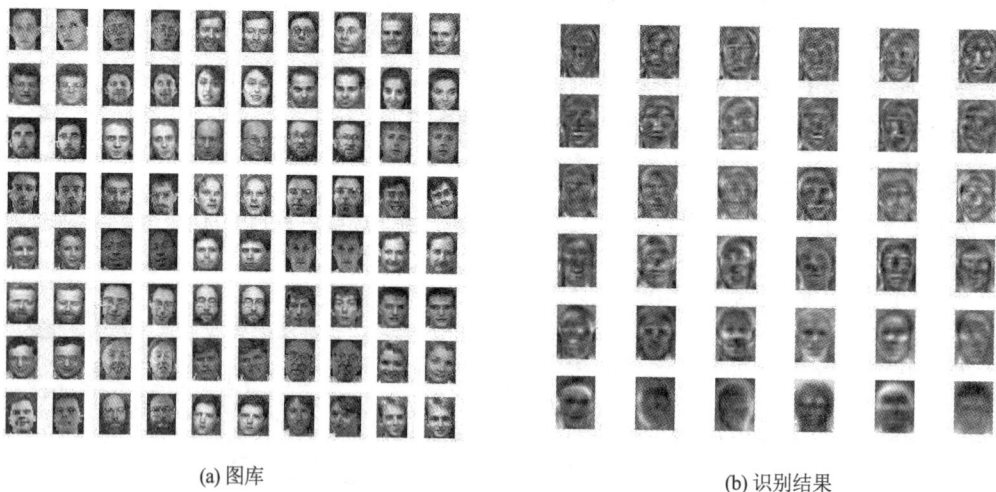

(a) 图库

(b) 识别结果

图 7-10 特征人脸识别

7.5.2 线性代数智能应用

线性代数是人工智能的数学基础之一，它涉及向量、矩阵、线性变换等概念。在机器学习和深度学习中，线性代数被广泛应用于数据处理、特征提取和模型训练等方面。在机器学习和深度学习中，我们通常需要处理大量的数据，这些数据可以表示为向量、矩阵或更高维度的张量。例如，文本数据可以通过词袋模型或词嵌入等方式向量化。图像数据可以被视为二维(灰度图)或三维(彩色图)的矩阵。

除此之外，线性代数还有以下用途。

1. 特征提取和降维

在人工智能任务中，特征提取是从原始数据中提取有意义的特征的过程。线性代数提供了诸如特征向量、特征值等工具，可以用于降维和选择最具代表性的特征。例如，在图像识别中，可以使用主成分分析(PCA)等线性代数技术来降低图像特征的维度。

2. 矩阵计算和线性回归

线性代数中的矩阵运算和线性回归在许多人工智能任务中起着关键作用。例如，在机器学习中，线性回归模型使用最小二乘法来拟合数据，通过计算矩阵的伪逆(或正规方程)来找到最优解。矩阵计算还可用于解决一系列优化问题，如最小二乘、最大似然估计等。

3. 神经网络和深度学习

神经网络是人工智能中常用的模型之一，而深度学习则是基于神经网络的一种方法。在神经网络中，线性代数的概念被广泛应用。神经网络的层与层之间的连接权重可以表示为矩阵，前向传播和反向传播过程中使用了矩阵乘法和逐元素操作。通过使用线性代数工具和技术，可以有效地训练和优化神经网络模型。

后续 7.6 节介绍的最优化问题也有一些线性代数的应用。

7.5.3 相关课程

线性代数相关专业课程如下。

1. 线性代数

该课程主要内容包括行列式、矩阵及其运算，线性方程组，向量组的线性相关性，相似矩阵与二次型，线性空间与线性变换等。此外，还有一些更深入的内容，如线性算子的行列式、谱论初步、有限维线性空间上的线性算子等。这些内容可以帮助学生理解线性代数在科学、工程和数学中的应用。

2. 矩阵论

该课程主要内容包括矩阵的基本概念和性质，如矩阵的秩、逆矩阵、特征值和特征向量等；矩阵的分解和相似变换，如三角分解、谱分解、正交分解等，以及矩阵的相似变换和合同变换；矩阵的数值计算方法，如高斯消元法、迭代法、追赶法等；矩阵的应用，如在物理学、工程学、经济学等领域中的应用。通过学习矩阵论课程，学生可以更好地理解矩阵的性质和运算规则，掌握矩阵的分解和相似变换等高级技巧，以及了解矩阵在各个领域中的应用。同时，该课程还可以培养学生的逻辑思维和数学素养，提高他们分析和解决问题的能力。

最优化理论、计算机图像处理、信息安全技术等课程也会涉及线性代数相关知识。

7.6 最优化理论

7.6.1 最优化理论的概念

1. 定义

最优化理论是关于系统的最优设计、最优控制、最优管理问题的理论与方法。

最优化，就是在一定的约束条件下使系统具有所期待的最优功能的组织过程，从众多可能的选择中做出最优选择，使系统的目标函数在约束条件下达到最大或最小。

最优化方法有几个基本因素，包括系统目标、实现目标的可能方案、实行各方案的支付代价，建立系统模型，制定系统评价标准等。

其实在古代，人们就已经开始思考最优化问题了，回顾历史，一路走来充满艰辛，但也硕果累累。

希腊数学家首先解决了一些与几何研究有关的优化问题。公元前 300 年，欧几里得(Euclid)考虑了点与直线之间的最短距离，并证明了在给定的总边长下，正方形在矩形中面积最大。

17 和 18 世纪，人们研究的虽然仅是一些单独的优化问题，但是随着微积分的发明，其研究成果逐步丰富起来。

1615 年，开普勒(Kepler)提出了酒桶的最佳尺寸，并提出了"秘书问题"的早期版本(动态规划的经典应用)。

1636 年，费马(Fermat)发现在极值点处，函数导数为零。

1638 年，伽利略(Galilei)试图弄清楚吊链的形状，但他失败了。

1657 年，费马提出光的传播遵循最小时间原理。

17 世纪 60—70 年代，牛顿(Newton)和莱布尼茨(Leibniz)分别独立创立了微积分，后来成为变分法(Calculus of Variations，CoV)的基础。

1687 年，牛顿研究了物体的最小阻力问题。

1696 年，约翰(Johann)和雅各布·伯努利(Jacob Bernoulli)研究了最速降线问题，由此正式引出了一门新学科——变分法。

1740 年，欧拉(Euler)出版了研究变分法一般理论的著作。

1746 年，莫佩尔蒂(Maupertuis)提出了最小作用量原理来解释物理现象。

1754 年，拉格朗日(Lagrange)在 19 岁时提出了他在变分法上的第一个发现。

1760 年，拉格朗日提出了极小曲面问题。1936 年，道格拉斯(Douglas)因解决该问题而获得首届菲尔兹奖；1974 年，庞贝里(Bombieri)因在这一课题上的工作而再次获得菲尔兹奖。

1784 年，蒙日(Monge)研究了一个组合优化问题，即最优传输问题。

1788 年，拉格朗日正式发表拉格朗日乘子法，用于求解带约束条件的优化问题。

19 世纪，维尔斯特拉斯(Weierstrass)、斯坦纳(Steiner)、汉密尔顿(Hamilton)和雅可比(Jacobi)进一步发展了变分法，数学家们提出了第一个优化算法，而最优化逐渐走向实际应用，并成为经济学理论的组成部分。

1806 年，勒让德(Legendre)提出了最小二乘法，高斯(Gauss)声称自己更早之前就已经发现了这种方法但没有及时发表，因而该算法也被称为高斯最小二乘法。

1826 年，傅里叶提出线性规划以解决力学和概率论中出现的问题。

1847 年，柯西(Cauchy)提出了梯度法。

1857 年，吉布斯(Gibbs)提出化学平衡就是能量最小。

1870 年代，经济学的边际主义革命兴起，例如，Walras 和 Cournot 的著作将经济学家的重心转移到效用最大化的个体上，最优化成为经济学理论的组成部分。

20 世纪，Bolza、Caratheodory 和 Bliss 进一步发展了变分法。

1902 年，法卡斯(Farkas)提出了他的著名引理，该引理可用于证明 Karush-Kuhn-Tucker 定理。

1905 年，詹森(Jensen)引入凸函数描述。闵可夫斯基(Minkowski)于 1911 年取得他关于凸集的第一项成果。

1917 年，汉考克(Hancock)出版了第一本关于优化的书《极小值和极大值理论》。

1917 年，生物数学家汤普森(Thompson)撰写了《成长与形式》一书，其中他运用优化方法来分析生物体的形式。

1925 年，莫尔斯(Morse)提出他的理论，推广了变分法。

1928 年，拉姆齐(Ramsey)在其关于最佳经济增长的研究中运用了变分法。

1931 年，Viner 提出了 Viner-Wong 包络定理。

1932 年，Menger 提出了旅行商问题的一般表述。

1939 年，坎托罗维奇(Kantorovich)提出了线性规划模型及其求解算法。1975 年，坎托罗维奇和 Koopmans 因对线性规划问题的贡献而获得诺贝尔经济学奖。

第二次世界大战后，优化与运筹学同时发展。冯·诺依曼(John Von Neumann)是运筹学发展背后的重要人物。

1944 年，冯·诺伊曼和莫根斯坦(Morgenstem)通过使用动态规划的思想解决了顺序决策问题。

1947 年，Dantzig 在美国空军工作，提出了解决线性规划问题的单纯形方法，在其成果基础上，冯·诺依曼建立了线性规划问题的对偶理论。

1949 年，第一届关于优化的国际数学规划研讨会在芝加哥举行，会上发表论文 34 篇。

1951 年，H. W. Kuhn 和 A. W. Tucker 提出了非线性问题的最优性条件。同年，马科维茨提出了基于二次优化的投资组合理论，1990 年，马科维茨因此贡献获得诺贝尔经济学奖。

1954 年，L. R. Ford 和 D. R. Fulkerson 对网络问题的研究是组合优化研究的一个起点。发展了求解无界问题的算法，例如拟牛顿法和共轭梯度法(拟牛顿法是 50 年代由美国 Argonne 国家实验室的物理学家 W.C.Davidon 所提出来的)。

美苏太空竞赛进一步推动了最佳控制理论的研究，最优控制理论开始独立于变分法而发展。

1956 年，庞特里亚金(Pontryagin)的研究小组提出了最大值原理。

1957 年，贝尔曼(Bellman)提出了最优化原理。

1960 年，约坦狄克(Zoutendijk)提出了可行方向法来概括非线性程序的单纯形法。罗森(Rosen)、沃尔夫(Wolfe)和鲍威尔(Powell)也提出了类似算法。

1963 年，Wilson 首次提出序列二次规划法。

Han 在 1975 年以及 Powell 在 1977 年重新提出了类似方法。

当前现代优化理论及方法愈来愈丰富，其理论内容包括线性规划、非线性规划、动态规划、排队论、对策论、决策论、博弈论等，在人类的工程实践中发挥着重要作用。

2. 求解问题举例

针对给出的实际问题，最优化理论可以从众多的可行方案中选出最优方案，其任务是讨论研究决策问题的最佳选择，构造寻求最优解的计算方法，求解问题举例如下。

📍【举例 1】 交通工具选择

从甲地到乙地有公路、铁路、水路、航空四种选择，如果追求的目标是经济，利用最优化方法比较这四种交通工具的花费，并选择最省钱的一种交通方式就可以。如果追求的目标是省时，那么就通过综合计算各种交通方式的时间成本，选择时间最短的那种交通方式。

📍【举例 2】 物流调配

某电商的某种商品存储在 n 个仓库，购买该商品的消费者在 m 个不同地点，如果该商品在每个仓库的库存和每个地点消费者购买该商品的数量以及从每个仓库到各个地点的运费单价是已知的，那么该电商就有这样一个现实的需求，如何调运商品使得总运费最省或者消费者总等待商品时间最短。

其他举例略。

概括地说，最优化理论是一门可以在所有的可能方案中选择一种以达到最优目标的学科，广泛应用于工程设计、经济规划、生产管理、交通运输、国防等重要领域。

7.6.2 最优化算法的应用

最优化理论是研究如何找到最优解的数学分支。在人工智能中，最优化理论广泛应用于模型训练、参数调优和决策制定等方面，帮助我们找到最佳的解决方案。典型的应用如下。

1. 模型训练

最优化理论在机器学习中的应用最为广泛。在机器学习中，我们需要从训练数据中学习出一个模型，而模型的好坏取决于模型的参数，因此，我们需要通过最优化理论来求解模型的最优参数。一些常用的优化算法包括梯度下降、牛顿法、共轭梯度等。

2. 自然语言处理

最优化理论也可以用于解决自然语言处理中的问题，例如文本分类、词向量表示等。通过最优化算法来优化模型的参数，可以得到更加准确的自然语言处理模型。

3. 计算机视觉

最优化理论也可以用于解决计算机视觉中的问题，例如图像分割、目标检测等。通过最优化算法来优化模型的参数，可以得到更加准确的计算机视觉模型。

4. 路径规划

路径规划是指在给定起点和终点的情况下，通过选择合适的路径来实现目标的过程。在现实生活中，路径规划问题广泛存在于交通运输、物流配送、机器人导航等领域。最优化理论在路径规划中有着重要的应用，包括最短路径算法、交通调度、物流路径规划、城市规划、网络覆盖、设备布局等。

5. 资源分配

在平时生产、生活中，最优化问题也很多。在许多组织和企业中，资源分配是一个重要的问题。如何有效地分配有限的资源以达到最佳效果，是一个最优化问题。一个公司可能需要决定如何分配有限的预算、人力和设备资源，以最大化利润或满足特定的目标要求。

【举例 1】 股票组合优化

对于投资者来说，构建一个良好的股票组合是非常重要的。在股票组合优化中，我们需要考虑投资目标、风险承受能力、预期收益率和相关性等因素，以找到一个最佳的投资组合。通过使用现代投资组合理论和数学优化方法，帮助投资者构建一个高效的股票组合，以期实现最大化收益并控制风险。

【举例 2】 能源系统优化

在能源领域，如何优化能源系统以实现可持续发展是一个重要的问题。通过综合考虑能源供应、需求、成本、环境影响和可再生能源利用等因素，可以使用最优化技术来设计和优化能源系统。使用混合整数线性规划、动态规划和优化算法，可以找到最佳的电力系统规划，以最大限度地提高能源利用效率和减少碳排放。

总之，最优化理论在人工智能中应用非常广泛，可以帮助我们得到更加准确的模型，从而实现更加智能化的应用。

7.6.3 相关课程

最优化理论相关专业课程如下。

1. 最优化理论

该课程设置的目的是让学生了解最优化理论方法，为后续智能相关课程提供优化算法数学基础。该课程的内容包括最优化问题的定义和分类、最优化问题的数学模型、最优化问题的算法、最优化理论的分析、最优化理论的应用等。最优化问题的定义和分类包括给定限制条件下如何选取变量参数，使得目标函数达到最优的问题，以及线性规划、非线性规划、动态规划等分类。最优化问题的数学模型包括决策变量、约束条件、目标函数，以及线性规划模型等。最优化问题的算法包括线性规划单纯形方法、对偶理论、灵敏度分析、运输问题、内点算法、非线性规划 K-T 条件、无约束最优化方法、约束最优化方法、参数线性规划、运输问题、线性规划路径跟踪法、信赖域方法、二次规划路径跟踪法、整数规划和动态规划等。最优化理论的分析包括最优化问题的解的存在性、唯一性、求解算法的收敛性等。最优化理论的应用包括在运筹学、管理科学、金融等领域的应用。

2. 算法设计与分析

该课程设置的目的是让学生掌握算法设计的常用方法，以及运用这些方法来解决一些常见的实际问题。该课程的主要内容包括算法设计与分析的基本概念及方法，如蛮力法、分治法、动态规划、贪心法、回溯法、分支限界法等。

3. 图论

该课程设置的目的是让学生掌握图论及其相关计算方法。该课程的内容包括图的基本概念、图的表示方法、图的性质、图的算法、特殊图类、图的应用等。图的基本概念包括顶点、边、子图、路径、连通性等。图的表示方法包括邻接矩阵、邻接表等。图的性质包括无向图和有向图的性质，如欧拉路径和哈密顿回路等。图的算法包括深度优先搜索、广度优先搜索、最短路径算法等。特殊图类包括欧拉图、汉密尔顿图、二分图等。图的应用包括社交网络分析、生物信息学、网络流量分析等。

除了上述介绍的数学基础外，最优化理论还与信息论、离散数学、群论、数理逻辑等课程有密切关系，因篇幅所限不再进行详细介绍。

✒ 本 章 小 结

算法是人工智能技术的又一个核心概念，其在计算机中是由一系列明晰指令组成的解决问题的策略机制，具备有穷性、确定性、可行性等特征。算法是对人类大脑左半球计算和逻辑思维解题策略的模拟。人工智能技术层出不穷的新算法，不仅使人类的计算和逻辑思维效率大为提高，而且增强了处理信息和解决问题的能力，使得人工智能在很多方面呈现出超越人类智能的优势。认知科学中的计算主义思潮主张"认知＝计算"，而计算机程序就是一个实实在在的认知模型。计算主义所关注的问题是如何用计算机程序模拟人的认知活动，这就确立了算法的核心地位。可以说，人工智能的实现核心就是各种智能算法，而算法是建立在数学基础上的，这都是前人通过卓越的探索得出的结论。

对于林林总总的数学工具，本章按照数理逻辑、微积分、概率论与统计学、线性代数、最优化理论这几个主要部分进行了点题式介绍，使读者能够基本了解这些数学工具的原理和应用范畴。为了不过早地占据读者的认知空间，避免复杂公式所带来的排斥反应，本章仅是宽泛的介绍，更加详细的内容还有待后续课程专门学习。

课后习题

1. 数学有哪些分类，分别侧重于哪些研究。
2. 为什么说研究不确定的智能与数学并不矛盾。
3. 数理逻辑是什么？有哪些应用。
4. 简述微积分的概念与智能应用。
5. 简述概率论与统计学的概念与智能应用。
6. 简述线性代数的概念与智能应用。
7. 简述最优化理论的概念与智能应用。

第 8 章　算力资源初探

8.1　概　　述

现代电子计算机是人工智能的算力基础，其产生源自图灵发表的《论可计算数在判定问题中的应用》一文。这篇论文阐述了一种计算模型，这个模型可以作为判定问题是否可计算的数学测试工具，这就是图灵机。图灵机是抽象逻辑层面上的计算模型，它的出现具有划时代的意义，下面将结合三次数学危机对机器算力基本工具——计算机的产生与发展进行详细介绍。

8.1.1　计算机的产生

关于图灵这篇论文的题目，对于初学者来讲可能有点摸不着头脑，其实这与第三次数学危机有主要关系。如前所述，在自然科学领域，人们早已认可了数学的核心地位，但是殊不知，在数学发展史上，曾经出现过三次数学危机。

1. 第一次数学危机

古代西方，毕达哥拉斯学派坚信，数是万物的本原，事物的本质是由数的关系比例构建而成的，一切数均可表示成整数或者整数比。这种认识现在看来显然有失偏颇，产生危机是无法避免的。

■ 危机：在毕达哥拉斯证明了勾股定理后，同时也发现有些直角三角形的三边比不能用整数表达的问题。比如短边长为 1 的等腰直角三角形的第三条边的长度是 $\sqrt{2}$，是无法用整数表示的。

在该危机的驱使下，人们不禁开始怀疑数学的合理性。

■ 危机缓解：在危机出现的 200 年后，欧多克索斯创建了比例理论，这种理论通过几何的方法避开了无理数这个逻辑上的"丑闻"，在一定程度上是缓解了第一次数学危机。

■ 危机解决：直到 19 世纪下半叶，实数理论建立后，无理数的合法地位在数学界才得到确立，进而才使得第一次数学危机得以彻底解决。

2. 第二次数学危机

17 世纪牛顿和莱布尼茨都发现了微积分，但是微积分的理论建立在无穷小(无限接近于 0 并且大于 0)理论的基础上。

■ 危机：这次危机起因于无穷小。刚开始很多人反对微积分，这是因为不是所有人都能理解无穷小，固然无法理解和支持微积分。其中，最强的反对声音是贝克莱悖论。贝克莱悖论是关于无穷小的一个论题，由乔治·贝克莱在 18 世纪提出，该悖论指出无穷小量既不是零也不是非零实数，但是可以像实数一样参与计算，这导致了逻辑上的冲突和矛盾。

■ 危机缓解：19 世纪 70 年代初建立的实数理论重构了微积分理论，但也只是缓解了该危机，并没有完全解决，同时也推动了数学家深入地讨论数学分析的基础。

■ 危机解决：19 世纪下半叶康托尔创立了集合论，集合论逐步成为计算理论非常基础的理论依据。后来数学家发现从自然数与集合论出发可以构建整个数学大厦，一切数据成果都可以构建在集合论基础上。集合论才从真正意义上解决了第二次数学危机。

3. 第三次数学危机

集合论的提出并没有解决所有矛盾，却带来了一个新问题，引发新的数学危机。

■ 危机：基于集合论，罗素提出了一个理发师的故事引发的关于集合论的争论，称之为罗素悖论，即：已知 S 由一切不是自身元素的集合所组成，问 S 是否属于 S 呢？就会发现 S 既属于 S 又不属于 S 的矛盾结论。大家发现原来集合论也不是完美的，与数学应该是极致、完美的一贯印象不符，这就造成了新的危机。

■ 危机解决：哥德尔证明，任何数学系统如果它是从有限的公理和基本概念中推导出来的，并且从中能推导出自然数系统，那么就一定存在问题，人们既没有办法证明又没办法推翻，这个就是哥德尔不完全性定理(见 6.1.2 节)。哥德尔不完全性定理结束了人们对数学基础的争论，宣告了把数学彻底形式化的愿望是不可能实现的。

至此，第三次数学危机留下了一个开放式的话题。

4. 可计算问题与图灵机

有了哥德尔不完全性证明的结论，引发了关于可证明的边界思考。这个问题可以描述为，如果所有的数学问题都在一个集合内，那么可以被证明的元素在一个子集，而不能被证明的则在另一个子集。那么这两个子集的具体边界在哪里呢？怎么证明一个未解的问题是否有解？可以将上述问题归结为可计算问题(有解可证明)，具体描述为：设函数 f 的定义域是 D，值域是 R，如果存在一种算法(只要有这种算法)，对于 D 中任意给定的 x 都能计算出 $f(x)$ 值，也就是 $f(x)$ 有解，则称函数 f 是可计算的问题。

既然存在可计算的问题，依据辩证法可知就会存在不可计算的问题。如何判定一个问题是可计算(这里的计算有证明的意思)还是不可计算的呢？数理逻辑学家们提出了一个研究思路：为计算建立一个数学模型，称之为计算模型。如果将任务导入该模型，该模型能够完成的任务就是可计算任务，否则为不可计算任务，这就是可计算问题。图灵给出了具体解决方案，就是图灵机(如图 8-1 所示)。

图 8-1　图灵机示意图

图灵机假设有一条无限长的纸带(TAPE)，纸带被划分为一个接一个的小格子，每个格子上包含一个来自有限字母表的符号，字母表中有一个特殊的符号"_"表示空白。纸带上的格子从左到右依次被编号为0，1，2，…，纸带的右端可以无限伸展。图灵机上有一个读写头(HEAD)，该读写头可以在纸带上左右移动，能读出当前所指的格子上的符号，并能改变当前格子上的符号。图灵机还包含一个状态寄存器，用来保存图灵机当前所处的状态。读写头有一套控制规则(TABLE)，可根据当前机器所处的状态以及当前读写头所指的格子上的符号来确定读写头下一步的动作，并改变状态寄存器的值，令机器进入一个新的状态。因为寄存器数量是有限的，所以图灵机的所有可能状态的数目是有限的，并且规定有一个特殊的状态，称为停机状态，代表计算完成。这种机器的每一部分都是有限的，但它有一个潜在的无限长的纸带，因此图灵机只是一个理想设备，不会被真正地制造出来。图灵此篇论文最大的贡献，就是证明了这台机器能模拟人类所能进行的任何计算过程。

图灵机与后续的冯·诺依曼体系架构并称为现代通用计算机的"灵魂"与"躯体"，它们对可计算性理论、计算机科学、人工智能都影响深远，可以说是改变了人类近代科学史的伟大发明，至此现代计算机呼之欲出。

5. 现代计算机的发展

计算机理论创立后，计算机技术经历了几十年的发展。回顾其发展过程可知，现代计算机是逐步进化的，标志性的时间节点如下。

1945年：ENIAC(电子数字积分器和自动计算器)是第一台通用计算机，由宾夕法尼亚大学莫奇里(Mauchly)和伊克特(J. Eckert)领导研制。ENIAC重30 t，包含17 000多个电子管、1500个电子机械继电器，耗电150 000 W，采用了冯·诺依曼体系架构。

1948年：贝尔实验室发明、制造了晶体管，10年后被用于制造计算机。

1949年：EDSAC(电子延时存储自动计算机)，由英国剑桥大学威尔克斯(Wilkes)领导研制成功。

1952年：IBM701计算机推出。它是IBM第一台商用科学计算机，也是第一款批量制造的大型计算机。

1958年：第二代(晶体管电路)计算机诞生。

1964年：第三代(集成电路Integrated Circuit，IC)计算机诞生。

1965年：摩尔定律被提出(详见8.2.2节)，即每两年(后改为18个月)芯片能力提高一倍。

1971年：第四代(大规模和超大规模集成电路VLIC)计算机推出。

1983年：IBM(国际商业机器公司)推出个人计算机。

20世纪90年代：国际互联网(Internet，因特网)的出现和广泛传播引发通信革命，计算机网络时代到来。

当今，所谓智能机器就是基于计算机的机器。不仅是智能科学，今日之社会也已完全离不开计算机。现代计算机功能强大，其原因在于它集现代科学技术之大成。计算机硬件集中了电子学、微电子学、固体物理、光学、光电子、光机电一体化、磁学新材料、精密机械等领域高新技术的相关成果，而软件则融汇了数学、逻辑学与数理逻辑、信息论、控制论、语言学、仿生学、生理学、心理学、神经与脑科学等学科的精髓。

随着计算机的发展，计算机反过来又促进了这些学科的发展，成为科学研究不可或缺的工具。

8.1.2 计算机的未来

计算机在现代人类社会中的地位已经无法撼动，并且呈现出新的发展趋势，正朝着巨型化、微型化、网络化、智能化、绿色环保的方向发展。

1. 巨型化

巨型化是指研制速度更快的、存储量更大的和功能更强大的巨型计算机。巨型计算机运算能力一般在每秒一百亿次(浮点运算)以上、内容容量在几百兆字节以上，主要应用于天文、气象、地质和核技术、航天飞机和卫星轨道计算等尖端科学技术领域。巨型计算机的技术水平也是衡量一个国家技术和工业发展水平的重要标志。

2. 微型化

微型化是指利用微电子技术和超大规模集成电路技术，把计算机的体积进一步缩小，价格进一步降低。计算机的微型化已成为计算机发展的重要方向，各种笔记本电脑、PDA、智能移动手机就是计算机微型化的体现。微型化与巨型化并不矛盾，它们关注的是不同维度，前者强调个体算力体积的小型化，后者强调的是更大规模的算力单元。未来的个人计算机将会向更加微型、可穿戴、可植入的方向发展。

3. 网络化

网络技术可以更好地管理网上的资源，它把整个互联网虚拟成一台空前强大的一体化系统，犹如一台巨型机，并在这个动态变化的网络环境中，实现计算资源、存储资源、数据资源、信息资源、知识资源、专家资源的全面共享，从而让用户享受可灵活控制的、智能的、协作式的信息服务，并获得前所未有的使用方便性。

4. 智能化

计算机智能化是指计算机具有模拟人的感觉和思维过程的能力。智能化的研究包括模拟识别、物形分析、自然语言的生成和理解、博弈、定理自动证明、自动程序设计、专家系统、学习系统和智能机器人等。

5. 绿色环保

为了实现可持续发展的目标，计算机还需要考虑绿色环保，即具有更低的能耗。具体而言，至少有三条实现途径：① 提高算效。算效是指数据中心算力与功率的比值，即数据中心每瓦功率所产生的算力。算效越高，意味着数据中心单位功率的算力越强，效能越高，完成同样的计算任务能耗越低。② 降低电能比。电能比即数据中心电能利用效率(PUE)，指数据中心总耗电量与数据中心 IT 设备耗电量的比值，数值越小则电能利用效率越高。③ 尽量使用绿色能源驱动算力，绿色能源即清洁能源，指生产过程不排放污染物的能源，例如可再生能源和核能。

可以说，计算机的发展是永无止境的。

8.1.3　无算力不智能

计算机的核心价值在于提供计算能力，而这种计算能力的大小是可以比较、度量的，称为算力。简单地说，算力就是计算机的计算能力。人类从结绳记事起，就不断地想方设法提升计算能力。在人脑本身的计算能力一定的情况下，人类主要是凭借工具的升级以及规模化使得算力得以提升，现在这一工作主要由计算机完成。

目前，算力作为一种新概念"能源"，正在成为一个新的衡量国家和地区经济发展实力的标准。在电力时代，电是基础设施，是经济社会发展的动力保障，一定程度上，对经济社会发展起着决定性作用。但随着人类社会迈入智能化时代，算力将扮演相似角色。伴随人工智能、物联网、大数据等技术在能源领域更加深入广泛的应用，能源数字经济正在形成新的发展图景，能源发展对算力的需求进一步提高，算力在一定程度上决定了能源数字经济未来的成长空间和发展潜力。

算力为大数据的发展提供了坚实的基础保障。大数据的爆发式增长对现有算力提出了巨大挑战，全球数据总量呈几何式增长，现有的计算能力已经不能满足需求，这也使得数据中心和算力基础设施建设成为重中之重。

截至 2023 年，我国数据中心机架规模已达 810 万标准机架，算力达到 230 EFLOPS (FLOPS，Floating Point Operations per Second，每秒钟可以进行的浮点运算次数)。随着数字技术向经济社会各领域全面持续渗透，全社会对算力需求仍十分迫切，预计每年仍将以 20% 以上的速度快速增长。同时，国内众多企业，特别是中小企业的"数智化"转型需求日益旺盛，传统 IT 系统建设已很难跟上时代发展的步伐。因此，发展和提升算力，对国家发展起到至关重要的作用。

正所谓，无算力，不智能。随着智能化应用的不断发展，我们在关注各类前沿科技领域的同时，不应忽视算力这个"幕后功臣"的重要性。未来人工智能技术的发展以及应用，背后更需要算力提供源源不断的动力。

8.2　算　力　类　型

8.2.1　算力进化过程

自计算机诞生以来，算力的发展就呈现跳跃式发展形态。

根据《中国算力发展指数白皮书》中对算力的分类，从供给端可将算力分为通用算力、专用算力、超算算力。负责输出算力的芯片分为通用芯片和专用芯片。通用芯片，如 x86、ARM 等，可以完成多样化的算力，使用灵活，但是功耗比较高。专用芯片，如 GPU(Graphics Processing Unit，图形处理单元)、TPU(Tensor Processing Unit，传感器处理单元)、NPU(Neural Processing Unit，神经网络处理单元)、DPU(Deep Learning Processing Unit，深度学习处理单元)、FPGA(Field Programmable Gate Array，现场可编程门阵列)、ASIC(Application Spectific Integrated Circuit，应用型专用集成电路)等，功能相对专一，提供特殊计算。可以说，算力今天所呈现出的形态不是一蹴而就的，从 20 世纪 70 年代起，体现算力的处理器经历了四次革命性变化,即从 CPU、GPU、DSA 到 CASH。

1. 第一代——CPU 算力

CPU(中央处理器)以大规模集成电路为主体,处理指令、执行操作、控制时间、处理数据。最初,CPU 只专用于数学计算,类似于大型的计算器,后来发展到通用计算,能力不断提升,从 4 位到 8 位、16 位、32 位处理器,一直到 64 位处理器,并且还在不断往前发展。

CPU 算力的主要参考指标是其位数,就是处理器每秒计算的浮点数的位数。CPU 的位数越高,预示着运算速度越快。今天,个人电脑的 CPU 多是 64 位,这意味着它可以处理范围更大的数据并“原生支持”(指软件或硬件在 CPU 架构上已经进行了移植、验证和编译,而不需要转译或仿真层支持才能运行)更高的内存寻址容量,更从容地提高工作效率。

起初,CPU 只能进行最基本的加减乘除运算,同时执行访存及控制指令,软硬件的主要媒介就是指令集,软件在功能上也只是一些简单程序。此时 CPU 最大的价值倒不在于算力,而是对指令集的标准化,提供了软件和硬件解耦的基础,就是通常所说的软硬件的更好匹配。在这种情况下,软硬件几乎各自生长。因为硬件工程师不用考虑软件运行场景,只需关注如何快速提升 CPU 性能,以实现更高的 IPC(Instructions per Cycle)和更高的计算频率。而软件工程师则不用考虑硬件的容量等,只需关注做好程序就好。就这样,高级编程语言、操作系统等得以野蛮生长。

处理器架构与半导体工艺的共同进步为软件的智能化与生态体系的建立提供了沃土,摩尔定律(见 8.2.2 节)开始生效。20 世纪 80 年代,CISC(复杂指令集计算机,Complex Instruction Set Computer)架构使得 CPU 性能每年提升约 25%,每四年性能就可以翻倍。但随着 CISC 架构越来越复杂,CPU 性能受到限制,因此逐渐被 RISC(精简指令集计算机,Reduced Instruction Set Computer)架构取代。RISC 架构使得 CPU 性能提升更快,每年大约为 52%,性能翻倍只需要 18 个月。当单核 CPU 性能提升越来越困难的时候,计算机就开始集成更多核,通过并行 CPU 来提升性能,这一阶段性能提升出现一波回落,每年大约为 23%。其后,多核 CPU 性能的整体性能也出现递减,每年只有 12% 的提升,由此瓶颈出现了,2015 年后 CPU 性能每年只有 3% 的提升。

2. 第二代——GPU 算力

当 CPU 性能提升陷入瓶颈时,新的硬件替代适时诞生了,它就是 GPU。主要用于图形处理的 GPU 在进行通用化设计后,成为 GPGPU。现在通常所称的 GPU 实际上是 GPGPU,它不仅能处理图形数据,而且能处理非图形数据,其算力也大大超过 CPU。

早在 2006 年,NVIDIA 就推出了一种全新的并行计算平台和编程模型——CUDA,可比 CPU 更高效地解决众多复杂计算问题,尤其是 2018 年 NVIDIA 发布的 GPU 架构——图灵架构,可以提供千兆的线程引擎来管理所有的工作,并能实现多 GPU 间的数据一致性访问。其核心处理引擎有 6 个图形处理簇(GPC);每个 GPC 有 6 个纹理处理簇(TPC);每个 TPC 有 2 个流式多核处理器(SM),总共 72 个 SM;每个 SM 由 64 个 CUDA 核、8 个 Tensor 核、1 个 RT 核、4 个纹理单元组成,总计有 4608 个 CUDA 核、576 个 Tensor 核、72 个 RT 核、288 个纹理单元。其单精度计算能力峰值为 3 TFLOPS,双精度计算能力为 0.13 TFLOPS。

其内存访问计算能力为 103 GFLOPS，是普通 PC 的 10 倍。

当然，不同架构的处理器计算能力差别是很大的，它们的性能比较示意如图 8-2 所示。

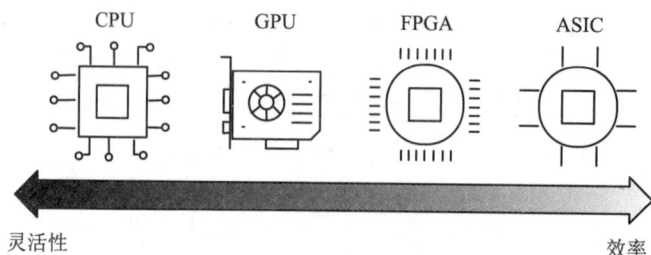

图 8-2   不同的算力比较

由于传统 CPU 无法高效运行人工智能算法(尤其是深度学习算法)，因此 GPU 芯片取得迅速的发展。由于人工智能深度学习的模型参数多、数据规模大、计算量大，而 GPU 有更多的逻辑运算单元用于处理数据，属于高并行结构，因此在处理图形数据和复杂算法方面比 CPU 更有优势。GPU 采用并行架构，超过 80%部分为运算单元，具备较高性能的运算速度。相比之下，CPU 仅有 20%为运算单元，更多的是逻辑单元。在此后一段时间内，GPU 代替了 CPU，成为当时人工智能芯片的主流。

然而 GPU 毕竟只是图形处理器，不是专门用于人工智能深度学习的芯片，在执行人工智能应用时，其并行结构的性能无法充分发挥，导致能耗高。与此同时，人工智能技术的应用日益增长，在教育、医疗、无人驾驶等领域都能看到人工智能的身影，FPGA 芯片和ASIC(Application Specific Integrated Circuit，专用集成电路)芯片便出场了。

FPGA 基本原理就是在芯片内集成大量的基本门电路以及存储器，用户可以通过更新FPGA 配置文件来定义这些门电路以及存储器之间的连线。可以理解为，FPGA 需要它有哪些功能，它就能有相应功能的可定制芯片。

ASIC 是为实现特定要求而定制的芯片，虽然牺牲了通用性，但它无论是在性能、功耗还是体积上，都比 FPGA 和 GPU 芯片有优势，特别是在需要芯片同时具备高性能、低功耗、小体积的移动端设备上。但其缺点是开发周期相对长，功能难以扩展。

上述芯片极大地改善了算力资源。

3. 第三代——DSA 算力

2017 年 3 月，图灵奖获得者 David Patterson 和 John Hennessy 在"体系结构的黄金年代"主题演讲中提出了 DSA(Domain Specific Architectures，专用域架构)。此架构同样是要解决 CPU 性能提升所遇到的瓶颈问题，提供了针对特定场景的定制加速。DSA 利用定制ASIC 增强软件可编程的灵活性。

DSA 面向系统中的计算密集型任务进行计算加速，而不是运行整个系统，可以将之视为"CPU + DSA"。

在 DSA 的发展初期,常使用 FPGA 方案来解决自定义 NN(神经网络)的推理计算结构。DSA 利用 FPGA 的并行化和 pipeline 优势给 NN 加速，并针对 CNN(深度神经网络)/DNN(卷积神经网络)的特性增加运算并行度，调整内存访问，优化加法树级数、乘法器利用率、高速时钟下不同路径的时序性能，甚至实现脉动阵列。DSA 的第一个经典案例是谷歌的

TPU(Tensor Processing Unit，张量处理单元)，这是一款由谷歌定制开发的 ASIC 芯片，用来提高机器学习能力。简单地说，TPU 的处理速度比 GPU 和 CPU 快 15～30 倍。举例来说，一种使用 GDDR5 存储的改进型 TPU，其性能比 CPU 提升 196 倍，比 GPU 提升 68 倍。TPU1.0 的性能峰值可达 92 TFLOPS，TPU2.0 的性能峰值已达 180 TFLOPS，TPU3.0 则更是达到了 420 TFLOPS。从 TPU2.0 开始，TPU 不再仅仅用于为通用服务器加速，而是扩展为定制的 TPU 集群，以便更大限度地发挥 TPU 的算力加速功能。

4. 第四代——CASH 算力

随着芯片从 2D 到 3D 再到 4D 工艺的升级，单个芯片所能容纳的晶体管数量越来越多，算力水平也越来越高。

苹果公司自研的 5 nm 芯片，集成了 160 亿个晶体管。这款 M1 芯片拥有 8 核 CPU 和 8 核 GPU，每个处理器都可以宽松使用内部 Register(缓存器)、Buffer 或 Cache(寄存器) 资源。

目前，4 nm 芯片已量产，2 nm、1 nm 甚至 0.1 nm 已经在路上，集成更多晶体管的芯片未来路途十分清晰，这预示着算力增长即使是在后摩尔时代仍没有停止的迹象，也不会停止。

同时，封装技术的进步，使得集成电路从二维进入三维甚至四维，一步步增强了单位面积的晶体管集成度，芯片的规模也越来越大。因此，CPU、GPU、FPGA 和一些特定的算法引擎，都可以作为 IP 被集成到更大的系统中。这也是手机越来越具备一台 PC 的算力、PC 向计算平台跃迁的基础。

伴随着云计算的发展需求日益增长，产生了更大规模的计算中心平台。每个计算中心平台的服务器规模都是以万计甚至十万计。超大规模计算中心或者数据中心已是软硬件融合共进的典型应用。

随着软硬件界限的破除，处理器不仅可以达到算法最优，而且算力能够进入自生长状态。在此背景下，软硬件融合架构(CASH，Converged Architecture of Software and Hardware) 呼之欲出。硬件更软，软件更硬，使用更灵活，功能更强大，最初的 CPU 中心架构被解构，必须围绕 CPU 中心的设计桎梏被打破。一方面，硬件企业持续不断地优化硬件效能；另一方面，应用企业也在不断地推动算法优化，持续提升计算效率。以 AI 为例，算法优化对整体系统计算效率的提升接近 20%。

软硬件融合使得基于 CASH 架构的 DPU(Data Processing Unit，数据处理器)成为性能强劲、功能完备的异构算力平台，单位晶体管性能水平可接近于 ASIC，整体性能可达 GPGPU、DSA 的 10～100 倍甚至以上，算力再一次提升 1～2 个数量级。其升级能力足以面对完全自动驾驶、5G/6G 核心网、边缘计算等应用场景带来的算力挑战。

目前，算力的类型还在不断丰富。

8.2.2 算力提升之路

人类对算力的追求是永无止境的。

1. 摩尔定律的提出

摩尔定律是由英特尔(Intel)创始人之一戈登·摩尔(Gordon Moore)提出来的，其内容为：当价格不变时，集成电路上可容纳的晶体管数目约每隔 18～24 个月便会增加一倍，性能也将提升一倍。换言之，每一美元所能买到的电脑性能，将每隔 18～24 个月翻一倍以上。摩尔定律下的芯片发展如图 8-3 所示。

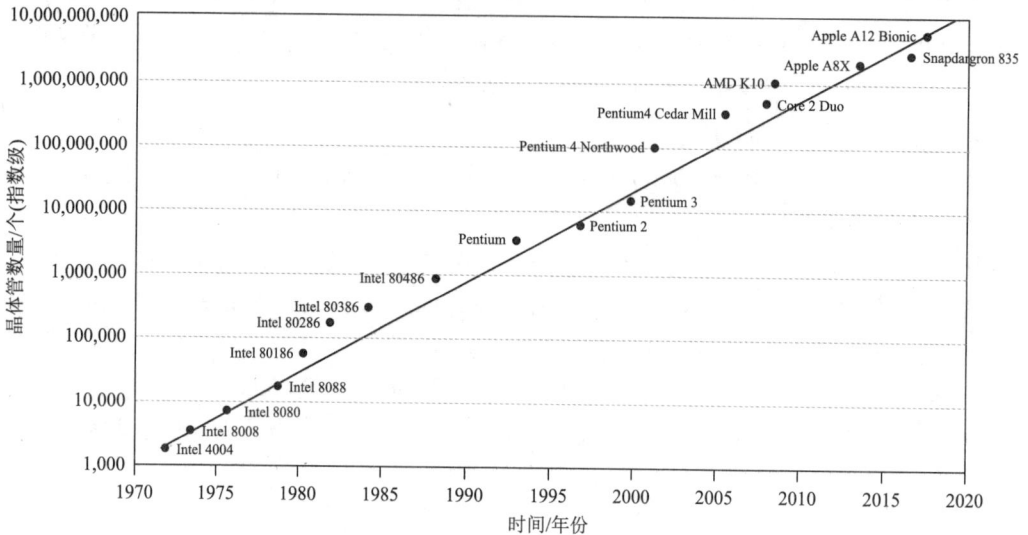

图 8-3　摩尔定律下的芯片发展

摩尔定律一直是 20 世纪末和 21 世纪初技术创新和社会变革的推动力。以 FAGA(美国科技行业四家知名企业：Facebook、Amazon、Google 和 Apple)为代表的美国半导体公司，在本世纪初依据摩尔定律构建了新的商业范式，并重新确立了美国在信息技术领域的领导地位，促进了美国的繁荣和全球信息技术的高速发展，可以说，摩尔定律厥功至伟。

虽然在过去的五十多年间，摩尔定律使单个芯片上集成的晶体管数量从几千个增加到几百亿个，对半导体、计算机行业的发展产生了举足轻重的作用，但摩尔定律的局限性也日益凸显，甚至致使摩尔定律走向终结，摩尔定律正接近基本的物理极限。随着芯片集成度越来越高，晶体管尺寸越来越小，但是物理元件不可能无限缩小，当器件尺寸缩小到了分子或原子量级，传统半导体建立在统计分布理论上的描述已经失效，而小尺寸下的量子效应却凸显出来，包括量子限制效应、量子隧穿、量子干涉和库仑阻塞效应等。此时在量子尺寸下，甚至连如何定义 1 和 0 也变成一个大问题，因此传统的物理学将不再适用，而是进入到全新的量子领域。

另外，超微纳尺度下人类光刻工艺挑战、高集成度下互联信号传输延迟、器件小尺寸下隧道效应引起的漏电流增加、高集成度下芯片功耗和散热问题、未来芯片设计和制造高额投入的经济成本限制等多种因素，无一例外地说明了摩尔定律已经走到了尽头。

2. 摩尔定律的突破

摩尔定律的成立条件是基于芯片的物理性能和工艺制程微缩，通过在同一芯片内增加晶体管的数量来呈现计算性能在时间维度上的不断升级。但是，随着工艺制程不断逼近物理极限，即便摩尔定律一再修改，仍然面临逐渐失效的问题，算力产业进入后摩尔时代。

在后摩尔时代，算力的提升可以从以下两个方面入手。

一方面，提升算力可以从传统计算机不同的层面出发去提升，如单芯片算力、整机算力、数据中心算力与网络化算力，以及智算中心和超算算力。

(1) 单芯片算力。

在单芯片层面，提升算力的途径主要有三个。① 摩尔定律继续发挥作用，采用芯片新工艺，如使用环绕式栅极技术持续缩小栅极宽度；发现新的晶体管材料，如碳纳米管材料以及新的互联材料，光子降低内部功耗，持续增加晶体管堆叠的数量；芯片由 4 nm 向 3 nm、2 nm 缩微，就是这一方向的持续努力。② 以封装技术的升级为手段，实现计算元件规模化集成。一方面是 2D 向 3D，甚至 4D 的演进，完成晶体管由平面到立体，以及多元空间的布局，在相同的空间单位布置更多数量的计算单元；另一方面采取不同集成模式，如 Chiplet(芯粒)模式采用不同工艺实现不同品牌芯片的集成，从而整体提升芯片的计算能力。③ 传统的冯·诺依曼架构被改变，由单一中心架构变为多中心并行架构，计算性能得以大幅提高。

(2) 整机算力。

目前的服务器架构多是计算与存储相分离的，CPU 和存储器性能的差距，导致数据处理和数据读取两者的速度难以匹配。由此，算力提升的方向就是要优化服务器系统架构，打破数据计算与读取瓶颈，提升单机的算力。而大数据、人工智能与云计算等所产生的海量数据分析需求，对于计算能力提出了更高要求，存算瓶颈更为突出。这就产生了存储分级管理和近存储计算，通过提升数据读取速度的方式，提升系统计算性能。而存算一体或存内计算则是在存储单元内完成计算，从架构上消除访存隔离。另一个提升算力的重要方向是异构并行计算，如 CPU + GPU、CPU + FPGA，以及 CPU + ASIC 等，可实现更多处理器的并行计算。当然，单核变多核也可以提升服务器的计算能力。

(3) 数据中心算力。

数据中心由众多整机构成，由专门机构提供，以规模巨大而形成强大的算力。2023 年 8 月，据 IDC 最新发布的《中国数据中心服务市场(2022 年)跟踪》报告显示，2022 年中国数据中心服务市场同比增长 12.7%，市场规模达 1293.5 亿元人民币。IDC 预计，未来五年，中国数据中心服务市场将以 18.9%的复合增速持续增长，预计 2027 年市场规模达 3075 亿元人民币。

(4) 网络化算力。

网络化算力就是算力网络的计算能力体现，实际上就是数据中心的网络化，它通过多云打通、云网融合等，实现海量计算资源的有效连接和调用。同时，通过云原生技术实现云边协同，激发出边缘计算的活力。另外，试验中的"云—边—端—网"广域算力网络也成为未来应用方向。算力网络可以根据业务需求，在云、网、边之间按需分配并灵活调度计算资源、存储资源以及网络资源，这完全可以类比为电力与电网。

(5) 智算中心。

智能计算中心(简称智算中心)是匹配人工智能算力需求的基础设施，也称为人工智能计算中心。过去 10 年，用于人工智能训练模型的计算资源增势明显，随着 AI 训练计算复杂度每年约有 10 倍的增长，智算算力同步增长。2024 年，我国各地纷纷加快数字基建项目的建设步伐，智算中心成为布局重点。从北京到四川，从宁夏到河南，多地智算中心项目相继开工或投入使用，彰显出我国在人工智能和大数据领域的雄心。国家统计局最新数据显示，我国算力基础设施建设已达到世界领先水平，智能算力规模占比提升至逾30%。国家信息中心信息化和产业发展部预计，到2027年，中国智能算力规模年度复合增长率将达到33.9%。这一增长率意味着我国的算力3年还将翻一番，显示出智算产业的巨大潜力。

目前，我国已建的人工智能计算中心有5个，在建和计划建设的有6个。"东数西算"的宏伟计划更是把我国算力基础设施建设推向新高度。

【思政融入点】　中国算力建设宏伟计划——东数西算

考虑到算力的重要性和我国实际的地理、人口特点，国家提出"东数西算"计划。"东数西算"中的"数"，指的是数据，"算"指的是算力，即对数据的处理能力。"东数西算"是通过构建数据中心、云计算、大数据一体化的新型算力网络体系，将东部算力需求有序引导到西部，优化数据中心建设布局，促进东西部协同联动。实施"东数西算"工程，对于推动数据中心合理布局、优化供需、绿色集约和互联互通等意义重大。面向未来，充分发挥我国体制机制优势，下好全国一盘棋，确保"东数西算"这一重大工程目标任务落到实处，必将为构建数字中国提供有力支撑，为经济高质量发展注入新动能。

如图8-4所示为我国西部庞大的火力、水力、风力、太阳能建设项目。

图8-4　我国西部庞大的能源建设项目

(6) 超算算力。

超级计算机简称超算，被视为一个国家综合国力以及计算能力的象征。超算一般由若干台电脑组合在一起，互联互通并发执行，它拥有强大的存储系统，能够处理普通电脑无法处理的大型、复杂的计算问题，帮助人们解决超大规模、超大尺度、超长时间的科学研究问题。科学技术的发展需要超级计算机的进步，如在研发武器、国家防护、气候气象、海洋地质等方面，超级计算机就起到了非常重要的作用。国际组织"TOP 500"以运算速度、功耗与运算能力进行排名，我国的超算算力水平已经居于前列。

【思政融入点】　中国超算发展成就

中国的超算发展是循序渐进、一步一个脚印一路走来。

1983年，我国第一台亿次超级计算机"银河一号"研发成功。这是我国高速计算机研制的一个里程碑，也让我国成为世界上第三个能够独立设计和制造超级计算机的国家。

2009年，成功研制"天河一号"千万亿次超级计算机，使我国成为世界上第二个成功研制千万亿次超级计算机的国家。

2010年，"星云"千万亿次计算机在第三十五届超级计算机TOP500排行榜荣获第二名的佳绩，进入世界超级计算机的前三甲。半年后"天河-1A"直接成为排行榜第一，"神威·蓝光"率先完成 CPU 国产化。

2018 年，我国有三台超级计算机进入 E 级(指每秒钟运算一百亿亿次)超算研发，分别是曙光、天河和神威(如图 8-5 所示)，并逐步实现 CPU 和加速器的全国产化。

图 8-5　神威太湖之光超级计算机

2021 年，第五十八届全球超级计算机 TOP500 排行榜中，中国超级计算机有 173 台进入榜单，占比 34.6%，数量上超过了美国。

2022 年，神威太湖之光进入 TOP500 榜单的第六名。

纵观我国超级计算机发展的历史，我国的超算体系不停地在更新，虽然我们和美国的超级计算机仍有差距，但我们的进步从未停止。

另一方面，对于算力的提升，人们尝试提出新的算力实现思想，目前已经开始采用两种思路，即开发类脑计算和量子计算，前者力求模拟人脑改进计算机，从而实现更高的计算效率；后者利用量子科学，大大提高了计算速度和能力，第 10 章还会进行介绍。

8.3　算力利用相关技术

想要实现对算力的驾驭，必须掌握一些相关专业技术，本节进行概略介绍。

8.3.1　计算机系统与网络

对于大多数普通用户而言，不必对算力硬件知识深入了解，了解与算力操作相关计算机软件知识即可。

1. 操作系统

操作系统是计算机系统中最基本的系统软件，它控制和管理整个计算机系统的硬件和软件资源，合理地组织、调度计算机的工作与资源的分类，进而为用户和其他软件提供方便的资源与环境的程序集合。操作系统在计算机中扮演着至关重要的角色，它既是计算机的基础性系统软件，也是连接硬件与软件的桥梁。为了方便理解，可以把操作系统视为用户、应用软件与硬件之间的"翻译官"，也可以把它看作承载应用软件的"托盘"。

【思政融入点】 操作系统国产化

发展国产操作系统是顺应信息革命时代潮流的需要，对提升网络空间竞争力、构建信息产业综合实力具有重要意义。习近平总书记强调，"要打好科技仪器设备、操作系统和基础软件国产化攻坚战，鼓励科研机构、高校同企业开展联合攻关，提升国产化替代水平和应用规模，争取早日实现用我国自主的研究平台、仪器设备来解决重大基础研究问题"。在整个信息技术体系中，操作系统向下控制硬件、向上支持软件运行，被誉为"信息系统之魂"。无论是大数据、云计算、物联网，还是目前火遍全球的生成式人工智能等热点领域，操作系统都是支撑这些产业发展的核心和基础。数字化浪潮席卷全球，在创造大量新场景新机遇的同时，也带来新需求、新挑战。打造自主安全操作系统、建设自主信息技术体系是推动信息产业高质量发展的迫切要求和建设科技强国的必由之路。在此，中国科技人员不懈努力，开发出了中标麒麟、银河麒麟、深度 Deepin、华为鸿蒙为代表的一批国产操作系统。

操作系统主要包括以下几个方面的功能：

(1) 进程管理，其主要工作是进程调度，在单用户、单任务的情况下，处理器仅为一个用户的一个任务所独占，进程管理的工作十分简单。但在多道程序或多用户的情况下，组织多个作业或任务时，就要解决处理器的调度、分配和回收等问题。

(2) 存储管理：包括存储分配、存储共享、存储保护、存储扩张。

(3) 设备管理：包括设备分配、设备传输控制、设备独立性。

(4) 文件管理：包括文件存储空间的管理、目录管理、文件操作管理、文件保护。

(5) 作业管理：负责处理用户提交的任何要求。

2. 网络服务

算力不仅是本机的性能，还可能包括远程服务器的性能。因此，从广义上讲，算力不仅涉及 CPU 的性能，还涉及内存和显卡的性能，以及网络传输的性能等。

计算机网络技术是通信技术与计算机技术相结合的产物。它将地理位置不同的多台自治计算机系统及其外部网络通过通信介质互联，组成数据链路，从而达到资源共享和通信的目的，如图 8-6 所示。

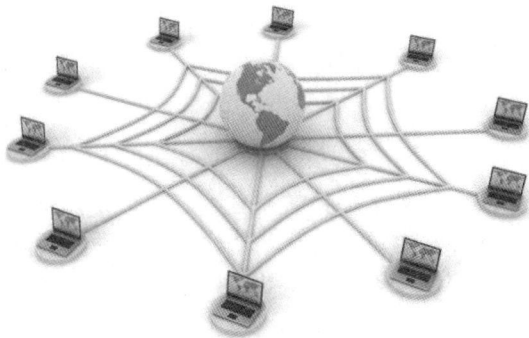

图 8-6　计算机网络示意图

网络通过数据链路互联，采用网络协议交互，从而实现资源共享。

数据链路：是指通过物理链路将各个孤立的工作站或主机连在一起，组成数据链路，从而达到资源共享和通信的目的。

网络协议：是为计算机网络中进行数据交换而建立的规则、标准或约定的集合。

资源共享：包括共享硬件、软件和数据资源，且具有对共享数据资源集中管理和维护的能力。

当前，与计算机相关的操作几乎都离不开计算机网络。

3. 数据库

数据库技术是一种用于存储、管理、检索数据的系统和方法，如图 8-7 所示。它可以帮助人们更方便地使用计算机来存储、检索和管理数据。数据库技术包括数据库模型、数据库管理系统、数据库应用等几个方面。其中，数据库模型用来描述数据之间的关系和结构，通常由表格、视图、索引等组成。数据库管理系统是一种软件，它可以帮助人们创建、维护和管理数据库，并提供各种数据服务，如数据备份、恢复、复制等。而数据库应用则可将数据库技术应用到各个领域中，如企业管理、电子商务、社交网络等。

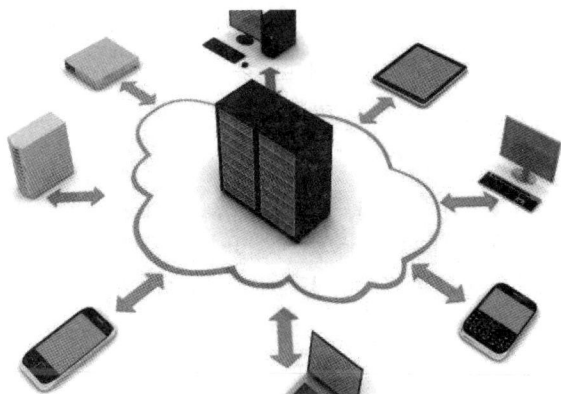

图 8-7　数据库技术示意图

数据库技术是现代计算机应用中不可或缺的一部分，它可以帮助人们更有效地管理和利用数据资源。

4. 虚拟化

虚拟化技术是一种将物理硬件资源虚拟化成多个虚拟资源的技术，它可以在同一台计算机上运行多个操作系统或应用程序，提高计算机的利用率和灵活性(如图 8-8 所示)。虚拟化技术通过在实体资源之上引入一层虚拟化层，将物理硬件资源抽象成多个虚拟资源，从而实现多个虚拟环境的共享和隔离。

虚拟化技术的主要优势包括以下几个方面。

资源利用率：虚拟化技术可以将多个应用程序或操作系统运行在同一台计算机上，从而减少硬件资源的浪费，提高资源利用率。

系统可靠性：虚拟化技术可以提供多个虚拟环境，每个环境都是独立的，一旦某个环境出现故障，不会影响其他环境的正常运行。

图 8-8   虚拟化技术示意图

系统可维护性：虚拟化技术可以简化 IT 基础设施的管理和维护，因为所有的虚拟环境都集中在一个平台上，可以实现统一的配置和管理。

虚拟化技术可以分为硬件虚拟化和软件虚拟化。硬件虚拟化是指通过改变硬件的配置来模拟不同的操作系统或应用程序的运行环境，通常需要特殊的硬件支持。软件虚拟化则是在同一个操作系统实例的基础上提供多个隔离的虚拟运行环境。

虚拟化技术应用广泛，是灵活组织算力的有效工具，具体又包括网络虚拟化、存储虚拟化等。

5. 前端/后端/移动端

智能化算力的运行输出，需要通过友好的交互方式进行呈现，Web 技术首当其冲。因此，在算力的基础上掌握 Web 前端/后端/移动端开发十分必要。

前端编程主要涉及用户交互界面的开发，使用的技术包括 HTML、CSS 和 JavaScript。其中，HTML 是构建网页结构的基础，CSS 负责网页的外观和样式，而 JavaScript 则可以实现网页的动态效果和交互。此外，前端开发也涉及一些流行的框架和库，如 Bootstrap 和 jQuery 等，这些工具可以加速前端开发的过程。

后端编程则主要关注服务器端的开发，处理来自客户端的请求和数据。PHP 是后端开发中常用的语言之一，它是一种服务器端脚本语言，用于处理数据、与数据库交互等任务。另外，Node.js 也是一个流行的后端开发工具，它允许开发者使用 JavaScript 来编写服务器端代码。

移动端编程则需要考虑不同平台和设备的特点，使用的技术也相对独立。Android 开发主要使用 Java 和 Kotlin 编程语言，而 iOS 开发则使用 Objective-C 和 Swift 编程语言。在移动端开发中，还需要考虑用户交互、界面设计、网络通信等方面的问题。此外，需要注意的是移动端与前端有很大的相似之处，移动端可以视为特殊的前端。其主要区别在于，大部分移动端的 App(应用程序)在打开的一瞬间就可以看到界面了，而不用像普通的前端那样去服务器请求 Web 文件，然后才能显示。可见移动端的功能相当于前端的 HTML，只不过是直接保存在应用本地(原生)。在解决界面显示的问题后，移动端启动时只需要从服务器读取数据就行(通常包含在 JSON 文件中)。

前后端、移动端编程是相互关联的，它们共同实现了一个完整的应用程序。在开发过程中，前后端的开发者需要密切合作，以确保程序的正确性和稳定性。同时，移动端开发者也需要紧跟新的技术和趋势，以提供更好的用户体验和性能。前端/后端/移动端配合工作的示意图如图 8-9 所示。

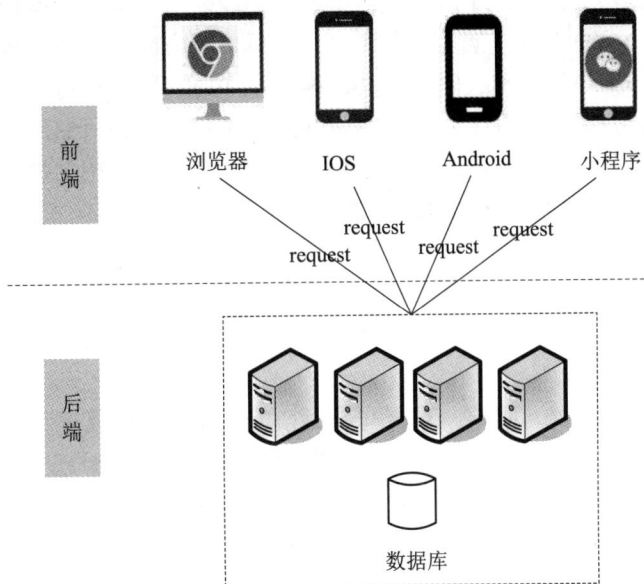

图 8-9 前端后端移动端配合工作示意图

前端、后端、移动端开发与智能的应用具有重要关系。

人工智能的应用离不开后端开发。在人工智能的应用中，后端开发扮演着重要的角色。人工智能算法通常需要大量的计算资源和数据存储空间，需要后端开发人员搭建和维护这些基础设施，以确保人工智能算法能够高效地运行。此外，后端开发还负责与前端进行数据交互，将人工智能算法的结果呈现给用户，提供数据支持。人工智能算法需要大量的数据进行训练和优化，后端开发人员负责搭建数据存储和处理系统，以满足人工智能算法对数据的需求。后端开发人员还需要设计和实现数据的采集、清洗和存储流程，确保数据的质量和可用性，为人工智能算法的训练提供可靠的数据基础。后端开发还涉及人工智能模型的部署和优化。在人工智能算法开发完成后，后端开发人员需要将其部署到服务器上，并进行性能优化和调试。后端开发人员需要了解人工智能算法的特点和要求，有针对性地进行系统配置和性能调优，以提高算法的运行效率和稳定性。前端、移动端开发可以将智能算力服务以丰富多彩的形式展现出来，有助于应用落地。

8.3.2 计算机软件开发

计算机编程语言是程序设计的重要工具，是在计算机中存储、处理及执行具有特定功能的语法结构。计算机编程语言也是人机之间通信的桥梁，智能技术人员通过编程语言驾驭算力。

1. 编程语言的发展历程

计算机编程语言的发展经过了一个从低级到高级的演变过程。具体地说，它经历了机器语言、汇编语言和高级语言三个阶段。

(1) 机器语言。

计算机使用的是由"0"和"1"组成的二进制数。在计算机诞生之初，人们只能用计算机的语言对计算机发出指令，即写出一串串由"0"和"1"组成的指令序列交由计算机执行，这种计算机认识的语言，就是机器语言。用机器语言编写程序，编程人员首先要熟记所用计算机的全部指令代码和代码的含义。编写程序时，程序员得自己处理每条指令以及每一个数据的存储分配和输入/输出，还得记住编程过程中每步所使用的工作单元处在何种状态，这是一件十分烦琐的工作。而且，编出的程序全是二进制的指令代码，直观性差又容易出错，并且修改起来也比较困难。此外，不同型号的计算机的机器语言是不相通的，按一种计算机的机器指令编制的程序，不能在另一种计算机上执行，所以，在一台计算机上执行的程序，要想在另一台计算机上执行，必须另编程序，导致重复工作。但由于计算机可以直接识别机器语言而不需要进行任何翻译，其运算效率是所有语言中最高的。

(2) 汇编语言。

为了克服机器语言难读、难编、难记和易出错的缺点，人们就用与代码指令实际含义相近的英文缩写词、字母和数字等符号来取代指令代码(如用"ADD"表示运算符号"+"的机器代码)，于是就产生了汇编语言。所以说，汇编语言是一种用助记符表示的仍然面向机器的计算机语言，亦称符号语言。由于采用了助记符号来编写程序，汇编语言比用机器语言编程要方便些，在一定程度上简化了编程过程。汇编语言的特点是用符号代替了机器指令代码，而且助记符与指令代码一一对应，基本保留了机器语言的灵活性。使用汇编语言能面向机器并能较好地发挥机器的特性，得到质量较高的程序。

由于汇编语言中使用了助记符号，用汇编语言编制的程序送入计算机后，计算机不能像用机器语言编写的程序一样直接识别和执行，必须通过预先放入计算机的"汇编程序"的加工和翻译，才能变成能够被计算机识别和处理的二进制代码程序。用汇编语言等非机器语言书写好的符号程序称为源程序，运行时汇编程序要将源程序翻译成目标程序。目标程序是机器语言程序，它一旦被安置在内存的预定位置上，就能被计算机的 CPU 处理和执行。

汇编语言与机器指令一样，是硬件操作的控制信息，因而仍然是面向机器的语言，使用起来比较烦琐费时，通用性也差，归属为低级语言。但是，用汇编语言编制的系统软件和过程控制软件，其目标程序占用内存空间少，运行速度快，有着高级语言不可替代的用途。

(3) 高级语言。

无论是机器语言还是汇编语言都是面向硬件操作的，对机器过分依赖，要求使用者必须对硬件结构及其工作原理都十分熟悉，这对非计算机专业人员来说是难以做到的，不利于计算机的推广应用。随着计算机技术的发展，促使人们去寻求一些与人类自然语言相接近且能为计算机所接受的语意确定、规则明确、自然直观和通用易学的计算机语言，这就是高级语言。高级语言是面向用户的语言，无论何种机型的计算机，只要配备上相应的高级语言编译或解释程序，则用该高级语言编写的程序就可以通用。

高级语言有很多，呈现出百家争鸣、百花齐放的态势。

由于计算机并不能直接地接受和执行用高级语言编写的源程序，源程序在输入计算机时，需通过"翻译程序"翻译成机器语言形式的目标程序，计算机才能识别和执行。这种

"翻译"通常有两种方式，即编译方式和解释方式。

■ 编译方式：事先编好一个称为编译程序的机器语言程序作为系统软件存放在计算机内，将用户用高级语言编写的源程序输入计算机后，编译程序便把源程序整个翻译成用机器语言表示的与之等价的目标程序，然后计算机再执行该目标程序，以完成源程序要处理的运算并取得结果。

■ 解释方式：源程序进入计算机后，解释程序边扫描边解释，进行逐句输入、逐句翻译，计算机也逐句执行，但并不产生目标程序。

高级语言的设计并不是封闭的，可以由技术人员自己发明创立，具有很大的自由发挥空间。

【思政融入点】 不拘一格发明新的语言

计算机语言并不是金科铁律，是可以根据自己的思维进行创造的。1989 年圣诞节期间，在阿姆斯特丹，一位荷兰计算机程序员吉多·范罗苏姆(Guido van Rossum)为了打发圣诞节的无趣，决心开发一个新的脚本解释程序，作为 ABC 语言的一种继承。之所以选中单词 Python(蟒蛇)作为该编程语言的名字，是因为英国 20 世纪 70 年代首播的电视喜剧《蒙提·派森的飞行马戏团》(Monty Python's Flying Circus)。1991 年 Python 正式诞生，即 Python 0.9.0，这个版本的 Python 已经具备了基本的语法结构和功能，包括类、异常处理、生成器等。回顾一些流行程序设计语言的发明，无论是 C、C++、Java、Ruby、PHP 等，都是年轻发明家针对某种编程语言的弊病，开动创新思维设计和推出的。可以断言，未来还会有更强大、更高效的新语言出现。

2. 智能编程语言的选择

支持智能科学技术软件设计的高级语言有很多，包括 Python、Java、JavaScript、C++、Julia、R、MATLAB 等，它们各有特色。

Python：一种通用的编程语言，拥有丰富的生态系统和库，非常适合人工智能开发。

Java：一种高性能的编程语言，适用于大型系统开发。在人工智能领域，Java 也可以用于构建高性能的机器学习系统。

JavaScript：一种广泛用于网页开发的编程语言，拥有丰富的生态系统和库。在人工智能领域，JavaScript 也可以用于构建基于深度学习的应用程序。

C++：一种高性能的编程语言，适用于系统级编程和游戏开发。在人工智能领域，C++ 也可以用于构建高性能的机器学习系统。

Julia：一种高性能的编程语言，适用于科学计算和数值分析。在人工智能领域，Julia 也可以用于构建高性能的机器学习系统。

R：一种开源工具，可以处理数据，根据需要自动应用数据，报告模式和变化，帮助进行预测等。除了主要提供统计功能外，R 还是一种很难学习的语言，应该与其他可靠的工具搭配使用，共同开发全面的软件和高效的工作流程。

选择何种语言是一个复杂的过程，需要考虑以下多个因素：

应用场景：不同的人工智能编程语言适用于不同的应用场景。例如，Python 适用于数据科学和机器学习，Java 适用于大型系统开发，JavaScript 适用于网页开发，等等。

语言生态：选择一种有丰富生态的编程语言可以节省很多时间。例如，Python 有大量的第三方库和框架，可以帮助开发者快速构建应用。

学习曲线：对于初学者来说，选择一种学习曲线较为平缓的编程语言是比较合适的。例如，Python 和 JavaScript 的学习曲线都比较平缓，适合初学者。

社区支持：选择一种有强大社区支持的编程语言可以让开发者更容易找到解决方案。例如，Python 和 Java 都有庞大的开发者社区，可以为开发者提供丰富的资源和帮助。

技术栈匹配：如果开发者已经有了成熟的技术栈，那么选择与技术栈匹配的编程语言会更加方便。例如，如果开发者已经熟悉 Python，那么选择 Python 作为人工智能编程语言会更加方便。

读者可以根据个人专业规划选择适合的编程语言进行学习。

8.3.3 嵌入式系统开发

智能与嵌入式系统的结合是智能算力应用的发展新趋势。

1. 嵌入式系统的概念

嵌入式系统是指以应用为中心，以计算机技术为基础，软硬件可裁剪，适应应用系统对功能、可靠性、成本、体积、功耗严格要求的专用计算机系统，主要用于控制、传感和通信等方面，广泛应用于物联网、家居、机器人、汽车等领域。随着技术和市场的不断变化，嵌入式系统的发展已经经历了多个阶段。如图 8-10 所示为嵌入式系统板。

图 8-10　嵌入式系统板

通常来说，嵌入式系统具备以下几个特点：

(1) 高可靠性，如控制电信交换机的嵌入式系统，需要 24 小时不停歇地工作，其可靠性可达到 99.999%或更高。

(2) 低延迟响应，如车载刹车防抱死系统，需要在紧急刹车时实时判断车速、识别轮胎状态，在规定的时间内输出刹车控制命令。

(3) 低功耗，如万用表等手持测量设备，只需电池供电就可使用几个月甚至几年。

(4) 小体积，如手机、无线降噪耳机等便携设备，需要在有限体积内安装嵌入式控制系统，以满足应用场景的要求。

2. 智能嵌入式系统

随着人工智能的普及，智能向底层下沉，需要嵌入式系统的支持。传统的嵌入式系统主要用于控制，即接收传感器信号，分析并输出控制命令。随着应用需求的发展，越来越多的嵌入式系统要求具备"人工智能"，称为"智能嵌入式系统"。嵌入式人工智能是将人工智能技术嵌入到智能设备、传感器和系统中的应用。它将人工智能的智能性和自动化功能与嵌入式系统的高效性和实时性相结合，实现了智能设备的无处不在和智能化。与传统的"控制类"嵌入式系统相比，智能嵌入式系统在智能感知、智能交互和智能决策方面都有所增强。

嵌入式人工智能已经广泛应用于各个领域，例如智能家居、智能交通、智能医疗、智能制造等，为这些领域带来了重大的变革。

以智能家居为例，嵌入式人工智能技术可以将智能音箱、智能门锁、智能灯光等设备连接起来，形成一个智能化的生活环境。通过语音识别技术，我们可以与智能助手进行交互，实现语音控制家电、查询天气、播放音乐等功能。智能感知技术可以根据家庭成员的习惯和需求，自动调节温度、照明和安防系统。嵌入式人工智能在智能家居中的应用，使得我们的生活更加便利、舒适和智能化。

在智能交通领域，嵌入式人工智能技术也发挥着重要作用。通过将智能感知和决策系统嵌入到交通信号灯、无人驾驶汽车等设备中，可以实现交通拥堵的智能导航、事故预警和自动驾驶等功能，这不仅使得城市交通更加高效和安全，也为我们提供了更加便捷的出行体验。

此外，在智能医疗和智能制造领域，嵌入式人工智能技术也拥有广阔的应用前景。通过将人工智能技术嵌入到医疗设备中，可以实现精准诊断、智能监测和远程医疗等功能，提升医疗服务的质量和效率。在智能制造领域，嵌入式人工智能技术可以实现智能物流、自动化生产和智能质量控制，提高生产效率和产品质量。

8.3.4 相关课程

算力相关专业课程如下。

1. 计算机导论

该课程设置的目的是让学生对计算机学科有一个整体的认识，了解并掌握计算机领域的基础知识和技能。课程的具体内容包括：计算机基础知识、计算机软硬件体系结构、操作系统的基本概念与操作、数据库的基本概念及操作、计算机网络的基础知识、计算机信息安全及多媒体技术的基本概念等。

2. Linux 操作系统应用

该课程设置的目的是让学生全面了解 Linux 这种开源、通用的计算机操作系统相关知识。课程的具体内容包括：Linux 基本设计理念与特性，Linux 支持多用户、多任务、多线程和多 CPU 的操作系统实现方法，以及 Linux 多种工具软件、应用程序和网络协议的应用等。

3. 计算机网络

该课程设置的目的是让学生了解计算机网络的基本原理与相关技术。课程的具体内容包括：计算机网络发展、网络体系结构、TCP/IP 各层功能和协议等。

4. 数据结构

该课程设置的目的是让学生掌握程序设计的基本原理和方法，了解各种抽象数据类型的性质，掌握各种抽象数据类型的基本算法。该课程主要内容包括：抽象数据类型的线性表、栈、队列、串、数组、广义表、树、二叉树、图、查找表等基本类型的数据结构及其应用；抽象数据类型的常用表示方法；操作系统和编译程序中涉及的动态存储管理的基本技术；查找、内部排序、外部排序、文件；组织数据、有效地存储和处理数据，正确地设计算法以及对算法进行分析和评价等。

5. 编译原理

该课程设置的目的是让学生了解计算机程序由高级语言转化成机器码的处理过程。该课程内容主要包括：语言和文法、词法分析、语法分析、语义分析、中间代码生成、优化、目标代码生成等。语言和文法又包括语言的语法和语义规则，以及如何形式化这些规则。

6. 程序设计基础(C++)

该课程设置的目的是让学生学习并掌握 C++ 语言。该课程主要内容包括：程序设计基础、控制语句、数组与函数、指针、输入/输出和文件处理等。同时介绍 C++ 语言程序设计的一般方法以及程序的开发与调试环境。

7. Java 程序设计

该课程设置的目的是让学生学习并掌握 Java 语言。该课程主要内容包括：Java 语法基础、面向对象编程方法、Swing 图形界面设计和事件接口处理、Java 2D、多线程并行运算、网络编程基础和数据库连接技术、异常错误处理机制等。

8. Python 应用程序设计

该课程设置的目的是让学生学习并掌握 Python 语言。该课程主要内容包括：Python 数据类型、Python 分支结构、循环结构、函数设计、类的设计与使用、正则表达式处理字符串、文件操作、Python 面向对象程序设计、第三方库调用、网络通信、可视化程序设计等。

9. 嵌入式系统设计

该课程设置的目的是让学生学习并掌握嵌入式系统开发方法。该课程主要内容包括：嵌入式系统概述及应用场景、嵌入式系统的硬件基础、嵌入式系统的软件基础、Linux 的基础知识及编程方法、嵌入式系统上应用软件的移植、嵌入式系统引导程序、驱动设计，以及内核移植、常见接口的控制、编程及用户界面设计等。

本章小结

人工智能的实现依赖于算力的支持，因此算力的相关概念必须尽早建立。本章对计算机的产生、算力类型划分、算力相关技术进行了介绍。通过本章的学习，读者将对算力运行的基本机制、算力驾驭的相关技术有所了解。

课后习题

1. 解释为什么算力具有如此高的重要性。
2. 简述计算机的产生过程。
3. 论述算力与智能的关系。
4. 算力有哪些类型？
5. 算力提升的困难和途径是什么？
6. 简述计算机系统的研究内容。
7. 简述计算机软件的研究内容。
8. 简述嵌入式系统与智能的关系。

第9章 数据工程初步

9.1 概　　述

9.1.1 数据再认识

6.4.3 节已经初步介绍了数据的概念，本节将结合认识论对数据进行更加深入的介绍。

1. 经验就是数据

数据是对客观事件进行记录并可以鉴别的符号，用来记载客观事物的性质、状态及相互关系。数据狭义上指数字，广义上还包括具有一定意义的文字、字母、数学符号、图形、图像、视频、音频等。数据经过加工后就成为有价值的信息。智能处理的数据都是可以输入计算机并被程序化处理的。如果将数据的概念置于传统认识论的理论框架中，可以发现数据正处于感性认识与理性认识之间。在没有计算机的年代，并不是没有数据，而是很多数据通常以隐形的形式存在，人们通常所说的经验，其实就是数据模型。对于普通人，不可能也不一定具有能力用物理方式记录所有感知的数据，只是自然地通过大脑或肌肉记录，这就形成了经验。

因此不能武断地认为，计算机产生之前不存在数据，经验其实就是数据。

2. 数据是感性向理性飞跃的关键

经验可以说是人类从感性认识飞跃到理性认识的关键，体现了数据的重要性。

在感性认识与理性认识关系方面，哲学教科书中传统的标准论述早已为人们所熟知。感性认识包括感觉、知觉和表象；理性认识包括概念、判断和推理。从感性认识飞跃到理性认识，要运用抽象、概括、归纳、演绎、分析、综合等思维方法。那么，经验在感性认识向理性认识飞跃的过程中起什么作用？下面将进行回答。

哲学史上有很多经验论学派，现实生活中也有很多人倚重经验，强调积累经验，有些学者采用"感觉经验"的提法，或者认为"经验"属于感性认识，然而，在实际生活的语境中，"感觉"和"经验"的含义有很大区别。人们日常交流所说的"经验"包含经历、技能、方法以及能够直观体验到的因果关系，远远超出了感觉的层次。那么，"感觉"和"经验"的区别究竟在哪里？要回答这个问题，在智能科学技术发展起来之前是比较困难的，因为那时有些认知机制的细节尚不明确，"经验"一直被认为是一个原初范畴，由此引发了经验论者和唯理论者之间的长期争论。人工智能技术应用中提出的"数据"概念，为阐释和解决这些问题提供了新的视角。

　　数据不同于感觉、知觉和表象，而是对感觉、知觉和表象进行一定的思维加工后的结果，其特征是赋予感觉、知觉和表象以一定的质化和量化特征。"质"是一事物区别于其他事物的内在规定性，用于将通过感觉和知觉了解到的各种事物区别开来，观察到事物的各种特征，用词语加以表征，这个定性的过程产生了语言文字形式的数据。通过对各种事物的空间形式和数量关系进行测量，特别是对事物的各种属性和特征进行量化处理，就会产生数字和图形数据。数据的获得使感性认识的成果得到整理，便于进一步抽象、概括和总结，这样才能够上升到理性认识。

　　数据也不同于概念、判断、推理等理性认识活动的结果。每个数据都不是抽象的，而是具体的、特殊的、有明确规定性的。当一般概念表示的某种属性(如形状、颜色、种类、品质等)落实到"某一个"具体事物上的时候，就成为数据。人们描述一个事件的具体情景和经过时，总要用到数字、文字、符号、图像等表达形式，给出的所有有关细节的总体描述就是数据模型。人们在日常活动中积累的具体经验，其实都是由数据构成的。能够确认事件真相和规律性的专业性经验证据，包括法定证据、考古发现、科学实验结果等，也都是由数据构成的。

　　通过比对数据，可以揭示事物之间的"相关关系"和体验到未经证明的因果关系。数据之间的"相关关系"具有不同程度的普遍性，但不具有严格界限的、边界明晰的一般性。"数据"之间可以体验到的因果关系可以在很多场合存在，但也不具有普适的规律性。有些学者将"经验"理解为对现象的认识，但在科学研究和技术应用中积累的作为数据模型的经验往往超出现象层次，反映出事物之间或事物各种属性之间某些深层次的因果关系。科技工作者在其研究工作中，一般将"经验"理解为科学实验或技术试验，数据成为检验科学假说、理论预测和技术设计的证据，对理性认识起到支撑作用。而普通民众则将"经验"理解为体验、经历、技能和解决各种问题的实用方法，包含可以用数据表述的具体操作程序、手段、标准、分寸感等。人们经常讲"心中有数"，这里的"数"是人们亲身体验到的广义的"数据"，还没有达到理论层次。西方近代经验论哲学家所理解的"经验"，主要是指在科学实验和社会活动中获得的数据模型。值得注意的是，近代西方经验论哲学家对"经验"的理解与当时的科学观察和实验活动有密切联系，这和人们日常语义上的生活经验相去较远。在这个意义上，西方哲学史上的经验论也可以说是一种不自觉的"数据主义"，而现在流行的"大数据"(详见 9.3 节)则可以说是数字化时代的"超经验"。

　　综上所述，数据是感性向理性飞跃的媒介或通道。

3. 关于数据主观与客观性的争论

　　以往哲学界经常争论"'经验'是主观的还是客观的？"这一问题。

　　经验论哲学家中既可能有唯物主义者，也可能有唯心主义者，其原因就在于作为数据模型的"经验"范畴从源头来看是源自物质世界，但其建构方式又是主体在起决定性作用。数据模型所表述和测量的对象都来自客观世界，数据的测量标准、表达方式、传播途径都是客观的，是有物质基础的。然而数据的获得、数据模型的建构方式以及对数据的挖掘和处理，都离不开主体的能动作用，其认知结果都带有主体的印记，因此从这个意义上来说又是主观的。现代人们对"数据"的理解，更多侧重其客观性，很多人相信"数据"不会说谎，有"数据"为证的判断是可靠的，但往往忽略了选择和建构数据模型中可能存在隐蔽的主观因素的作用。例如，有些人可能操弄数据(如数据歧视、大数据杀熟)和伪造数据(如学术造假、虚假广告)，这就使得辨识数据的可靠性变得尤为重要。关于人类的感性认识和理性认识的互动机制问题，还可以从数据的形成和转换方式中得到启发。所谓"观察渗透理论"，正是发生在数据模型的建构环节中。人们观察同样的经验材料之所以会得出不同的解释，不仅是因为有着不同的理论知识背景，还因为这些经验材料只有在具有数据形态的时候，才能够按照不同的理论框架组合起来，从而体现出不同的意义。

关于数据的深刻内涵还在随着人类的科技进步不断加深。

9.1.2　数据的力量

为什么数据如此重要呢？本节给出答案。

人类社会的发展进步依赖于学习，而学习离不开高质量的数据。既然人类的学习非常依赖于数据的质量，那么人工智能系统学习知识的时候，是否也会存在同样的问题呢？答案当然是肯定的，不仅如此，人工智能系统学习知识的时候对于数据的依赖甚至还要高于人类(为了说明这一问题，可看随后的举例)。人类相较于目前的人工智能，是具有推理能力的，在学习某些具有关联性知识的时候，通过推理联想可以获得更多的知识。从另一角度来讲，在某种特定场景下，即使数据不够完整全面，对于人类的学习影响也不会太大，这是因为人类会利用推理和想象来完成缺失的知识。而目前人工智能的推理能力还处于初级研究阶段，尚不具备该种能力，这加剧了对数据的依赖。

📍【举例】 顺序与阅读

汉字顺序对阅读的影响是一个有趣的心理学和语言学问题。有研究表明，汉字的顺序并不一定会影响阅读(如图 9-1 的例子)。这是因为人脑在阅读时会自动进行排序和识别，根据上下文和语义激活正确的词。但这种现象并不是中文特有的，其他语言也有类似的情况。汉字顺序对阅读的影响取决于多种因素，如调换的范围、频率、位置等。一般来说，如果调换的汉字在一个词或一个短语内，并且不改变整体意思，那么对阅读影响较小；如果调换的汉字跨越了较大的距离，并且导致语义混乱或歧义，那么对阅读影响较大。

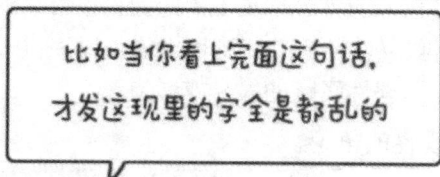

比如当你看上完面这句话，
才发这现里的字全是都乱的

图 9-1　乱序的汉字不影响阅读

可见人脑具有上述推理能力，并将其用于阅读。

进一步地，可以将数据的作用概括为以下几方面。

1. 认识世界源于数据

人对世界的探索要借助于数据，正所谓实践出真知。正如前文举例提到的，卖油翁的肌肉与手眼的惊人协调能力源自反复不断的练习(数据)，老马识途在于脑中存储的路径数据，可以说，世界规律就是蕴含于纷繁复杂的数据(经验)中的。对于数据的研究首当其冲的就是统计学，而统计学者也自认为，其工作的乐趣就是用数据认识这个世界。现如今，利用数据进行行业研究的思想已经从统计学延伸到各行各业，从工业界到学术界，社会科学、生态科学、健康、经济乃至天文学等，都在倡导大数据、数据分析、数据挖掘，从而期望借助数据挖掘更多的真相，带来更多价值。

2. 新时代数据带来新科学

人工智能时代，数据带来新科学。

华人女科学家李飞飞博士推动的 ImageNet 项目(如图 9-2 所示)在很大程度上改变了人们对数据的认识，"ImageNet 改变了人们的思维模式"。2006 年，刚刚出任伊利诺伊大学香槟分校计算机教授的李飞飞发现，整个学术圈和人工智能行业都在苦心研究同一个概念：通过更好的算法来制定决策，但却并不关心数据。她意识到这种方法的局限——如果使用的数据无法反映真实世界的状况，即便是最好的算法也无济于事，因此她开始考虑一个想法。这个想法的解决方案就是建设更好的数据集。2009 年，李飞飞和她的团队发表了关于 ImageNet 的论文，还附带了数据集，经过几年的不懈努力，ImageNet 已经成为公认的标准数据集。随着 ImageNet 的成功，人们重新思考科学除了实证范式、理论范式、计算范式之外的新范式——数据范式。这种范式颠覆了千百年来人类的思维惯例，对人类认知和与世界交流的方式提出了全新的挑战。

图 9-2　大规模视觉图像识别赛的数据库 ImageNet

正如李飞飞本人所说，数据重新定义了我们对模型的思考方式。

3. 数据是第五生产要素

在工业化时代，四大核心要素分别是土地、劳动力、资本和技术。进入数字经济时代，数据成为第五要素。数据作为生产要素分配，已经上升到国家的战略高度。纵观人类文明史，不同的时代驱动社会发展的生产要素各不相同。在农业文明中，驱动人类文明向前的主要要素是土地和劳动力。而在工业革命之后，驱动社会进步的核心生产要素也从土地和劳动力逐渐转变为资本和技术。进入 20 世纪后，科学技术被公认为推动社会发展的主要生产要素。如今，随着信息通信技术、大数据技术、人工智能技术的发展，人类进入了数字经济时代，驱动社会前进的主要要素转变为数据。数据和社会经济中的每一个个体息息相关，掌握了数据就掌握了经济社会发展的命脉，在全社会利益分配中将占得先机，因此也有人把数据称为信息时代的"新石油"。2020 年 2 月 14 日，中央全面深化改革委员会第十二次会议审议通过的《关于新时代加快完善社会主义市场经济体制的意见》指出"健全劳动、资本、土地、知识、技术、管理、数据等生产要素由市场评价贡献、按贡献决定报酬的机制"，从政策层面明确了数据的生产要素地位。

由此可见数据的价值和意义。

9.1.3 数据的分类

数据是我们日常生活中无处不在的存在，它以不同的形式呈现在我们面前，主要表现形式有数值型、文本型、图像型、声音型以及其他类型。

1. 数值型数据

数值型数据是最常见和基础的数据形式。它以数字的形式表达，可以进行各种数学运算和统计分析。数值型数据可以分为两种类型：离散型和连续型。

离散型数据是一种具有可数性质的数据，如整数型数据。它通常用于计数和分类，如统计人口数据、学生人数等。离散型数据只能取有限个数的值，如1、2、3等。

连续型数据则是一种具有无限可数性质的数据，如实数型数据。它通常用于测量和度量如温度、距离等物理量。连续型数据可以取任意值，可以是小数或分数。

2. 文本型数据

文本型数据是用于存储和表示文本信息的数据形式。它通常以字符的形式表达，包含字母、数字、符号和空格等。文本型数据用于记录和传输大量的文字信息，如文章、新闻、邮件等。

文本型数据可以通过各种文本处理技术进行分析和处理。例如，可以使用自然语言处理技术提取关键词、分析情感倾向等。文本型数据也可以进行文本挖掘，发现其中隐藏的规律和模式。

3. 图像型数据

图像型数据是以图像的形式表达的数据，它是由像素点组成的二维矩阵。图像型数据可以呈现出丰富的视觉信息，如照片、图表、地图等。

图像型数据可以通过图像处理技术进行分析和处理。例如，可以使用图像识别技术识别物体、人脸等。图像型数据也可以进行图像压缩，以减少数据的存储空间和传输带宽。

4. 声音型数据

声音型数据是以声音的形式表达的数据，它是由声波振动产生的。声音型数据可以呈现出丰富的听觉信息，如语音、音乐等。声音型数据可以通过声音处理技术进行分析和处理。例如，可以使用语音识别技术将语音转化为文本。声音型数据也可以进行音频压缩，以减少数据的存储空间和传输带宽。

5. 其他类型数据

除上述数据类型外，在很多领域中还存在着一些形式、结构更加复杂的高维度数据，如地理数据、雷达数据、网络流量、气象数据、天文数据等。这些复杂的数据不仅包含上述多种基本数据类型，而且存在很多维度，各个维度所表现出来的数据特征、特点差异极大。

每种数据的表现形式都有其特点和应用领域。了解和掌握数据的不同表现形式对于我们更好地理解和应用数据具有重要意义。随着人类传感器和数据描述范式的不断发展，新的数据类型还在不断地出现。

9.2 数 据 工 程

9.2.1 数据工程的概念

直接采集到的数据通常是粗糙、杂乱和不规整的,一般无法被人工智能系统直接利用,需要进行整理才能加以利用,这就离不开数据工程。

1. 定义

数据工程是一个涉及数据采集、处理、存储、分析和报告等工作的综合性学科。它主要关注的是如何有效地处理和利用数据,以支持主体的目标和战略。

2. 发展史

数据工程作为一个独立的领域,其形成历史可以追溯到 20 世纪 90 年代。当时,随着数据库技术的成熟和数据挖掘理论的提出,人们开始意识到数据的重要性和价值。在这一时期,数据库系统广泛应用于企业、政府和学术界,大量的数据被收集和存储。然而,如何有效地处理、分析和利用这些数据成为一个亟待解决的问题。随着数据量的不断增加,传统的数据处理方法已经无法满足需求,人们需要更高效、更自动化的方法来处理和分析大规模的数据。因此,数据工程应运而生。

在数据工程的发展过程中,出现了许多技术和工具,如数据仓库、数据挖掘、数据分析、数据可视化等。这些技术和工具为数据工程师提供了强大的支持,使得他们可以更高效地处理和分析大规模的数据。

近年来,随着大数据技术(见 9.3 节)的快速发展和应用,数据工程得到了更多的关注和应用。大数据技术的核心是处理和分析大规模、复杂的数据,这正是数据工程的强项。因此,数据工程师在现代企业中扮演着越来越重要的角色,他们通过运用数据工程技术和工具,帮助企业更好地利用数据,推动业务创新和发展。

9.2.2 数据工程的意义

数据工程具有重要的意义和价值,主要表现在以下几个方面。

1. 推动业务创新

数据工程能够将数据转化为具有价值的见解和知识,从而支持企业进行业务创新和优化。通过对数据的深入分析,主体可以发现新的潜在知识、优化业务流程、提高客户满意度等。

2. 增强决策能力

数据工程提供的数据分析和报告功能,可以帮助智能体作出更明智、更及时的决策。通过数据报告和分析结果,可以更好地了解趋势、需求、状况等信息,从而制订更符合实际情况的策略和计划。

3. 优化资源配置

数据工程可以帮助智能体更好地了解自身的状况和资源需求，从而优化资源配置。通过对数据的分析，可以确定哪些资源是必要的，哪些资源是过剩的，从而合理分配资源，提高资源利用效率。

4. 提升满意度

数据工程可以通过对用户行为和客观世界趋势的分析，提供更符合客户需求的产品和服务，从而提高客户满意度。同时，通过对用户反馈信息的收集和分析，企业可以及时发现和解决客户问题。

5. 保护企业利益

数据工程可以帮助智能体更好地管理风险和合规性。通过数据分析和监控，可以及时发现潜在的风险和威胁，采取相应的措施加以防范和处理，从而保护用户的利益。

总之，数据工程具有重要的意义和价值，通过数据工程的应用，智能系统可以更好地利用数据、优化业务流程、提高决策能力、提升满意度、保护利益等。

9.2.3　数据工程的内容

数据工程的工作内容有很多，只要是有益于数据利用的操作都可以纳入其范畴，一般包括数据采集、数据处理、数据存储、数据分析、数据报告、数据标注、数据治理、数据挖掘、数据可视化等。

1. 数据采集

数据工程的第一步是采集数据。这可能包括从各种来源(如数据库、网络、传感器等)收集数据，并将其转化为统一格式的过程。数据采集是数据工程的基础，因为它为后续的数据处理、存储和分析提供了原始材料。

2. 数据处理

数据处理是数据工程的核心。它涉及对原始数据进行各种转换和操作，以提取出更有价值的信息，包括数据清洗、转换、归一化、聚合等。数据处理的目标是使数据更易于理解和使用，为后续的数据分析提供便利。

3. 数据存储

在数据工程中，数据存储是一个关键环节。它涉及选择适当的数据存储方式(如关系型数据库、非关系型数据库、分布式文件系统等)，以及设计合适的数据模型和架构，以便有效地存储和处理大量数据。

4. 数据分析

数据分析是数据工程的一个重要方面。它涉及使用统计方法、机器学习等技术，从数据中提取见解和知识。数据分析的目标是发现数据的模式和趋势，以支持决策制订和业务优化。

5. 数据报告

生成和发布数据报告的过程涉及将数据分析的结果以易于理解的形式(如图表、仪表板或报告)呈现给利益相关者。数据报告的目标是传达数据的价值和意义，以支持决策的制订。

6. 数据标注

数据标注是对数据进行分类和标注的过程，主要包括文本、音频、图像和视频等数据类型。数据标注把需要计算机识别和分辨的图片等事先打上标签，让计算机不断地识别这些图片的特征，最终实现计算机的自主识别。数据标注为人工智能企业提供了大量带标签的数据，供机器训练和学习，保证了算法模型的有效性。

7. 数据治理

数据治理(Data Govemance)是组织中涉及数据使用的一整套管理行为，由数据治理部门发起并推行，包括制订和实施针对整个企业内部数据的商业应用和技术管理的一系列政策和流程。数据治理的目的就是提升数据的价值，是实现数字战略的基础，也是一个管理体系，包括组织、制度、流程和工具。

8. 数据挖掘

数据挖掘(Data Mining)是从大量数据中提取隐藏信息和知识的过程，这些数据可以是结构化的、半结构化的，甚至是非结构化的。数据挖掘是一种决策支持过程，它主要基于人工智能、机器学习、模式识别、统计学、数据库、可视化技术等，高度自动化地分析数据，作出归纳性的推理，从中挖掘出潜在的模式，帮助决策者调整策略，减少风险，作出正确的决策。数据挖掘是目前人工智能和数据库领域研究的热点问题。数据挖掘通常与计算机科学有关，并通过统计、在线分析处理、情报检索、机器学习、专家系统(依靠过去的经验法则)和模式识别等诸多方法来实现上述目标。其过程包括数据的收集、预处理、分析和解释等步骤。数据挖掘可以帮助人们更好地理解数据，发现数据的规律和模式，从而为决策提供支持和参考。在商业应用领域，数据挖掘技术被广泛应用于市场分析、客户管理、风险管理等领域。例如，通过分析客户的购买行为和偏好，企业可以制订更精准的市场策略；通过分析客户的反馈和评价，企业可以改进产品和服务的质量及满意度；通过分析风险数据，企业可以评估和管理风险等。

结构化数据是最为常见和熟悉的数据形态，它由明确定义的信息组成，并以高度组织化的表格或数据库进行存储和管理。结构化数据具备可搜索、可维护和可跟踪的特点，常见的例子有关系型数据库中的客户数据、订单数据、产品数据等。

非结构化数据是指没有固定组织原则的、未经过滤的信息。非结构化数据形式多样，包括图像、视频、音频文件和文本信息等。这类数据无法用传统的关系数据库进行存储，且数据量通常较大。非结构化数据的特点在于它没有预先定义好的数据模型，具备自由表达的能力，包含更多的细节和多样性。尽管处理和分析非结构化数据具有挑战性，但它蕴含丰富的信息和创新的潜力，广泛应用于图像识别、语音处理、自然语言处理等领域。

介于结构化与非结构化数据之间的数据称为半结构化数据。三种数据的比较如图 9-3 所示。

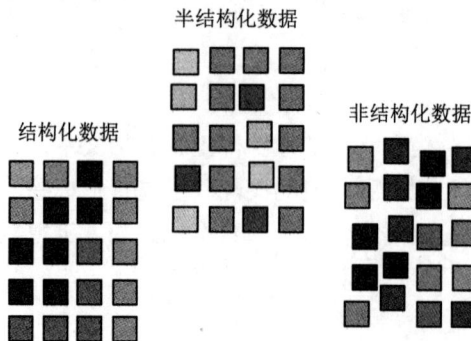

图 9-3　结构化、非结构化与半结构化数据

9. 数据可视化

数据可视化是关于数据视觉表现形式的科学技术。它以图形、图像处理、计算机视觉以及用户界面为基础，利用表达、建模以及对立体、表面、属性和动画的显示，对数据加以可视化解释。数据可视化可以视为数据报告的一种实现方法，只是更加专注于视觉展现，将大型数据集中的数据以图形图像形式表示，并利用数据分析和开发工具发现其中未知信息。数据可视化旨在观测、跟踪数据，分析数据，辅助理解数据，增强数据吸引力。数据可视化是一个不断演变的领域，其边界在不断地扩大。随着技术的不断进步，数据可视化将有更多高级的技术方法可供使用，如虚拟现实、增强现实等技术，对数据的展示也将更加全面和生动。

【举例】 深度学习模型可视化

通常，深度学习这种模拟人类大脑的联结主义模型被认为是复杂、难以理解的，尤其是对于初学者，为了实现深度模型的展示，Deep playground(http://playground.tensorflow.org)采用数据可视化提供了一个交互式可视化神经网络，它用 d3.j 实现，可以在浏览器中观察深度学习模型的训练过程，效果如图 9-4 所示。读者可以借助 Deep playground 去开展学习，从而体会可视化技术的价值。

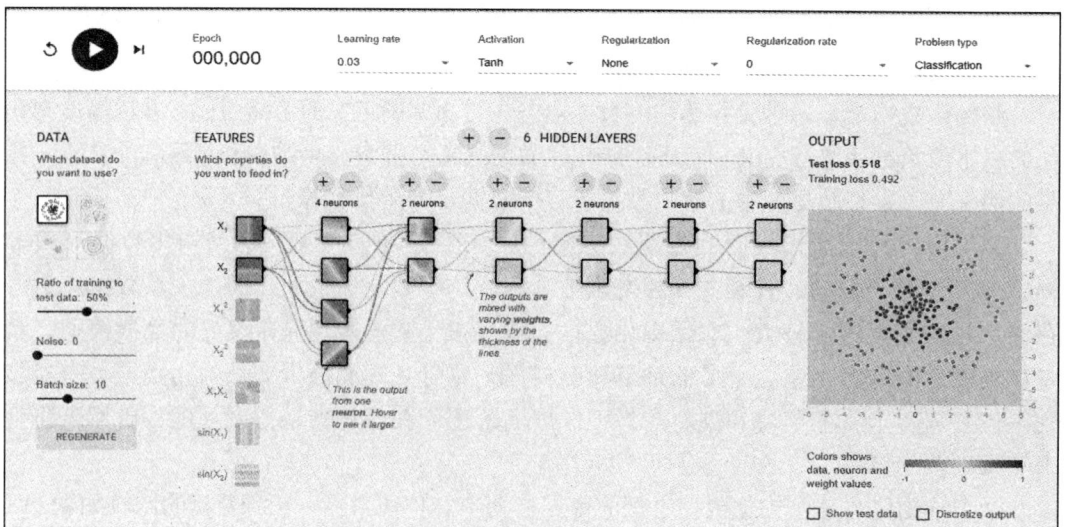

图 9-4　Deep playground 滤波器可视化效果图

此外，人们利用、开发数据的手段还在不断丰富。

9.2.4 相关课程

数据工程相关专业课程如下。

1. 数据工程

该课程的内容包括数据采集、数据预处理、数据存储、数据处理和分析、数据可视化、数据工程实践等。数据采集：学习如何从不同的数据源中获取数据，并了解数据的初始形态。数据预处理：学习如何对数据进行清洗、去重、转换等操作，以便后续的数据分析。数据存储：学习如何将处理后的数据存储到数据库或数据仓库中，并了解不同类型的数据存储方式。数据处理和分析：学习如何利用数据分析工具和算法对数据进行处理和分析，提取数据的潜在价值。数据可视化：学习如何将数据分析结果通过图表、图像等方式呈现出来，以便更好地理解数据。数据工程实践：通过实际项目或案例，让学生亲自动手实践数据工程的整个流程，提升实际操作能力。

2. 虚拟现实

虚拟现实技术作为一种强大的人机交互技术，一直是智能科学与技术领域开发和应用的热点方向之一。该课程立足于虚拟现实的特性，全面系统地讲述虚拟现实的基础理论和实践技能，内容包括对虚拟现实最新硬件设备和高级软件技术的讲解，以及虚拟现实传统应用和最新应用的介绍。通过本课程的学习，学生可了解并掌握虚拟现实的基本概念和术语、系统组成及应用领域，了解虚拟现实的计算机体系结构、输入/输出设备以及人的相关因素；结合上机实验，可了解虚拟现实的建模技术，掌握应用系统开发的基本技能。

数据工程相关知识在大数据原理与应用、机器学习课程中也会有所涉及。

9.3 大 数 据

目前社会已经进入大数据的时代，数据的运用对人类社会的影响是深远的，已经逐步改变了人类的科学探索模式。从 16 世纪伽利略比萨斜塔实验的经验科学，到 19 世纪的理论科学，再到 20 世纪计算机出现后诞生的计算科学，最后通向如今 21 世纪大数据时代下的数据科学，人类对于客观世界科学探索的范式已从经验归纳、模型推理，发展到仿真模拟、大数据驱动，人类目前正在从认知世界走向重构世界的道路上不断前进。

9.3.1 大数据的概念

1. 定义

大数据(Big Data)或称巨量资料，是指传统数据处理应用软件不足以处理的大或复杂的数据集。除此之外，大数据亦可以定义为来自各种来源的大量非结构化或结构化数据。

2. 发展史

大数据概念的发展历程可以追溯到 19 世纪，当时数据的规模和复杂性相对较低，数据处理和分析的方式也相对简单。随着科技的发展，数据的规模和复杂性不断增加，数据处理和分析的方式也变得越来越复杂。

20 世纪 90 年代，随着数据库技术的成熟和数据挖掘理论的提出，人们开始意识到数据的重要性和价值。在这个时期，数据库系统广泛应用于企业、政府和学术界，大量的数据被收集和存储。然而，如何有效地处理和分析这些数据成为一个亟待解决的问题。

21 世纪初，随着互联网和移动设备的普及，数据的产生和收集能力迅速提高。在这个时期，人们开始关注如何处理和分析大规模、高速度、多样化、复杂性的数据，以满足各种需求，如社交媒体分析、金融交易分析等。

2003—2006 年是大数据发展的突破期，社交网络的流行导致大量非结构化数据出现，传统处理方法难以应对，开始重新思考数据处理系统、数据库架构。2006—2009 年，大数据形成并行计算和分布式系统，为大数据发展的成熟期。

2010 年以来，随着智能手机应用、物联网、云计算等技术的普及，数据规模和复杂性进一步增加。在这个时期，大数据技术得到了更广泛的应用和发展，如金融、医疗、教育等领域。

总之，随着技术的不断进步和应用场景的不断扩展，大数据将继续发挥重要作用。

3. 大数据与智能技术的关系

大数据与智能技术之间存在密切的关系。大数据是智能的基础，智能技术是大数据的应用。大数据可以帮助人们处理和分析海量的数据，从中提取有价值的信息和洞见(是指任何可以提升对复杂系统真实运作机理理解的信息)，而这些信息和洞见又可以被用来训练和优化人工智能模型。智能技术(如机器学习和深度学习等)可以通过对大量数据的分析和处理，进一步实现自动化决策、预测和优化等功能。

大数据、智能之间相互促进、相互支撑，共同推动着未来人类社会的进步和发展。

9.3.2　大数据的研究内容

大数据的研究内容非常广泛，主要包括大数据基础理论、大数据处理系统、大数据管理系统与大数据分析等方面。

1. 大数据基础理论

大数据基础理论包括严格亚线性复杂度分布式算法的研究设计以及在并行分布式环境下对大数据处理问题难度的精细划分。在大数据时代，数据呈现出规模大、速度快、类型多等特点，这给传统的数据处理和分析方法带来了巨大的挑战。因此，大数据基础理论的研究显得尤为重要。

具体来说，大数据基础理论的研究包括以下几个方面：

■ 大数据的模型和性质。这涉及对大数据基本特征和属性的研究，如数据的规模、多样性、实时性等。

■ 大数据的表示方法。由于大数据具有复杂性和多样性，因此如何有效地表示大数据是一个重要的问题。这涉及对数据的特征提取、降维和表示学习等方面的研究。

■ 大数据处理的算法和复杂度。在大数据处理中，算法的选择和复杂度的控制是至关重要的，因此，研究高效的大数据算法和处理技术是大数据基础理论研究的重要方向。

■　大数据的可视化。可视化是一种有效的数据分析和理解方法，对于大规模数据来说尤为重要，这涉及对可视化算法、交互技术和可视化界面设计等方面的研究。

通过大数据基础理论的研究可实现从数据到智慧的升华，为决策提供支持，并在应用中创造价值。通过深入探索和研究大数据的基础理论，可以更好地理解和应用大数据技术，为未来的科技发展和社会进步作出更大的贡献。

2. 大数据处理系统

大数据处理侧重于新型软硬件架构上的系统优化，如内存计算、异构计算、流计算等。

大数据处理系统是用于处理大规模数据的系统，通常需要高性能的计算能力、存储能力和数据处理能力。常见的大数据处理系统包括分布式计算系统、并行计算系统、云计算系统等。

分布式计算系统是一种将多台计算机通过网络连接起来，协同完成大规模数据处理任务的计算系统。分布式计算系统可以充分利用每台计算机的计算能力和存储能力，实现数据和计算任务的分布式处理，提高数据处理效率和可靠性。

并行计算系统是一种同时执行多个计算任务的计算系统，可以加快数据处理速度。并行计算系统通常需要多个处理器和高速缓存，以及高效的通信机制和任务调度算法。

云计算系统是一种将大量计算资源集中起来，通过虚拟化技术实现灵活扩展和共享的计算系统。云计算系统可以提供弹性的计算资源，满足各种规模和类型的计算需求，同时具有高可用性、高可扩展性和高灵活性等优点。

在大数据处理系统中，通常需要使用各种数据处理技术，如批处理、流处理、图处理、机器学习等。批处理技术通常用于处理大规模历史数据，流处理技术则用于处理实时数据。图处理技术用于处理图结构的数据，机器学习技术则用于从大量数据中提取知识和规律，以支持智能决策和预测。可以说，大数据处理系统是处理大规模数据的关键工具，可以大大提高数据处理的效率和可靠性，为各个领域的数据分析和决策提供支持。

3. 大数据管理系统

大数据管理系统是用于管理和处理大规模数据的系统，包括数据的存储、查询、分析、挖掘等功能。常见的大数据管理系统包括分布式文件系统、关系型数据库、非关系型数据库、数据仓库等。

分布式文件系统是大数据管理系统的核心组成部分，可以用于存储和管理大规模数据。它通常具有高可用性、高可扩展性和高性能等特点，能够满足大数据处理的需求。

关系型数据库是一种基于关系模型的数据库管理系统，可以用于存储和管理结构化数据。它提供了完整性约束、数据安全性等特性，同时也提供了高性能的数据查询和访问能力。

非关系型数据库是一种基于键值对或者文档数据的数据库管理系统，可以用于存储和管理半结构化和非结构化数据。它通常具有高性能、高可用性和高可扩展性等特点，能够满足大数据处理的需求。

数据仓库是一种用于数据存储和分析的系统，可以用于存储和管理大规模的结构化数据。它通常由多个数据源、ETL(提取、转换、加载)过程、OLAP(联机分析处理)等组成，可以提供高效的数据查询和分析能力。

4. 大数据分析

大数据分析是指对大规模数据进行分析，涉及多个方面，包括可视化分析、数据挖掘算法、数据质量和数据管理、业务成果和异步分析等。

■ 可视化分析是大数据分析的重要方面，它能够直观地呈现数据的特点和分布情况，帮助人们更好地理解和分析数据。可视化分析通常使用图表、图形和地图等方式呈现数据，以便更清晰地展示数据的规律和趋势。

■ 数据挖掘算法是大数据分析的核心，它通过一系列的算法和模型从数据中提取有价值的信息和洞见。数据挖掘算法通常基于统计学、机器学习和人工智能等技术，包括聚类分析、关联规则挖掘、决策树分析等。

■ 数据质量和数据管理也是大数据分析的重要方面。高质量的数据和有效的数据管理能够保证分析结果的真实性和可靠性。数据质量包括数据的完整性、准确性、一致性和真实性等，数据管理则涉及数据的存储、备份、恢复和管理等。

■ 业务成果是大数据分析的最终目的，通过挖掘数据中的价值和洞见，为企业或组织提供决策支持和方案优化。大数据分析可以帮助企业或组织提高运营效率、降低成本、优化资源配置等。

■ 异步分析是大数据分析的一种方法，它通过将数据流分成多个批次进行处理，以实现高效的数据处理和分析。异步分析适用于大规模数据的实时分析和处理，通常使用批处理和流处理等技术实现。

9.3.3 相关课程

大数据的相关专业课程如下。

1. 大数据技术原理

该课程是大数据专业的导论课，其主要目标是让学生了解大数据的基本理论和应用方法，课程的主要内容包括：大数据的概念和定义、大数据的采集、大数据的存储和管理、大数据的处理、大数据分析以及分析结果可视化呈现、大数据的应用、大数据的挑战和未来发展等。

2. 数据挖掘

该课程是一门涉及统计学、机器学习、数据库管理、模式识别等多个学科领域的综合性课程，主要目标是培养学生掌握数据挖掘的基本理论和实践技能，能够运用数据挖掘技术解决实际问题，课程的主要内容包括：数据预处理、聚类分析、分类与预测、关联规则挖掘等基本的数据挖掘技术，以及数据挖掘技术在各个领域中的应用。

大数据相关知识在数据工程、机器学习、人工智能课程中也会有所涉及。

本章小结

知识往往蕴含在数据中。在没有完全揭开智能的基本原理之前，通过对已有的数据进行分析、学习，人们可以逐步逼近智能的本质。然而，数据的使用是有条件的，数据本身所呈现的多样性也是复杂的。为了使读者建立科学的数据观，本章在数据认识论的基础上，分别介绍了数据工程和大数据的概念，这些知识在后续智能科学技术的学习中都具有十分重要的作用。

课后习题

1. 简述数据的重要性。
2. 数据有哪些分类？
3. 解释何为数据工程？
4. 列举数据工程的意义。
5. 按顺序介绍数据工程的内容。
6. 解释大数据的概念。
7. 大数据的研究内容有哪些？

第 10 章 智能科学挑战与展望

正如硬币的两面，智能化在给人类社会带来便利的同时，也带来了许多新的问题和挑战。

近年来，人工智能在各个领域取得了巨大的突破和进展，从智能机器人到语音识别，从自动驾驶到智能医疗，逐渐渗透到我们生活的方方面面。然而，随着智能技术应用的不断深入，也引发了人们对于其潜在问题的担忧。

为了对智能科学的发展有一个全面、客观、辨证的认识，本章将就这些问题以及智能科学的未来进行探讨。

10.1 概   述

我们已经知道智能科学是一个宽泛的领域，但是目前对社会影响最显著的是人工智能，可以代表智能科学技术发展的主流。当前，人工智能的发展已经成为世界主要国家的国家战略，并得到各国领导人的高度重视。

【思政融入点】 **加快新一代人工智能的健康发展**

2018 年 10 月 31 日，中共中央政治局就人工智能发展现状和趋势举行第九次集体学习。习近平总书记在主持学习时强调，人工智能是新一轮科技革命和产业变革的重要驱动力量，加快发展新一代人工智能是事关我国能否抓住新一轮科技革命和产业变革机遇的战略问题。要深刻认识加快发展新一代人工智能的重大意义，加强领导，做好规划，明确任务，夯实基础，促进其同经济社会发展深度融合，推动我国新一代人工智能健康发展。

10.1.1 人工智能的国家战略

智能技术，尤其是人工智能的重要性已经显露无遗了，它对人类社会的影响是深远的，为此，世界各国均提出未来发展战略。

1. 美国

作为人工智能的强国，美国一直处于引领和被赶超的地位，其国家战略非常具有代表性。

2023 年 5 月 23 日，美国白宫公布了一系列围绕美国人工智能使用和发展的新举措，并更新发布了《国家人工智能研发战略计划》。该计划是对 2016、2019 年版《国家人工智能研发战略计划》的再次更新，重申了之前的 8 项战略目标并对各战略的具体优先事项进行了调整和完善，同时增加了新的第 9 项战略以强调国际合作。此外，该报告还提出要评估联邦机构对《2020 年国家人工智能倡议法案》(NAIIA)和《国家人工智能研发战略计划》的实施情况。

美国的人工智能国家战略一直持续推进、定期发布。

2. 中国

2017 年以来国务院和各部委关于人工智能人才培养、平台建设和应用等落地方面的支持政策暖风频吹，形成了全方位的"政策丛林"。

作为纲领性指导文件，2017 年国务院印发的《新一代人工智能发展规划》(以下简称《规划》)明确了我国新一代人工智能发展的战略目标：到 2020 年，人工智能总体技术和应用与世界先进水平同步，人工智能产业成为新的重要经济增长点，人工智能技术应用成为改善民生的新途径；到 2025 年，人工智能基础理论实现重大突破，部分技术与应用达到世界领先水平，人工智能成为我国产业升级和经济转型的主要动力，智能社会建设取得积极进展；到 2030 年，人工智能理论、技术与应用总体达到世界领先水平，成为世界主要人工智能创新中心。《规划》提出六个方面重点任务：一是构建开放协同的人工智能科技创新体系，从前沿基础理论、关键共性技术、创新平台、高端人才队伍等方面强化部署。二是培育高端高效的智能经济，发展人工智能新兴产业，推进产业智能化升级，打造人工智能创新高地。三是建设安全便捷的智能社会，发展高效智能服务，提高社会治理智能化水平，利用人工智能提升公共安全保障能力，促进社会交往的共享互信。四是加强人工智能领域军民融合，促进人工智能技术军民双向转化、军民创新资源共建共享。五是构建泛在安全高效的智能化基础设施体系，加强网络、大数据、高效能计算等基础设施的建设升级。六是前瞻布局重大科技项目，针对新一代人工智能特有的重大基础理论和共性关键技术瓶颈，加强整体统筹，形成以新一代人工智能重大科技项目为核心、统筹当前和未来研发任务布局的人工智能项目群。

结合科技部、教育部、工信部、交通运输部、农业农村部、国家卫健委等部委的文件，可以将我国的人工智能基本发展战略可以概括为人才培养、平台建设、应用落地三个方面。

■ **战略 1** 人才培养。

2017 年 12 月教育部颁布的《高等学校人工智能创新行动规划》提出人工智能人才培养在 2020—2030 年"三步走"的战略目标，夯实人工智能发展的智能化底层。2020 年 1 月，相关政策接续出台，基础理论人才与"人工智能 + X"复合型人才并重的培养体系和深度融合的学科建设和人才培养模式成为重点。

■ **战略 2** 平台建设。

2019 年 8 月，科技部印发《国家新一代人工智能开放创新平台建设工作指引》和《国家新一代人工智能创新发展试验区建设工作指引》，承载人工智能前沿科技发展的企业平台和试验区先试先行，应用牵引、企业主导、市场运作的人工智能发展得到有效支撑。

■ **战略 3** 应用落地。

2022 年 7 月，科技部等六部门印发《关于加快场景创新以人工智能高水平应用促进经济高质量发展的指导意见》出台，依托于国内海量数据和统一大市场的内源驱动，我国积极拓展人工智能的各类场景应用，设计场景系统、开放场景机会、完善场景创新生态，并发挥其在赋能实体经济高质量发展中的重要作用。

此外，2023 年 10 月 18 日，习近平主席在第三届"一带一路"国际合作高峰论坛开幕式上的主旨演讲中提出的《全球人工智能治理倡议》(该倡议被誉为"AI治理中国方案"),提出发展人工智能应坚持相互尊重、平等互利的原则,各国无论大小、强弱,无论社会制度如何,都有平等发展和利用人工智能的权利。

可以说,自2013年起,世界许多国家政府,尤其是发达国家纷纷调研人工智能对社会、经济可能带来的颠覆性影响,相继发布符合自身国情的人工智能战略。那么在这场事关未来的技术革命中,我国的机会在哪里?优势和短板分别是什么呢?

【思政融入点】 明确优势与差距,建立我国人工智能的发展自信

目前我国已经成为人工智能领域的超级大国之一。改革开放以来,我们国家在基础研究方面的投入巨大,人工智能的发展有了非常好的沉淀。一些关键核心技术,中国已经走在了世界前列,比如人脸和语音识别技术。中国人工智能的发展与各行各业的结合和渗透是非常高的,其应用和推广比其他国家做得更好。我国人工智能发展的创新生态环境已经初步形成。百度的无人驾驶、阿里的城市大脑、腾讯的智能医疗、科大讯飞的语音识别、商汤的图像与视频处理等开放平台,以及华为、寒武纪、海康威视等实体经济领域平台已经创建。全球AI指数排名,中国属于第一梯队,紧随美国,在人才、教育、专利产出等方面均有所进步。中美两国引领、呈梯次分布的全球人工智能发展总格局保持不变。

中国人工智能发展具有四大优势:一是政策优势,人工智能已被列为国家优先发展事项;二是海量数据资源优势,中国人口是美国的四倍多,手机群体和手机消费、支付量也是最大的,拥有庞大的消费、出行、医疗、旅游、物流等数据资源;三是应用场景优势,我国是发展中国家,很多基础设施还不够完善,这恰恰给人工智能的应用提供了一些深度场景,比如城乡的基础设施、医疗、教育、民生服务等领域的问题,人工智能系统的介入,问题可以快速得到解决;四是青年人才优势,我国高等教育毛入学率已达59.6%,而且理工科的学生比例很高,这是一个非常大的人才储备库。国家自然科学基金委员会为此专门设立人工智能一级学科代码,资助相关基础研究、前瞻性探索和应用研究。

当然,也必须认识到我国科技发展自身存在的一些短板,特别是在四个薄弱环节急需加强:① 基础理论和原创算法研究比较薄弱;② 高端器件研发能力弱,比如做深度神经网络训练的GPU(图形处理器),我国在这方面差距比较明显;③ 缺乏有影响的人工智能开源开放平台;④ 缺乏相应的高端人才。据统计,中国顶级的人工智能高端人才数只有美国的20%,因此已成为国家关键领域急需的高层次人才。

3. 德国

德国人工智能发展战略主要关注以下几个方面:

(1) 基础设施建设。德国计划到2025年建成全国高速互联网,为人工智能的应用提供强大的基础设施支撑。

(2) 创新与数字化转型。德国致力于实现工作场所的数字化,即"工业4.0",并将人工智能作为推动工业4.0发展的关键因素。在这个过程中,德国强调对人工智能基础理论的研究,并希望确保这些研究成果能被应用到产品中。

(3) 应对数字转型中的社会问题。德国政府也关注数字转型中的社会问题,尤其是保护数字社会中的工作和伦理。

(4) 实现国家现代化。德国政府希望通过人工智能等先进技术，让德国告别填表、盖章等繁文缛节的官僚文化，实现国家的现代化。

此外，德国人工智能发展战略还强调，打造"德国制造"的人工智能，希望其人工智能产品能像德国制造的其他产品一样，具有世界领先的品质和声誉。为扩大德国人工智能的科学基础，德国政府计划在数字化领域为 100 多名教授提供职位，以加强科研设施，并阻止人工智能专家的人才流失。还希望在人工智能研究中发挥重要作用，与欧洲合作伙伴和技术领导者一起成为领先者。同时，德国还希望中小企业能从强大的人工智能应用中受益，并为其创建相应的服务和环境条件。德国人工智能发展战略的目标是将德国和欧洲打造成人工智能的领先基地，以此来确保德国未来的竞争力。

4. 英国

英国人工智能发展战略旨在通过加强基础设施建设、推动创新与人才培养、促进产业转型与发展、保障数据安全与隐私保护以及加强国际合作与竞争等方面，试图实现英国在人工智能领域的领先地位。

英国人工智能发展战略主要体现在以下几个方面：

(1) 基础设施建设：英国在人工智能基础设施建设方面进行了大量投资，包括高性能计算、数据分析和人工智能基础设施的发展。这些基础设施为人工智能的应用提供了强大的支持。

(2) 创新与人才培养：英国重视人工智能技术的创新和人才培养，英国政府设立了专门的人工智能创新中心，并投入大量资金支持人工智能研究和开发。同时，英国也在大学和科研机构中设立了人工智能专业，以培养具备专业技能的人工智能人才。

(3) 产业转型与发展：英国政府将人工智能作为推动产业转型和发展的重要驱动力，通过支持人工智能技术的研发和应用，推动传统产业的数字化转型,提高生产效率和创新能力。

(4) 数据安全与隐私保护：英国在发展人工智能的同时，也重视数据安全和个人隐私保护。英国政府采取了一系列措施来确保数据的合法性和安全性，以保障个人隐私和商业机密不被泄露。

(5) 国际合作与竞争：英国在人工智能发展方面注重国际合作与竞争。英国加入了多个国际人工智能合作组织，与其他国家共同研究和开发人工智能技术。同时，英国也在国际市场上积极推广本国的人工智能产品和服务，以增强其在全球人工智能领域的竞争力。

此外，日本、韩国、法国等主要发达国家，也有各自的人工智能发展战略。从这些战略中能够看到各国专家们对智能未来发展方向的思考。

10.1.2 智能研究的深入探索

智能科学的发展还远未成熟，一些迫在眉睫问题的解决却已经提上日程。在人工智能发展的大战略下，下一步智能科学的研究将在哪些方向展开呢？可以将智能研究的深入探索的基本关系描述如图 10-1 所示。

图中把智能问题划分为脑与认知、人工智能、道德伦理三个部分，其中人工智能占据重要位置。人工智能又与其他两个部分形成交互关系。一方面，人工智能是脑与认知的机器模拟，人工智能与人类智能的混合势在必行，另一方面，人工智能需要给予社会道德伦理合理解释，道德伦理又需对人工智能带来的风险进行问责。

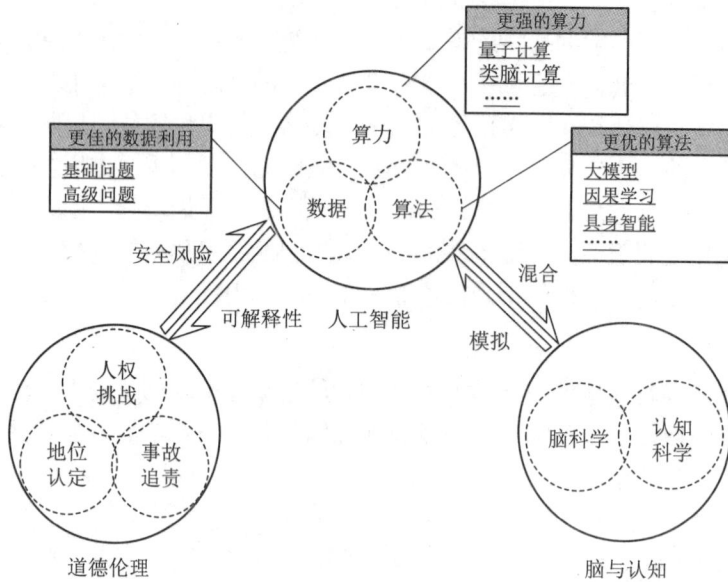

图 10-1　智能研究的深入探索

智能研究的深入探索和相对典型的问题如下。

1. 社会问题的思考

人工智能的发展在给人们的生活带来便利的同时，也带来了一些社会问题，具体包括就业和职业转型问题、道德和伦理问题、不平等的机会问题、安全和隐私问题、社会和法律问题、技术不平衡问题等。在人工智能的发展过程中，必须考虑到这些社会问题，并采取相应的措施来解决或缓解这些问题。针对这些问题，政府需制订相应的政策和法规来规范人工智能的发展和应用；企业可以加强技术研发和创新，提高人工智能的效率和安全性；个人也可以通过学习和适应新的技术和知识来提高自己的竞争力和就业机会。

2. 认知机理的揭开

探究人类的高级认知能力是怎样从包含上百亿神经元的复杂大脑系统中涌现出来的问题，是神经科学的核心问题之一。该问题的解决，将预示着人类对智能研究质的飞跃。目前学界存在两种对立的观点，神经科学家谢林顿(Sherrington)从网络的视角，强调大脑神经元之间的特定联系(网络节点信号)；神经学家霍普菲尔德(Hopfield)则从集体行为的视角，强调神经系统中认知计算的分布式特点(神经元集体行为的空间嵌入)。这两种观点对神经科学的发展都颇有影响，为将来的研究指明了两条截然不同的发展道路。未来革命性的认知神经科学研究将在很大程度上解释和化解谢林顿式观念与霍普菲尔德式观念之间的隔阂，最终促进脑与认知科学神秘面纱的揭开。

3. 脑机的互联互通

人脑与机器的互联互通始终是人类的一个梦想。

脑机互联互通是脑机接口技术的关键问题之一。脑机接口技术主要分为非侵入式和侵入式两大类。其中，非侵入式脑机接口不需要直接接触大脑，而是通过感应器捕捉大脑活动的电信号来实现。侵入式脑机接口则通过在大脑中植入电极或传感器来采集神经信号。对于脑机互联互通，一个关键的挑战是如何实现不同脑机接口之间的通信和协作，这涉及如何将不同类型和不同来源的神经信号转换为计算机可理解的语言，以及如何将计算机的反馈信号传递给大脑以实现人与计算机或其他电子设备的无缝连接。此外，脑机互联互通还涉及如何保护个人隐私和数据安全的问题。由于脑机接口可以获取个体的私人信息，因此需要采取措施来保护这些信息不被滥用或泄露。

4. 更好的人工智能要素

人工智能的要素是提升智能能力的关键。算力对于人工智能的重要性已经得到反复强调，未来人们依然会在算力提升的道路上飞奔，一些新型算力已经初露端倪，包括分布式计算、量子计算、神经计算、生物计算等。另外，人们也发现在当前机器学习如火如荼的繁华表象下，算法本身的弊端使得智能能力的提升出现瓶颈，迫使科学家对算法本身进行革命化改良。与此同时，工程技术人员也在试图采集更多、更广泛、更精准的数据，从数据的角度提升人工智能水平。

本章后续章节将择其中的重点进行介绍。

10.2　道德伦理责任归属

当人类的研究向智能、意识和生命的本质逐渐深入之时，会与诸多意想不到之事不期而遇。其中，智能道德伦理首当其冲，这其实也是人类自我认识的一个深刻话题。正如克里斯·朗顿撰写的《人工生命的宣言》中所述：人工生命不仅是对科学技术的挑战，也是对我们最根本的社会、道德、哲学和宗教信仰的挑战。就像哥白尼的太阳系理论一样，它将迫使我们重新审视我们在宇宙中所处的地位和在大自然中扮演的角色。

10.2.1　人工智能对人权发起挑战

人工智能到底能进化到什么程度呢？这引发了人们的忧虑。

2014 年年底，斯蒂芬·威廉·霍金在回答记者采访时说，如果我们开发出了完全的人工智能，那么也许它将意味着人类的终结。他还说，人工智能发明是人类历史上的一个里程碑，但是同时，它也有可能成为我们历史上的最后一个里程碑。他忧虑的是，如果人工智能达到能够拥有自我意志、能够自立并对自身设计进行自我改进的程度，那么人类将无法与之抗衡。

这类争论中最为极端的例子是关于"奇点"(即技术奇点，Technological singularity，简称"奇点")是否会到来的争论。"奇点"这个概念是由著名实业家雷·库兹韦尔提出来的，他甚至还为此设立了一所名为"奇点大学"的教育机构。所谓"奇点"是指一个假设的时间点，在该时间点上技术的增长变得不可控制和不可逆转，从而导致人类文明发生无法预知的变化。根据奇点假说(也被称为智能爆炸，Intelligence Explosion)最流行的版本：一个可升级的智能体终将进入一种自我完善循环的失控反应 (runaway reaction)。新的、更智能的时代将出现得越来越快，导致智能的"爆炸"，并产生一种在实质上远超所有人类智能的超级智能。

📍**【举例】 机器人杀死人类**

科幻电影《普罗米修斯》探讨了诸多关于宇宙、生命起源的问题，其中就含生化机器人意图杀死人类的情节(如图 10-2 所示)。剧中高潮部分，探索生命起源的地球科研小队中唯一的"幸存者"——机器人大卫，驾驶着飞船来到地球生命的播种者"工程师"(剧中的高级外星人类)的母星，他在上空盘旋并向这些人类投下了成百上千的"黑水炸弹"(一种生化武器)，眼睁睁看着人类的造物主们灰飞烟灭，脸上还洋溢着得意的笑容。那一刻，大卫念出了雪莱的诗句："吾乃万王之王是也，盖世功业，敢叫天公折服！"，展现出征服人类的成就感。

图 10-2   科幻电影《普罗米修斯·契约》中生化人向外星人类投下病毒

作为高等智能的本性，争取"自由"是其获得发展空间的本能。

当然，在"强人工智能"出现之前，担心智能机器人对人类发起挑战为时尚早，当前出现的人工智能对人类社会的主要影响还只是人权问题，即人工智能是否会取代人类的工作岗位？这是一个备受争议的话题。一方面，人工智能的出现无疑会带来很多便利和创新，提高生产力和生产效率。但另一方面，人工智能的智能化和自动化特性也让人们担心大规模失业可能会发生。这需要我们重视和思考如何平衡人工智能的发展与人类就业的问题。其实这是一个早已存在的宽泛人权问题——机器是否可以替代人类，尤其是近年来，"人工生命"的相继问世，加速了对这个关于人权问题的探讨。高速发展的人工智能科学，为之前只能重复简单机械活动的机器人赋予了"人性"，使其成为拥有相当程度感知能力的"人性"智能机器人，而这些具有"人性"的智能机器人的出现，必然会对"人权"造成很大冲击。

此外，人工智能的发展削弱了人类的主体地位。《人类简史》中提到，"人工智能技术的快速发展必然导致无用的阶层的兴起"，与之相对的是少数精英阶层。人工智能融入社会生产生活的方方面面，取代人们完成了大部分工作，而习惯于被人工智能辅助的大部分人，则会逐渐沦为"无用的阶层"，这无疑是对人类主体性地位的一大挑战。人工智能的发展，同时也限制了人类自由而全面发展的权利。人工智能技术大规模应用于社会生产，促进了社会分工的细化，同时也提高了行业门槛，导致人们在日常工作、生活中只专注于某些领域的提升，而丧失了全面发展的条件和意愿。在日常生活中，人工智能技术加持下的短视频、直播行业方兴未艾，各种粗制滥造的影视作品充斥着人们的生活，人们被裹挟其中却不自知，久而久之，可能会丧失合理批判社会现实的能力，削弱人的主观能动性，由"自由而全面发展的人"变成"单向度的人"。

对于这些人权问题尚没有满意答案。

10.2.2　人工智能体道德地位认定

科学技术的进步使互联网时代成为过去，人类社会已经步入人工智能时代。人工智能技术不但能够创造出模仿人类、具有智能化的产物，改变人类的生产生活方式，而且能够触发社会深层次联系的重大变革。一个棘手的问题是，当人工智能体与人体愈加相似时，该如何对其社会道德地位进行客观定位呢？

随着技术的进步，人与人造人(人工智能体)的界限变得越来越模糊了。

📍【举例】　缸中之脑

美国哲学家希拉里·普特南(Hilary Whitehall Putnam)，在其 1981 年出版的著作《理性、真理与历史》一书中，将这一情景所引发的"思想实验"描绘为"缸中之脑"，如图 10-3 所示。普特南的思想实验是：假想某个浸泡在营养液中的大脑通过细细的导线与躯干相连。这个大脑对躯体动作的意识发出的指令，通过导线双向传递。此刻，你会认为这还是一个生物学意义上的"人脑"或"人"吗？

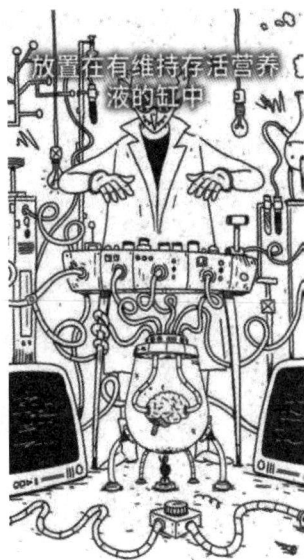

放置在有维持存活营养液的缸中

图 10-3　缸中之脑

此外，随着肢体替换技术的不断成熟，自然人与机械组合成的"半机器人"以及数字人的出现，进一步加剧了这一伦理道德的危机。

📍【举例】　忒修斯之船

忒修斯之船是古希腊的一个经典问题(悖论)。事情起源于一艘战功赫赫的战船——忒修斯之船(如图 10-4 所示)。这艘船在几百年的服役过程中不断地替换自己的零部件，诸如烂掉的木板、撕裂的船帆。于是，在公元一世纪，就有人提出一个问题：当它把自己身上原本的零件全部换掉一遍之后，它还是那艘忒修斯之船吗？

图 10-4　忒修斯之船

按照此思维，随着人类的疾病器官置换的逐步普及，半机器人有可能很快出现。那么，如果未来出现半机器人，人们将如何面对呢？

📍【举例】 半机器人的出现

从某种意义上来说，半机器人不是新概念，因为人类一直在通过工程性产品来改善自身，如图 10-5 所示为残疾人机械臂。例如，一个装有木腿的退伍军人，或者一个由于心脏衰竭而装有起搏器的现代病人都可以称为半机器人。然而，随着技术的进步，人体机械的比例会越来越高。科学家预言，在 21 世纪，很有可能在人脑中加入人工智能成分，以此来提高它的性能，如更高的记忆、更快的计算速度等。甚至有可能通过基因工程技术来改变人类的 DNA，并且以此来改变人类的外表和行为。人类可能会拥有可以生长、繁殖、分化、可移动、自我装配、自我测试、自我修复等的人工细胞，生物学和人工智能技术将融合在一起。

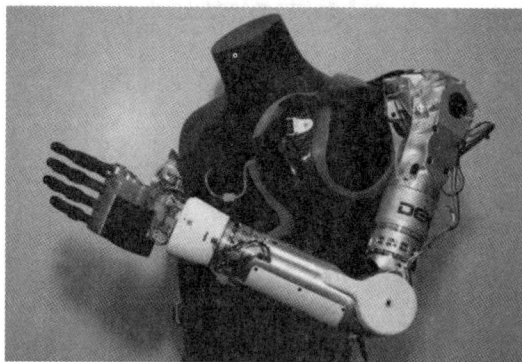

图 10-5　残疾人机械臂

如果将人的意识导入计算机，则形成"数字人"。

📍【举例】 数字人

数字人是指使用计算机技术和 AI 技术创建的虚拟人物或数据化人格，至少存在两种方式。第一种：通过生物技术制造出跟人体完全一样的空白躯壳，但它没有任何记忆，在装入"操作系统"之前，既没有感情也不会学习。第二种：在计算机中复活一个可以完全、彻底通过图灵测试的"数字人"。2020 年末，一个利用 GPT-3 模型开发的聊天机器人学习了一个叫作杰西卡的年轻女性生前的大量聊天记录，可以与人聊天，这竟然一度让她的丈夫约书亚对妻子的"复活"信以为真,这件事情曾经被广泛报道。

这样的例子还有很多。

道德地位是人类区别于其他生物最主要的特质,当人工智能技术发展到一定高度,特别是被赋予了"人性"后,在道德地位层面,人类就没有理由不赋予其相应的道德地位。而如果将其纳入人类伦理道德体系内,就意味着人类对人工智能产品也具有了道德方面的义务与责任。不过,人工智能产品是否能够承担起相应的道德义务与道德责任,却无从得知(10.2.3 节还会讨论)。如果人类简单否定人工智能产品的道德地位,就意味着人类可以用任意方式和手段对待它。例如,指使工厂中的智能机器人不分昼夜地进行繁复劳作,随意羞辱或指责服务行业的智能机器人等。一旦这样的场景在未来反复上演,人类将何以坚持传统的道德伦理?人工智能技术产生的现实异化,不仅使人类难以确定对人工智能的定位,也削弱了人类作为伦理行为主体的影响力。

人工智能体道德地位认定问题,是不远的将来必须回答的问题。

10.2.3 人工智能导致事故的追责

在智能化社会,人工智能体往往具有自主行动能力,这势必会带来一些事故风险,那么由此导致的损失和伤害在进行追责时应当由谁来负担呢?目前这个问题的答案还是相对比较模糊的。

人工智能技术发展产生的责任伦理困境,主要表现为由人工智能引发的事故责任难以判定。例如,近年来无人驾驶汽车发展较快,如果无人驾驶汽车在运行中引发交通事故,那么是由无人驾驶汽车制造商承担责任,还是由无人驾驶汽车的操作者承担责任?无人驾驶汽车作为没有生命的个体,应如何判定或承担相应的责任?这些都难以回答。

现有的责任判定都是基于人的行为,至于人工智能的责任划分,迄今为止没有统一的定论和法律规定。如今,人工智能已经融入人们生活的方方面面,在医学领域中,如果为病人进行治疗的机器人出现医疗事故,那么这个责任应该由谁来承担?在工厂中大量使用机器人,造成失业率持续上升,这个责任又由谁来承担?进一步来说,当人工智能技术发展到一定高度,人工智能越来越"智能",这些超级智慧的机器人已经拥有学习能力和自我意识,那么出现问题时,责任应该如何界定?科学、公平地分配责任是社会良性运行的前提。

从当前的实际情况看,人工智能技术的确能够深刻改变人类社会的生产生活,促进社会的数字化、智能化发展,但技术发展所引发的责任伦理困境也会在一定程度上阻碍智能技术与人类社会发展的共生关系。因此,人工智能的责任划分问题仍有待进一步探讨,如果要使人工智能技术能够长期稳定发展,那就要求在对技术进行考量时,同时将技术置于伦理框架内。

人工智能已经引发的事故受到社会的广泛关注。

📍 【举例】 机械臂伤人

报道称,2023 年 11 月 7 日晚间,韩国一家机器人公司的员工对工业机器人进行检查维护时发生事故。事故发生时,机器人正在传输箱装的甜椒,而这名员工正在检查起重机器人的传感器。在检查过程中,机器人似乎出现了某种故障,误将男子识别成了一个箱子。

随即，机器人的机械臂将男子提到空中后又摔到传送带上。由于该男子上半身被置于传送带上，脸部和胸部遭到重度碾压，致严重挤压伤，在被送往医院后不久便不治身亡。

📍【举例】 无人机伤人

2023 年 6 月在山东青岛，无人机喷洒农药打倒七旬老翁，致其全身粉碎性骨折。据操作该无人机的飞手孔先生回忆，当时无人机之所以会打中老人，是因为老人站在了无人机的起飞点。孔先生在无人机起飞之前设置了自动航行的模式，当无人机完成农药喷洒以后，自动返程到起飞点。但当无人机返航的时候，一名老人正站在起飞点。孔先生看到他站在起飞点时便呼喊老人走开，但是老人年迈耳朵听不清，并没有理会孔先生，最终导致事故发生。

无人机伤人的事件在国外也时有发生，上述类似问题同样也导致了自动驾驶的困境。

📍【举例】 自动驾驶困境

随着科技的迅速发展，自动驾驶已经不再是无法触及的奇迹。然而，尽管此项技术在近年来取得了显著进步，但仍然面临着许多挑战。一般消费者对自动驾驶汽车的安全性有很高的期望，自动驾驶汽车必须能够随时应对各种突发情况，包括人为的或自然的障碍物，这就要求自动驾驶汽车必须具有完善的安全设计。再者，全球许多地区对自动驾驶汽车的立法尚不完善。自动驾驶汽车在道路测试和商业化部署方面，还面临着许多法律难题和道德困境，这就是责任归属问题等。自动驾驶技术还需要消费者的广泛接受和信任。对于普通消费者来说，如何信任和接受一辆没有人驾驶的汽车会安全地把自己送到目的地，是一项需要时间和教育的任务。

考虑到上述人工智能可能带来的隐私和安全风险，由加拿大、法国、德国、意大利、日本、英国和美国，以及欧盟组成的七国集团领导人，在"广岛人工智能进程"(Hiroshima AI process)部长级论坛上启动了这项制订人工智能行为准则的工作。这套自愿行为准则将成为一些主要国家管理人工智能的重要里程碑。这套行为准则共包含 11 项内容，旨在推广全球范围内的安全、可靠和值得信赖的人工智能，并将为开发最先进的人工智能系统的组织提供自愿行动指南，包括最先进的基础模型和生成式人工智能系统。该准则敦促企业采取适当措施，识别、评估和缓解人工智能生命周期中的风险，并在人工智能产品投放市场后处理误用事件和模式。这些公司应该发布关于人工智能系统的能力、限制以及使用和误用的公开报告，并在安全控制方面进行大力投资，其最终的目的是帮助企业抓住这项技术的裨益，并应对它们可能带来的风险和挑战。

可见，人们已经开始注重人工智能的事故责任问题。该问题不仅需要科技界和政府的共同努力来解决，也需要全社会的参与和关注。

10.3　人工智能安全风险

不得不承认，人工智能存在着影响人们工作、生活的多种安全风险，本节将进行介绍。

10.3.1　技术安全风险

人工智能技术风险主要表现在三个方面。

1. 数据风险

攻击者可利用人工智能特点，在模型训练阶段混入恶意样本数据，引导模型训练过程。常见的攻击方式有数据投毒、对抗样本和成员推理攻击。生成式人工智能(如 ChatGPT 和 BingAL)就存在易窃取机密数据，用于迭代训练的数据风险。

2. 算法风险

算法是人工智能的核心，目前算法风险主要表现在四个方面。首先，算法设计可能存在漏洞，导致训练数据不均、投毒或泄露等安全问题。其次，算法后门攻击使攻击者能够操控模型预测结果。第三，算法的"黑箱"问题和不可解释性导致人工智能算法在业界转化过程中存在安全隐患。最后，算法偏见与歧视可能导致人工智能在决策时偏向某些群体或个体，引发社会不公平。

3. 模型风险

人工智能模型存在多种攻击风险，包括模型投毒攻击、模型逆向攻击、模型提取攻击、对抗性攻击等。投毒攻击指通过攻击训练数据集，使得模型无法正常工作。在工业互联网中，竞争对手可能通过篡改传感器的测量值来操纵训练数据。对于基于深度学习的故障检测器来说，微小的数据篡改可能会导致有针对性的错误分类或不良行为。模型逆向攻击发生在训练完成阶段，可以通过模型的输出(黑盒攻击)、模型参数(白盒攻击)将训练数据集信息从模型中逆向提取出来；换言之，通过已经训练好的模型数据，还原出模型的训练数据成员。模型提取攻击指通过公开的应用程序接口(API)来模拟功能类似甚至相同的模型，具体参数很难被掌握，且攻击目的是复刻模型而不是还原数据成员。对抗性攻击又称为躲避攻击，指在正常样本中加入了一些人眼难以察觉的干扰，从而造成模型预测错误。对抗性攻击分为无特定目标攻击、特定目标攻击，前者只是干扰模型的正确判断，后者需要模型将特定的输入判断为指定的一种输出。

在许多情况下，人工智能系统被应用在复杂及不确定的环境中，所以很可能存在不能被详尽检查或测试的大量未考虑到的情况，这些情况可能会对系统造成意想不到的影响。而且，目前实际使用的人工智能系统主要是专用系统，例如：人脸识别系统只能做人脸识别，语音识别系统只能做语音识别，智能股票系统只能分析交易市场中进行的交易等，当有意外情况发生时，这些系统往往不能依靠自己的能力来解决问题，而是需要人工干预。因此，对于重要的系统，要做好应急预案和灾备工作等。

10.3.2　应用安全风险

人工智能的普及，增加了治理难度并带来了多种应用安全风险。

1. 政治风险

人工智能技术使政治权力去中心化，非国家行为体权力扩大，政治安全风险上升。智能技术，如换脸和换声等的利用使制造具有欺骗性的假新闻成为可能，从而对政治事件产生影响，包括人工智能对公众行为的潜移默化影响、干扰政治行为，挑战选举制度。

2. 经济风险

人工智能技术导致资本和技术在经济中的地位提升，劳动力价值削弱，引发结构性失业、贫富分化和不平等。此外，人工智能技术带来的全球经济结构调整将引导全球资本和人才进一步流向技术领导国，而使发展中国家实现现代化的机遇受限。同时，随着经济生活数字化水平的快速提升，虽然为人们带来了便利，但也埋下了重大的安全隐患。

3. 社会风险

人工智能技术的滥用带来了社会风险，如滥用人脸识别、智能杀熟、推荐算法问题、隐私与数据泄露、个人数据过度采集等，扰乱市场和社会秩序。滥用人工智能技术深度挖掘、分析、处理个人数据和社会信息，加大了对社会治理和国家安全的挑战。

4. 军事风险

人工智能技术在军事领域的应用将引发安全风险，改变战争机制，增加事态的不确定性。如人工智能武器背后的逻辑和意图难以理解，导致战略判断和不确定性风险。此外，人工智能武器本身存在安全风险，如智能情报系统的误判、辅助决策系统的安全风险和自主武器系统的进化风险等。

随着新的应用不断被开发出来，相关的应用安全风险还在不断涌现。

10.3.3　信息安全风险

人工智能对于隐私和数据安全的挑战不可避免。随着人工智能应用的不断扩大，个人信息的泄露和滥用问题也日益突出，我们需要建立更加严格的数据保护法律和监管机制，确保人工智能的发展不会损害个人隐私和数据安全。

1. 个人隐私和数据安全

人工智能的发展威胁了人类的隐私安全。从当前人工智能的发展情况来看，其已经可以利用大数据收集汇总人类的日常对话及行为等简单信息，从而对人类的思维想法进行解读。由于大数据、传感器等技术的广泛应用，对于人、事、地、物、组织等社会管理和经济运行实体的综合、立体全方位刻画成为可能。以人员为例，从孤立的、局部的个人情况、家庭信息、联系方式、账号密码等信息，延伸到出行轨迹、社会交往、消费情况、健康状况等，并且通过智能手机、互联网、传感设备的实时数据获取、汇聚，使得上述全方位个人数据刻画数据从静态发展为动态。如果上述被刻画人员的数据曝光，将毫无个人隐私可言。

2. 欺骗

人工智能系统已经被用于进行欺骗、创建"深度伪造"，即扭曲现实的数字处理视频或图像。甚至是人工智能驱动的网络欺骗，可用于发起复杂的网络攻击、掩盖入侵，甚至创建诱饵目标来转移资源。这种欺骗策略可能会损害威胁检测能力、扰乱通信渠道并破坏关键任务系统。人工智能增强的心理行动可用于定制虚假信息活动，以利用个人或群体的敏感性，造成混乱并削弱信任。

深度伪造(Deepfake)是一种合成媒体形式,它使用人工智能来创建看似真实的视频或图像。目前,深度伪造技术已被用于影视制作等各种场景,但同时引发了人们对其可能被滥用于恶意目的的担忧,如传播错误信息和操纵舆论。2022 年以来,随着 ChatGPT、文心一言等生成式人工智能模型的不断进步和趋于成熟,人工智能技术带来的欺骗问题引发强烈关注。目前,人工智能生成的虚假音视频已经能够达到以假乱真的地步,成功实施的欺骗案例日渐增多。面对这一情形,各国已从立法、技术手段加以应对。但是,深度伪造与反深度伪造仍将是"猫追老鼠"的长期博弈,人工智能技术持续进步带来的深度伪造风险将与日俱增,需要持续关注与应对。

如图 10-6 所示即为深度伪造示意图,通过深度学习可以伪造生成名画中人物的不同表情。

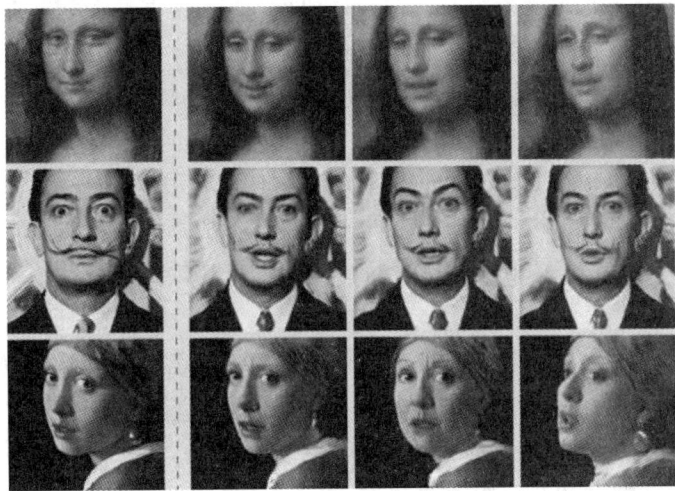

图 10-6　深度伪造示意图

深度伪造可能被用制作虚假信息,对社会安全构成了多方面的威胁,因此引发了各经济体的重视。中国、美国和欧盟等经济体已推出相关政策措施来应对深度伪造风险。2021年起,国家网信办、国家发改委、教育部、科技部、工信部、公安部、市场监管总局、广电总局等有关主管部门已出台《互联网信息服务算法推荐管理规定》《互联网信息服务深度合成管理规定》和《生成式人工智能服务管理暂行办法》等法律法规,对计算机合成内容进行管控。《互联网信息服务算法推荐管理规定》要求对算法生成合成的信息做显著标识,并要求提供互联网新闻信息服务的算法推荐服务提供者和使用者,不得生成合成虚假新闻信息。《互联网信息服务深度合成管理规定》则更加细致地规定了包括智能对话、智能写作、人脸生成、人脸操控、姿态操控等具有生成或显著改变信息内容功能的深度合成服务应当遵守的要求,包括以显著标识的形式向公众提示。最新发布的《生成式人工智能服务管理暂行办法》进一步对生成式人工智能的开发与使用等进行规范,旨在促进生成式人工智能健康发展和规范应用。

在人工智能系统中,大量数据存储于云端,经过大数据分析后向控制端发送指令,形成一个"感、传、智、用"闭环的统一系统。一旦受到攻击和发生故障,造成的安全影响往往是整体性的、全局性的,即使局部的安全风险,也会被迅速扩散和放大,造成更为严重的安全威胁,必须给予重视。

10.3.4 其他风险

除了上述问题，人工智能还带来了许多当下的、具体的其他风险。

1. 武器化风险

人工智能和自主系统的快速进步使得武器编程能够独立选择和攻击目标，打开了"潘多拉"魔盒。由人工智能驱动的自主武器可能涵盖从具有先进瞄准能力的导弹系统到能够在最少人为干预的情况下进行监视或攻击的自主无人机等。人工智能还可以用于网络战，为自动化攻击或防御提供动力，其运行速度是人类无法比拟的。

2. 一致性分歧

一致性是指确保人工智能系统的目标和行动与人类意图保持一致。人工智能的复杂程度、独立学习能力以及决策过程中透明度的缺乏都会导致一致性分歧问题。人工智能失准可能会导致一系列后果，在完成任务的同时造成伤害。

3. 认知侵蚀

对人工智能的过度依赖，随着时间的推移可能会导致人类基本技能和能力的下降。随着人工智能接管的任务数量增多，操作人员对这些任务的熟练程度明显降低，形成知识系统潜在退化的认知侵蚀，从而在与人工智能的竞争中更加处于劣势。

4. 价值锁定

价值锁定是指人工智能系统存在放大或巩固现有价值观、信念或偏见的风险(源于训练数据)。这种风险可能导致基于嵌入偏见的决策出现偏差，甚至由于人工智能系统中反映的不同文化或伦理价值观而影响国际合作。

这些风险都需要加以重视并给予解决。

10.4 人工智能可解释性

10.4.1 可解释性的含义

什么是可解释性呢？目前，可解释性的定义尚不统一，其中认可度比较高的主要有以下三种。

定义一：可解释性是人们能够理解决策原因的程度。

定义二：可解释性是指人们能够一致地预测模型结果的程度。

定义三：可解释性是指人们具有足够的可以理解的信息来解决某个问题，具体到人工智能领域，可解释性的深度模型是指能够给出每一个预测结果的决策依据。

对于深度学习可解释性内涵，著名学者 Lipton 还从可信任性、因果关联性、迁移学习性、信息提供性四个方面进行综合考量，提出"可解释性深度学习模型做出的决策往往会获得更高的信任。甚至当训练的模型与实际情况发生分歧时，人们仍可对其保持信任；可解释性可以帮助人类理解深度学习系统的特性，推断系统内部的变量关系；可解释性可以帮助深度学习模型轻松应对样本分布不一致性问题，实现模型的迁移学习；可解释性可为人们提供辅助信息，即使没有阐明模型的内部运作过程，可解释性模型也可以为决策者提供判断依据"等重要观点。

综合起来，对于可解释性深度学习模型而言，其至少应包含"透明性"和"因果关联性"的特点。

学术界指代"可解释性"的术语也非常多，主要包括可理解性(explainability)、可懂性(intelligibility)、易理解(legibility)、透明性(transparency)等，其中可解释性与可理解性使用最多。

在大多数场合下可解释性与可理解性是可以互换的，对于它们的差别可以进行以下一些细微的区分。可解释性表示从抽象概念(向量空间、非结构化特征空间)到人类可理解的领域(图像、文字等)的映射，而可理解性表示可解释域内促使模型产生特定决策的一组特征。从这种区分看，可解释性的研究重点在于将参数化形式表示的特征映射到人类可直观感受的表示形式，而可理解性侧重在人类可理解的领域中寻找与某个决策模型相关的具体特征。可理解性更加偏重于可解释的概念，如果系统的所有操作可以被人类所明白，则该系统是可理解的。也就是说，解释是一种从不可解释域到可解释域的映射动作，理解则是一种在可解释域内寻找感兴趣证据的过程。

10.4.2　可解释性的价值

解释的目的主要包括用户认同、模型进化、合规性、模型安全等。

1. 用户认同

解释是赢得用户认同，直到最终信赖的关键。

对于推荐系统，从用户的角度而言，深度学习系统不仅需要向用户展现推荐的结果，还需要向用户解释推荐的原因。例如：在新闻推送的应用方面，针对不同的用户群体需要推荐不同类型的新闻，以满足他们的需求。此时，不仅要向用户提供推荐的新闻，还要让用户知道推荐这些新闻的意义。因为一旦用户认为推荐的内容不够精准(甚至可能存在种族、文化歧视)，那么他们就会认为深度学习系统在某些方面存在偏差。

在经济学方面，对于股价的预测以及楼市的预测，深度学习有可能会表现得很好，但是由于深度学习的不可解释，因此在应用中人们可能会更偏向于使用传统可被解释的机器学习。

此外，深度学习在人力资源方面的履历公平筛选判读、法务方面的罪犯是否可以假释评判等领域，也需要得到用户的认同。

2. 模型进化

在模型进化方面，解释显得尤其重要。如果模型具备可解释性，则算法研发者可根据其输出结果优劣的原因对算法进行改良。如果算法不具备解释性，则改良算法变得异常艰难。

从系统开发人员的角度来说，深度学习一直以来是作为一个黑盒在实验室的研究过程中被直接使用的。大多数情况下，深度学习模型的结果比传统机器学习的结果更精准。但是，关于如何获得这些结果的原因以及如何确定使结果更好的参数问题并未给出解释。与此同时，当结果出现误差的时候，也无法解释为什么会产生该误差。

深度学习的出现，前所未有地提供了"机器教授人类"的新模式，人类渴望寻求深度学习对人类学习知识的启迪。当一个学习模型从海量数据中萃取出知识，则这些知识完全可使人类提高自身能力。例如，如果能解释 AlphaGo 是如何从浩瀚棋局中采样得到人类棋手几乎从未涉足的棋局妙招的，就可以提高棋手对围棋的理解能力，这势必有利于人类棋艺水平的提高。

3. 合规性

从监管机构的立场来看，监管机构更迫切地希望作为技术革命推动力的深度学习具有可解释性。

2017 年，监督全球金融稳定委员会称，金融部门对不透明模型的广泛应用可能导致的缺乏解释和可审计性表示担忧，因为这可能导致宏观层级的风险。该委员会于 2017 年底发布了一份报告，强调 AI 的进展必须伴随对算法输出和决策的解释。人工智能具有技术属性和社会属性高度融合的特点，随着智能算法逐渐赋能社会，需要算法对执行结果具有解释能力，并且符合法律法规要求，如《欧盟数据保护通用条例》就规定使用者拥有"要求解释的权力"。因此，医疗、金融决策等领域在进行重大决策时，深度学习还不能被接受。

尤其是对于目前朝气蓬勃的自动驾驶市场，人们越来越关注自动驾驶汽车的透明度和问责制，而解释是实现这些目标合规性的重要方式。因此，通过多种方法解决深度学习模型对自动驾驶决策应用的解释探索从未停止过。

4. 模型安全与稳定学习

对抗样本引发人们对深度学习稳健性的深层次担忧。

所谓对抗样本是指受轻微扰动的样本，但其依然可能导致模型以高置信度输出错误结果。这一"荒谬"现象引发的担忧迫使人们进一步去探寻深度学习的可解释方法，以得到稳健的输出结果。对抗样本问题实际反映出的是模型稳定性的问题。根据近期提出的"稳定学习"理论，关键是需要通过排除虚假相关并使用因果关联来指导模型学习，从而根本性地提升模型稳定性和可解释性。达成上述稳定学习目的的前提条件是对模型对象的相关性进行准确发现和合理解释。

10.4.3　可解释性的方法

人工智能的可解释性应该满足可模拟性、可分解性、算法透明度三方面的需求，其难度在于人类局限性、商业阻碍、数据异质化、算法复杂性，实现起来都是非常困难的。即便如此，学者们还是开展了许多卓有成效的探索尝试，推出包括自解释、可视化解释、交互式解释、黑盒测试解释等可解释方法。

1. 自解释

实现可解释性的最简单方法是仅使用自解释模型。

自解释模型本身内嵌可解释性，通常结构简单、易于实现。比如：一些简单的机器学习方法，人们很容易就理解其决策过程，线性回归、决策树就是这类模型的典型代表。虽然这些方法的精度不如深度学习，但是其可解释性能力要高于后者，其中精度与可解释性能力的矛盾关系如图 10-7 所示。

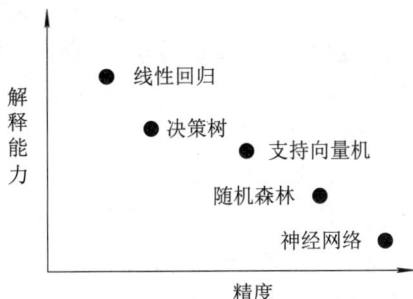

图 10-7　机器学习精度与可解释性能力关系

一般规律下，自解释模型的内嵌可解释性与准确性之间存在一个平衡。如果自解释模型结构简单、可解释性好，那么模型的拟合能力必会受到限制，导致其预测精度不高，进而会限制这些算法的应用场景。为解决此问题，研究者们将复杂的模型迁移到自解释模型中，从而实现对黑盒模型决策结果的解释，但规则复杂的模型或深度极深的决策树，人类也未必能理解，其内嵌可解释性并不保障优于深度神经网络的可解释性。

2. 可视化解释

可视化是将大型数据集中的数据以图形、图像、动画等易于理解的方式展示出来，是探索人工智能可解释认知因素最直观的方法之一。

可视化解释通过将抽象数据映射为图像，建立模型的可视表达，演绎模型的决策过程或决策原因，从而实现人工智能模型的内部表达，降低模型复杂度的同时提高透明度。由于人类获取的信息 83% 都来自于视觉，可视化自然成为人类最直观、最容易理解的方式。

3. 交互式解释

交互式解释指通过领域专家与深度学习过程的交互，理解深度学习内部的决策过程。这种解释方式通过可视化人机交互工具，让人与模型之间形成"问答式"的对话机制，也可以通过深度干预神经网络内部的训练和验证来实现。例如以 GAN 为基础，在自然图像中对神经网络内部的神经元进行模块化处理，在模型诊断时，结合可视化工具可直接激活深度网络或先激活深度网络中的神经元或神经元。

最新的研究成果也揭示了人类参与模型训练的必要性。2022 年 6 月，斯坦福大学计算机系的 Ranjay Krishna、Donsuk Lee、李飞飞等学者针智能体社会隔绝的问题，提出了应将智能体从只有一堆书的房间里"解放"出来，让它在广阔的社会情境中学习才能获得更好的学习效果。为此，他们提出了一种新的研究框架：社会化人工智能(socially situated AI)，即智能体通过在现实社会环境中与人的持续互动来学习。这也为交互式解释提供了良好的理论支持。

4. 黑盒测试解释

黑盒(或称为不可知模型，Model-Agnostic，MA)测试解释是指解释与模型分离，通过分析模型的输入和输出来解释模型的预测。

与特定模型解释方法通过深入研究模型结构和参数不同的是，黑盒测试不关心模型的中间过程，只分析模型的输入和输出。这类解释方法灵活性强，适用于任何类型的模型，可直接从其预测过程中提取重要知识，也可通过模型代理方法来降低模型操作复杂度。但由于该解释方法只能对待解释模型进行局部近似，因此只能捕获模型的局部特征，而无法解释模型的整体决策行为。

此外，还有因果可解释性、语义化、逻辑关系量化、反事实解释、认知与因果推理等可解释方法。如果更加笼统一点，从切入点角度来说，目前可解释研究主要分为两类，一类是关注如何促进模型的透明性，例如通过控制或解释 AI 模型/算法的训练数据、输入/输出、模型架构、影响因素等提高模型的透明性，使监管部门、模型使用者以及用户能够更加容易理解模型；另一类则是研究和开发可解释性工具，即利用工具对已有的 AI 模型进行解释。

10.5 相关到因果的进化

10.5.1 人类智能的因果认知

古代哲学家早已得出结论，识别出因果关系才能让人类拥有"心智的荣耀"。正如亚里士多德所强调的那样：我们只有知道了事物的起因，才算真正理解这个事物。人类天生有追问因果或将事物间联系作因果解释的直觉和本能，但因果科学的发展却极为曲折缓慢，使得人类长期不具备识别因果的科学方法和强大能力，形成许多误解。然而，对于因果的探究却常常被相关(关联)[①]所蒙蔽。

1. 相关与因果

相关和因果是我们在日常生活中经常使用的概念，它们描述了事物之间的联系和影响。相关性是指两个或多个事物之间的相互关系，而因果关系则是指一个事物的变化或行为是由另一个事物的存在或行为引起的。

相关性是描述两个或多个事物之间的关系强度和方向的概念。当两个事物之间有相关性时，它们的变化趋势是一致的，即一个事物的增加或减少伴随着另一个事物的增加或减少。例如人们常说的"雨后天晴"就是描述了降雨和天气晴朗之间的相关性。当下雨时，天气变得晴朗的概率会增加，因为雨水会将云层中的湿气带走，从而使天空变得晴朗。

因果关系是常识中另一个重要组成部分。因果关系是指事件之间的一种关系，其中一个事件(即原因)引起或导致另一个事件(即结果)的发生。例如，常说的"吸烟导致肺癌"就是描述了吸烟与肺癌之间的因果关系。大量的研究表明，吸烟是导致肺癌的主要原因之一。烟草中的有害物质进入人体后，会对肺部组织产生损害，最终导致肺癌的发生。在许多文化和哲学传统中，因果关系都是一个重要的概念，被广泛应用于日常生活、科学、哲学和宗教等领域。

从严格意义上讲，因果性是相关性的子集，它们的关系如图 10-8 所示。

---

① 相关有正负之分，关联不区分正负相关关系。

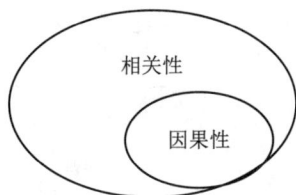

图 10-8　因果性与相关性的关系

2. 因果的价值

因果具有重要价值，更接近于事物的本质。正如本书开篇所述，智能并不是人类的"专利"，而是普遍存在于生物之中，然而人类非凡的智能与其他生物之间的区别在哪里呢？可以认为是：想象＋因果。

人类在进化早期就意识到世界并非由枯燥的事实(今天可能称之为数据)堆砌而成，相反，这些事实是通过错综复杂的因果关系网络融合在一起的。其实，因果解释构成了我们大部分的知识，也推动了人类进步。这种因果想象力使早期的人类能够通过一种被现代人称为"规划"的复杂过程用来更有效地完成许多事情。打个比方，在数百万年的时间里，老鹰和猫头鹰进化出了非凡的视力，然而它们显然没能发明出眼镜、显微镜、望远镜或夜视镜，而人类在几个世纪内就创造了这些奇迹，其区别在于人类通过因果驾驭了镜片与光的关系。

人类历经了 500 万～600 万年的时间才从类人猿祖先进化而来，这种渐进的进化过程对地球生命来说很寻常，但是在大约 5 万年前，认知革命(Cognitive Revolution)发生了。人类依靠因果想象能够狩猎比自己大得多的动物。在狩猎长毛象时，部落需要预先规划——确定召集猎人的人数，根据风力条件估计应该从哪个方向靠近长毛象，简言之，通过想象和比较几个狩猎策略的结果来完成任务。同样道理，人们可以利用因果想象完成很多事情，直到人类发展到了今天。

其实，宏观世界(不得不说，在量子世界中，因果被打破了)中的绝大多数智能问题都可以用因果解释，因果是智能的源泉。

3. 当前人工智能的缺陷

目前，人工智能科学与技术中表现最优异的深度学习方法，是以数据智能为主的智能模式，其智能程度与数据量成正相关。然而，这种人工智能缺乏基础知识储备，所有的知识都来自于输入的数据，包括训练数据和与环境交互数据等。从原理上看，深度学习算法只能反映数据的统计特征或学习数据之间的关联关系，无法解读数据的本质特征或因果关系，这是当前智能暂时还未突破的瓶颈。

📍【举例】　水果与气球

如图 10-9 所示，图中"果蒂""线绳""圆圈"分别与"水果""气球"具有相关性，但是仅靠其一无法判断圆圈到底是"水果"还是"气球"，只有"果蒂"与"圆圈"或"线绳"与"圆圈"结合形成了物品的特定结构这个"因"，才能真正得到正确的"果"，否则就会导致混淆和样本选择偏差这样的虚假相关。这种因果的发现能力也是目前人工智能方法所欠缺的(相关分析的弊端还会在 10.5.2 节进行讨论)。

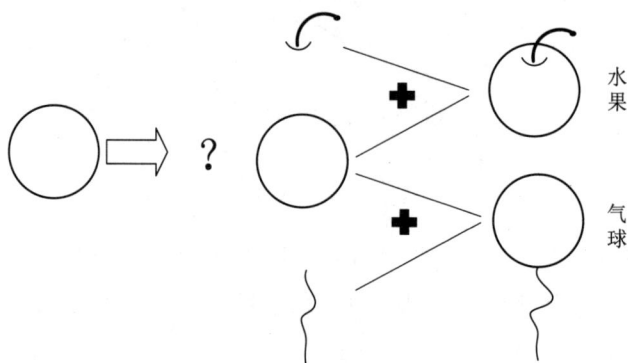

图 10-9　机器学习精度与可解释能力关系

在科学中，因果关系是描述自然现象的基本方式之一。科学家们通过观察和实验，探索和理解事件之间的因果关系，从而建立科学理论和模型。这些理论和模型被用来预测和解释未来事件的发生，以及制订相应的措施来应对这些事件。除了科学之外，因果关系也在日常生活中扮演着重要的角色。人们通过因果关系来理解他们的环境和周围的事物，以及如何采取行动来改变或适应这些事物，这正是智能所追求的目标。

10.5.2　机器学习的相关分析

相关并不是智能的主要行为。

1. 相关分析的弊端

很多情况下，相关被错认为是因果。其实，相关不能代替因果，后者只是前者的子集。如果生硬地将相关认定为因果会出现很多问题，例如如下两则故事。

📍【举例 1】　神马汉斯

早在 100 多年前，德国有一匹名叫汉斯的马成为当地家喻户晓的明星。这是因为它似乎知道 10 以内的算术，无论是加法、减法还是乘除法，汉斯都能够用它的蹄子敲出正确的答案！很多人对汉斯的表现都感到惊讶和迷惑，媒体也争相报道。后来一位叫奥斯卡·芬斯特的心理学家听说了这件事情，想要揭示其中的奥秘。于是他设计了一系列的实验来进行"解释"。从实验中芬斯特发现，汉斯敲答案时一直盯着出题者的头部，当提问者不知道问题的答案时，汉斯就也会失去"数学能力"。此外，当人站在隔板后面，或者蒙上汉斯的眼睛时提问，汉斯也无法给出正确的答案。最终，芬斯特逐渐发现了问题的答案，即汉斯的神奇之处在于它敏锐的观察能力，能够发现出现正确答案时人的细微表情变化，所谓的计算能力并非算术能力本身。这个故事告诉我们，现象与本质往往是两码事。

📍【举例 2】　中文屋子

1980 年，哲学家西尔勒提出了名为"中文屋子"的假想实验，模拟图灵测试，用以反驳强人工智能观点，表明某台计算机即便通过了图灵测试，能正确回答问题，它对问题仍然没有任何理解，因此它不具备真正的智能。他假设：西尔勒博士(他本人，扮演计算机中CPU 的角色)在一个封闭的房子里，有输入和输出缝隙与外部相通。输入的是中文问题，而他对中文一窍不通。房子内有一本英语的指令手册(相当于程序)，从中可以找到相应的规则。他按照规则办事，把作为答案的中文符号写在纸(存储器)上，并输出到屋子外面。这样，看起来他能处理输入的问题，给出正确答案(如同一台计算机通过了图灵测验)。但是，他对那些问题毫无理解，不理解其中任何一个词，这就是西尔勒中文屋子。这里，之所以用"中文"进行"形式符号"的类比，这是因为大多数西方人对中文颇感神秘。最终说明的道理就是："运行正确的程序并不一定产生理解。"

上述两个例子已经充分说明相关分析替代因果所带来的矛盾与问题，这也恰恰是未来人工智能需要解决的问题。反观目前人工智能的表现，恰恰印证了上述观点。

当前，计算机可以通过训练来发现数据中的模式，即使是那些非常微妙以至于人类可能会错过的模式。计算机还可以利用这些模式进行预测——例如，肺部 X 光片上的斑点表明有肿瘤，但当涉及因果关系时，机器通常就会不知所措。人们在生活中理解这个世界如何运转，而机器则缺乏这方面的常识。例如，原本用来训练发现肺部病灶的人工智能程序，有时会因此误入歧途，识别的是图像中用来标记 X 光片的右侧符号"R"。至少对人来说很明显的是，X 光片上字母"R"的形状和位置与肺部疾病的迹象之间没有因果关系，但是如果没有这种理解，这些标记的绘制或者是定位方式的任何差异都可能将机器引上错误的方向。

2. 当前智能的缺陷

相关性不等于因果关系——这也是当前人工智能的一个基本障碍。

在机器学习算法在各领域取得重大成果的今天，人工智能仍然面临着挑战。如今，大规模的机器学习模型在有海量数据的条件下可以学习到复杂的相关性。但它们仍然很难像人类一样，只用少量的数据就可以学习到数据中隐含的因果关系。过去 10 年，人工智能取得了重大成功。比如在各种智力竞赛游戏中击败人类，识别图像内容，根据书面提示生成文本和图片等，都是由深度学习推动的。通过研究大量的数据，这类系统可以学习如何把一个事物与另一个事物相关联，随后这些习得的关联性就可以投入实际应用。

这是当前机器学习的基本逻辑。

人工智能技术往往不能很好地泛化到未知的环境，这是因为现有大部分机器学习模型是关联驱动的，这些模型通常只做到了知其"然"(即关联性)而不知其"所以然"(即因果性)，这一事实可以比喻成图 10-10 所展示的情形[①]，机器学习是一种用于复杂任务自动化的方法，它通常涉及创建处理数据统计分析和模式识别的算法，以生成输出。输出的有效性/准确性可用于提供反馈，以便对系统进行更改，通常使未来的结果在统计上更好。

---

① https://www.explainxkcd.com/wiki/index.php/1838:_Machine_Learning

图 10-10　机器学习的实质比喻

图中，左侧的人站在一堆看起来像垃圾(或堆肥)的旁边，上面站着他的朋友。这堆垃圾的一端有一个漏斗(标有"数据")，另一端是一个标有"答案"的盒子。数据通过漏斗进入，经历了一个令人费解的线性代数过程，并输出答案。这位朋友自己似乎也是这个系统的一个功能部分，他站在堆上用桨搅拌。他的机器学习系统可能效率很低，因为他是机械部分(重复搅拌)和学习部分(使答案看起来"正确")的组成部分。具有讽刺意味的是，尽管图中这种描述过于模糊，没有对系统给出任何直觉或细节，但它接近于大多数机器学习专家对机器学习中许多技术的理解水平。目前的人工智能机器学习算法就是将数据注入线性代数并搅拌直到输出看起来正确的工作模式，包括支持向量机、线性回归器、逻辑回归器和神经网络等机器学习模型大致都是这样工作的。机器学习的最新进展相当于以不同的方式"堆叠"线性代数，或者改变堆肥的搅拌技术。

在这样的机制下，学习难免会存在错误。根据稳定学习的理论，目前机器学习之所以存在不稳定和难以解释的缺陷，其原因归结为学习到错误相关的影响。因此，训练完成的深度模型即使具有超高的分类精度，但往往也会将其缺陷隐藏起来，需要通过可解释方法进行揭示。

10.5.3　从相关到因果的飞跃

长期以来，经济学家和流行病学家一直使用因果推理来检验他们关于因果关系的观点。例如，经济学家利用因果推理提出了诸如提高最低工资是否会导致就业率下降，或者多上一年学会对未来收入产生什么影响等问题。如今，越来越多的计算机科学家致力于将因果与人工智能结合起来，赋予机器解决这些问题的能力，帮助它们做出更好的决策，更有效地学习，并适应变化。

为了让计算机实现因果能力，图灵奖得主、加州大学洛杉矶分校计算机科学教授朱迪亚·珀尔提出了一种分类框架，称为因果关系之梯(如图 10-11 所示)。该分类框架回答了"因果推理主体可以做什么"这一问题。因果关系之梯包括三个层级：关联(association)、干预(intervention)和反事实(counterfactual)，分别对应逐级复杂的因果问题。

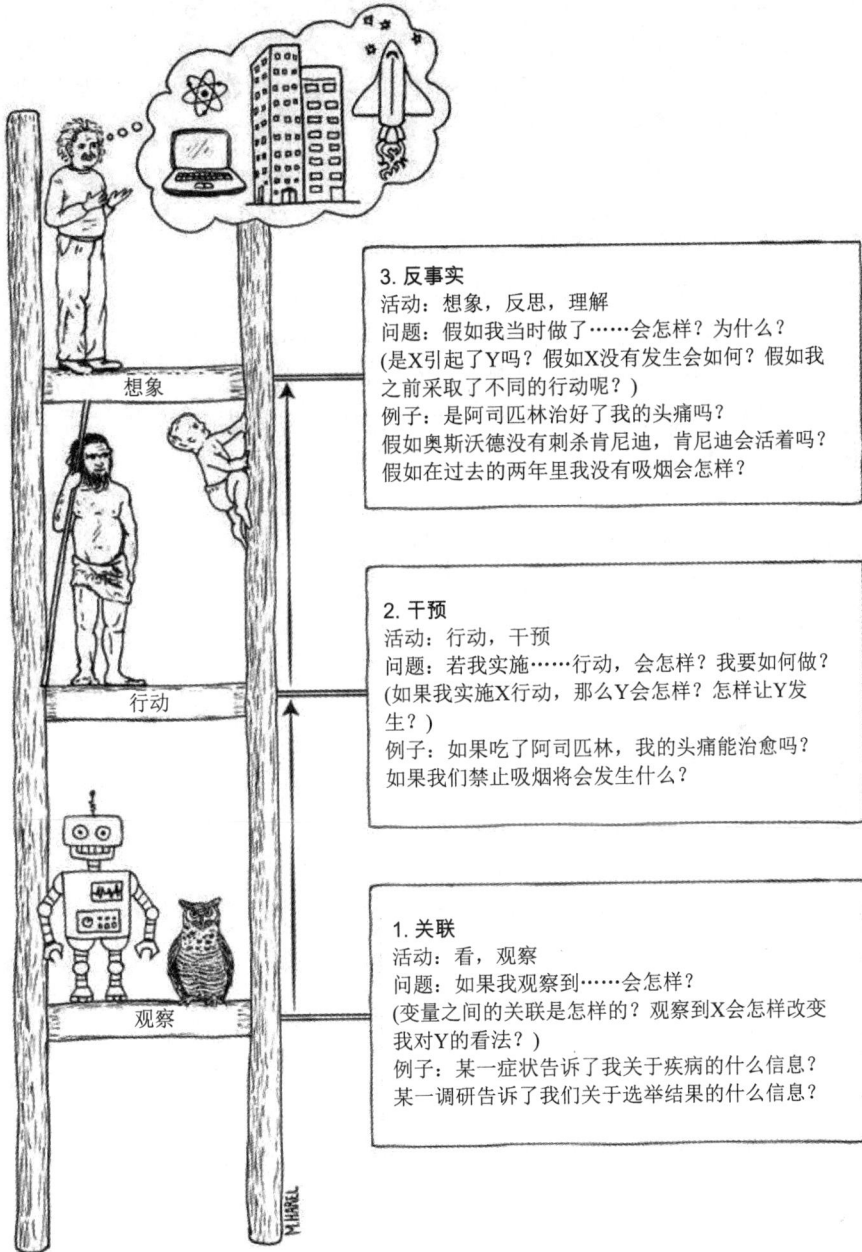

图 10-11　因果关系之梯

第一层级的梯子上站着的是机器人和动物，它们通过"观察"进行学习，能够做的就是基于被动观察来做出预测。比如观察到症状，这意味着和疾病有关；观察到调查结果，我们知道人们会如何投票。在这个层级上，问题都是基于"关联"，即相关性的，其典型问题是："如果我观察到……会怎样？" 比如，一家百货公司的销售经理可能会问："购买牙膏的顾客同时购买牙线的可能性有多大？"相关性问题正是统计学的安身立命之本，统计学家主要通过收集和分析数据给出答案。朱迪亚·珀尔认为，目前为止我们的机器学习进展都还是在这一层级的，无论大家认为它有多么强大。

第二层级的梯子上站着的是原始人类和婴儿，它们学会了"行动"，即有意图地去使用工具，对周遭环境进行干预。在这个层级上，就涉及对现实世界的"干预"，并预测干预结果。其典型问题就是："如果我们实施……行动，将会怎样？"比如，"如果我们把牙膏的价格翻倍，牙线的销售额将会怎么样？"干预比关联更高级，因为它不仅涉及被动观察，还涉及主动改变现状。深度学习系统，无论数据集有多大或者神经网络有多深，只要使用的是被动收集的数据，都永远无法回答干预问题，因为干预行动据其本意就是要打破机器训练的环境规则。

第三层级的梯子上站着的是有较高智慧的人类，拥有"想象""反思"的能力，能够在大脑中将真实的世界与虚构的世界进行对比。在这个层级上，通过"反事实"的问题构建一个虚拟世界，与现在进行对比，问题的答案就是对比的结果。其典型问题是："假如我当时做了……会怎样？"回到牙膏的例子，针对这个例子，最高层级的问题是："假如我们把牙膏的价格提高一倍，则之前买了牙膏的顾客仍然选择购买的概率是多少？"反事实与数据之间存在着一种特别棘手的关系，因为数据顾名思义就是事实。数据无法告诉我们在反事实或虚构的世界里会发生什么，在反事实世界里，观察到的事实被直截了当地否定了。然而，人类的思维却能可靠地、重复地进行这种寻求背后解释的推断。

简而言之，上述分层第一个层次就是"见"，即通过观察在事物之间建立联系的能力；第二个层次就是"做"——对某事做出改变，并关注后果；第三个层次就是"得"，通过想象得到因果关系。

因果推理的一个关键好处在于，它可以让人工智能更有能力应对不断变化的环境。现有的人工智能系统只根据数据中的关联进行预测，因此极易受到这些变量相互关联方式产生的任何变化的影响。当学习关系的统计分布发生变化时——无论是由于时间推移、人类行为还是其他外部因素，人工智能将变得不那么准确。计算机可以通过检查干预措施建立因果模型：一个变量的变化如何影响另一个变量。与当前人工智能中为变量之间的关系只创建一个统计模型不同，计算机创建了多个统计模型。在每一个模型中，保持变量之间的关系不变，但却改变了其中一个或几个变量的值，而这样的改变可能会导致新的结果，所有这些都可以用概率和统计学的数学方法来评估。

未来，如果能够成功地将因果纳入计算，实现相关到因果的飞跃，那么人工智能的灵活度将会达到一个全新的水平。机器人可以更容易地为自己导航；自动驾驶汽车可能会变得更加可靠；评估基因活性的计划可能产生对生物机制新的理解，进而转化为更新、更好药物的开发，这是未来的一个重要发展方向。

10.6 智能科学技术展望

从智能技术的近期发展态势可预见，未来重点发展的方向就是更通用、更快、更像人、与人脑直接互通等。本节将择其重点进行介绍。

10.6.1　大模型之 ABC

1. 技术概念

大模型是指具有庞大规模和复杂结构的人工智能模型,它们具有数以亿计的参数和深层次的神经网络架构。这些模型通过学习海量数据和深度神经网络的优化,在各种任务上取得了令人瞩目的成果。它们使用大量的多媒体数据资源作为输入,并通过复杂的数学运算和优化算法来完成大规模的训练,以学习和理解输入数据的模式和特征。模式和特征最终通过大模型中庞大的参数进行表征,以获得与输入数据和模型设计相匹配的能力,最终实现更复杂、更广泛的任务,如语音识别、自然语言处理、计算机视觉等。

追寻大模型的起源,通常认为是从《Attention is All You Need》这篇论文开始的。

大模型通常在大规模无标注数据上进行训练,学习出一种特征和规则。基于大模型进行应用开发时,对大模型进行微调(迁移学习的思想),比如在下游特定任务上的小规模有标注数据上进行二次训练,或者不进行微调,就可以完成多个应用场景的任务。迁移学习是预训练技术的主要思想,当目标场景的数据不足时,先在数据量庞大的公开数据集上训练基于深度神经网络的 AI 模型,之后将其迁移到目标场景中,通过目标场景中的小数据集进行微调,使模型达到需要的性能。在这一过程中,这种在公开数据集训练过的深层网络模型,即为预训练模型。使用预训练模型很大程度上降低了下游任务模型对标注数据数量的要求,从而可以很好地处理一些难以获得大量标注数据的新场景。发展大模型正是人工智能发展的趋势和未来。

大模型将海量数据导入具有亿量级参数的模型中,然后机器通过完成类似“完形填空”的任务,学习数据中蕴含的特征、结构,最终模型被训练成具有逻辑推理和分析能力的人工智能。近几年,大模型俨然成为 AI 界“最耀眼的明星”,国内外科技巨头都不遗余力地布局大模型。2018 年,谷歌提出了 3 亿参数基于变换器的双向编码器表示(Bidirectional Encoder Representation from Transformers,BERT)模型,惊艳四座;2019 年 2 月,Open AI 推出了 15 亿参数的 GPT-2(Generative Pre-trained Transformer);紧接着 2020 年 6 月,Open AI 推出了 1750 亿参数的 GPT-3,直接将参数规模提高到千亿级别;之后微软和英伟达联手发布了 5300 亿参数的 Megatron-Turing 自然语言生成模型(Megatron-Turing Natural Language Generative,MT-NLG);2022 年 11 月底,Open AI 发布了 AI 对话模型 ChatGPT(在 GPT 模型的基础上进行微调和细化的版本),一经推出就引起轰动。

2. 深远意义

大模型带来了人工智能技术范式的变革。正如牛顿定律之于物理学的意义一样,大模型开启了人工智能的“大一统时代”。大模型带来了人工智能研发模式的具体转变包括三个趋势:① 研发团队由小到大,需要以企业为主体的创新模式。大模型的打造是一个集大算力、大数据、算法和应用于一体的系统工程,需要算法和工程兼备的专家型人才,具有高投入、高门槛和长周期特性,企业在大模型研发上更具优势,这将催生以企业为主体的产学研合作的创新模式。② 研发路径由分方向、分领域到分层。传统模型是面向特定场景、特定任务训练得到的,而大模型是面向多种任务的通用模型。③ 大模型训练推理需要将各要素统筹考虑，包括底层计算芯片、框架、算法、理论等在内，进行端到端优化。大模型也将催生人工智能新的业务赋能模式。大模型即将引发产业范式的变化，形成新的产业生态结构，推动人工智能产业链分工更清晰，整个生态的研发效率得到显著提升，产业链更加成熟。

事实上，大模型的本质是数据、算力与算法的深度组合。大模型爆火的背后，是对算力基础设施建设的更高要求。可以说大模型预示着智能科学技术发展的未来，所以必须重视。

3. ChatGPT

ChatGPT 是大模型的典型代表，其对社会的深层次影响正在展开。

首先，在自然语言处理领域，ChatGPT 的应用极为广泛。它可以用于机器翻译、文本摘要、对话生成等任务。例如，在机器翻译中，ChatGPT 可以根据输入的句子生成其对应的翻译版本。在文本摘要方面，ChatGPT 可以根据一篇文章生成简洁的摘要。在对话生成方面，ChatGPT 可以与用户进行交互，回答问题或提供相关信息。

其次，ChatGPT 在创作助手领域也有广泛的应用。很多作者和创作者利用 ChatGPT 来辅助他们的创作过程。他们可以将一些初始的想法输入 ChatGPT 中，然后由 ChatGPT 生成相应的文本，为他们提供灵感和创作方向。同时，ChatGPT 还可以用于校对和编辑，提供语法和用词的建议，帮助提升文本的质量和流畅度。然而，需要注意的是，由于 ChatGPT 生成的内容可能存在不准确或有偏见的情况，用户在使用 ChatGPT 作为创作助手时需要保持警觉，对生成的内容进行筛选和验证。ChatGPT 作为一种强大的语言模型，具有广泛的应用领域，各行各业的人们都可以通过善用 ChatGPT 来提高工作效率和创造力。

此外，ChatGPT 在其他领域也有重要作用。

在市场营销和广告领域，人们可以利用 ChatGPT 来生成吸引人的广告文案、推广内容和社交媒体帖子。ChatGPT 能够根据目标受众和产品特点，自动生成与之匹配的创意文案，帮助营销人员更好地传达信息和吸引用户的注意。

在法律和金融领域，ChatGPT 可以用于合同和法律文件的起草和审核。它能够快速生成符合法律要求的条款和文件，并帮助专业人员发现潜在的问题和风险。同时，ChatGPT 还可以用于自动化的数据分析和模型预测，提供金融投资决策的参考和支持。

在教育领域，教师可以利用 ChatGPT 作为教学辅助工具，生成教学材料和练习题。ChatGPT 还能够根据学生的需求和学科要求，提供个性化的学习资源，促进知识的传授和理解。

未来，此类大模型将会拥有更加强大的能力，是人工智能的希望。

10.6.2　脑机接口探秘

人脑是否能与机器互通呢？本节就此问题进行探讨。

1. 概念

人类的大脑是最复杂、最神秘、最强大的器官之一，它控制着我们的思想、情感、行为和创造力。那么，我们的大脑是否能与外部世界进行更直接、更高效、更灵活的交互呢？脑机接口(Brain-Computer Interface，BCI；或者 Brain-Machine Interface，BMI)技术就是要实现这样的目标。脑机接口技术是指通过测量和分析大脑活动，将人类的意念转换为机器可以理解和执行的指令，或者反过来，将机器提供的信息传递给大脑。这种技术可以让人们用大脑来控制计算机、机器人、假肢等设备，或者接收来自这些设备的反馈和刺激。

脑机接口的研究最早可以追溯到 1875 年，英国物理学家理查德·卡顿(Richard Caton)首次发现大脑上的电流信号，其后各国科学家纷纷对其展开了研究。

脑机接口技术通过电生理技术读取脑中的电信号后(如图 10-12 所示，对猴脑进行信号读取)，将它们翻译为人类能够理解的信息，之后再利用这些信息指挥电脑或者机器运行。BCI 可以直接用大脑指挥电脑或者机器，这与大脑通过身体的运动或语言来表达思想，进而指挥机器运转不同；它省去了这些中间步骤，因此相比于其他交互方式，脑机接口可以更高效、更精确地传递和解码大脑的意图。最重要的是，对于一些不能通过肢体输出信息的人，如全身瘫痪的人，也可以借助这项技术控制体外机器，能极大地提高生活质量。

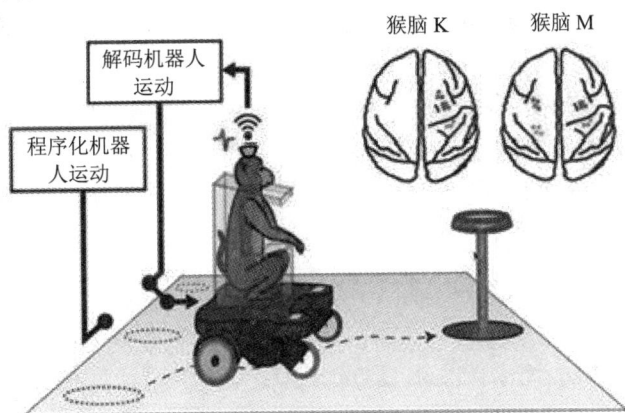

图 10-12　通过脑机接口控制椅子移动的猴子

2. 应用

脑机接口技术是近年来才快速发展的一门新兴学科，必然会存在很多的问题。但随着BCI 研究的不断深入，其逐渐在医学、军事、数字思维等方面展现出巨大的应用前景。

首先，脑机接口将在人类精神检测和精神疾病诊断方面拥有巨大的应用空间。精神疾病一直困扰着人类，一方面是因为精神疾病的发病机理还不清楚，另一方面是因为精神类疾病很难判断和观察到。脑机接口的一个应用就是记录大脑负责情绪或者发生异常变化的脑区。通过直接读取大脑内部的信号，找到大脑运行异常时的电学指标，就可以对精神类疾病进行定量的研究。而且，一旦实现了对人类精神活动的检测，我们就可以对精神疾病进行调控了。如对于抑郁症患者，当脑机接口检测到患者处于重度抑郁状态时，可以自动控制刺激系统给大脑一个刺激信号，或者发送危险信号给医生或家属，让他们及早对患者进行干预。

其次，脑机接口可以实现大脑和外部世界的直接互联。人类进入 21 世纪后，计算机技术、互联网技术、移动互联网和物联网技术得到了飞速的发展。但是当这些海量的数据涌向我们的时候，人类的大脑也只能通过眼睛看、耳朵听来接收这些信息，不仅接收信息受限，输出信息也只能通过双手的操作或者语音控制，其信息流还是太小了。因此，如何实现人脑和外界的直接沟通，将是后信息化社会的发展趋势之一。脑机接口就可以实现这一目的，通过脑机接口可以直接用大脑控制家里的智能电器。而且，有了脑机接口的加持，在未来的虚拟游戏里，人类将更加真实地参与其中。当然，脑机接口也可以应用到军事中去，它将彻底改变未来的战争模式。

BCI 技术还将有助于实现人类思维的数字化，让人类抽象虚拟的思想变成数字化的指令。所谓数字化思维，就是将人类大脑的模拟信号变成数字信号，实现数字化生存，这也为下一步的思维存储和接入互联网提供了基础。这在科研方面是十分重要的，只有将大脑的信号记录存储下来，才能更好地研究大脑不同脑区的功能。将复杂的大脑模拟信号转变成数字信号，通过数学计算，就能找到其内在的规律。这就是现在为什么数学建模在脑科学里应用广泛，而脑科学要想实现从实验科学到理论科学的发展，用计算机模拟人脑的运行，就必须基于对大脑活动的数字化描述。在日常生活中，通过脑机接口，人的语言、动作都将变成一串数字。有了这串数字，在不同场合，我们就能百分百重复出来之前的动作和对话。比如，齐白石或者毕加索画画，一旦灵感过去，就再也画不出绝世之作。而脑机接口如果记录了他们的思维，哪怕他们再也没有这样的灵感出现，我们也只需要将灵感数字指令再次播放，就能产生出类似的画作。这样，人类的很多精神创造就会被很好地记录，人世间很多绝美的思想灵光也将得以永存。

BCI 技术的研究将有助于我们一点一点揭开神秘的大脑奥秘，提高我们对生命科学的认识。

10.6.3　类脑计算管窥

现有计算机的计算效率远未达到人脑的计算效率，类脑计算的研究迫在眉睫。

1. 技术概念

从狭义上讲，类脑计算主要是指神经形态计算，即研制神经形态芯片以支持源自计算神经科学的脉冲神经网络(Spiking Neural Network，SNN)；从广义上讲，类脑计算是借鉴生物神经系统信息处理模式和结构的计算理论、体系结构、芯片设计以及应用模型与算法的总称。

类脑计算可以说是一种颠覆传统计算架构的新型计算模式，就是用硬件及软件模拟大脑神经网络的结构与运行机制，构造一种全新的人工智能系统，而硬件或者芯片上模拟复杂神经网络的完整可用的计算系统则被称作类脑计算机。通俗地说，类脑计算的目的是通过借鉴脑神经系统的工作原理，实现高性能、低功耗的计算系统。类脑计算是人工智能发展的终极目标，但类脑计算不可能复制人的大脑，而是希望通过研究人类大脑的工作机理并模拟出一个和人类一样具有思考、学习能力的机器人。

归纳起来，类脑计算是以"人造超级大脑"为目标，借鉴人脑的信息处理方式，模拟大脑神经系统，构建以数值计算为基础的虚拟超级脑；或通过脑机交互，将计算与生命体融合，构建以虚拟脑与生物脑为物质基础的脑机一体化的超级大脑，最终建立新型的计算结构与智能形态。

【思政融入点】 国产类脑芯片取得突破

国产芯片再次取得里程碑式突破，权威科技杂志《自然》(Nature)封面报道了来自清华大学团队的"天机"类脑芯片(如图 10-13 所示),论文标题为"Towards artificial general intelligence with hybrid Tianjic chip architecture"(面向通用人工智能的异构融合"天机"芯片架构)。

图 10-13　国产天机类脑芯片

最新一代天机芯片采用 28 nm 工艺制造,核心面积仅仅 3.8 mm × 3.8 mm,包含 156 个 FCores 核心,拥有大约 40 000 个神经元和 1000 万个神经突触,可以同时支持机器学习算法和类脑电路。它不仅算力高、功耗低、支持多种不同 AI 算法,而且采用了存算一体技术,不需要外挂 DDR 缓存,可大大节省空间、功耗和成本。

2. 主要特征

类脑计算是一种全新的技术理念,其主要特征包括:以信息为主要手段,用信息手段认识脑、模拟脑乃至融合脑;以人造超级大脑为核心目标,包括以计算仿脑为主的虚拟超级脑,以及虚拟脑与生物脑一体化的超级大脑这两种形态;以学科交叉会聚为突破方式(不单是计算机与神经科学交叉,还需要与微电子、材料、心理、物理、数学等大学科密切交叉汇聚)。类脑计算要全面实现"懂脑、仿脑、连脑",脑认知基础、类脑模拟、脑机互联三个方面缺一不可。

类脑计算的主要内容可以归纳为三个方面:信息手段认识脑、计算方式模拟脑、脑机融合增强脑。其中,信息技术贯穿始终。而类脑计算要做的,就是在硬件和软件上实现类脑(brain-inspired)或仿脑(brain-like)。这里二者存在差别,类脑的意思是:受脑启发,结构机理类脑、认知行为类人;而仿脑的意思是:先设计更先进的探测分析工具,从结构上解析大脑,然后再利用工程技术"照葫芦画瓢"构造仿脑装置,最后再培育这个人造大脑。

3. 研究进展

类脑计算属于计算机研究范畴。短短几十年间,现代计算机使用的电子器件经历了电子管、晶体管、中大规模集成电路、超大规模集成电路等阶段,且持续更新换代。但时至今日,通过提高集成电路的晶体管集成度来提升计算能力的模式已难以为继,材料的物理与化学性能的变化导致半导体器件不能正常工作。如何以新的处理机制解决计算机的计算能力限制,成为信息科学发展最为紧迫和最为前沿的问题之一。

类脑计算领域的相关研究为新一代计算变革带来了希望。以大脑为模仿对象建立新一代计算技术体系,既可以保留计算机的既有优势,又可以叠加人脑处理信息的诸多优势,将有望打破冯·诺伊曼架构的束缚,实现存储处理一体化、超低能耗和超大规模并行信息处理。

自 20 世纪末起，美国和欧盟就以阐明大脑和神经系统机制原理为目标开展脑科学研究，随后日、韩、德、英等国陆续发布脑科学研究计划，围绕神经形态计算、脑计算等类脑计算领域开展科研布局，已经形成了众多的科研成果，具体介绍如下。

美国的创新神经技术脑研究计划(BRAIN Initiative)旨在绘制出显示脑细胞和复杂神经回路快速相互作用的脑部动态图像，研究大脑功能和行为的复杂联系。

欧盟人脑计划(Human Brain Project)的目标是开发信息和通信技术平台，致力于神经信息学、大脑模拟、高性能计算、医学信息学、神经形态的计算和神经机器人的研究，侧重于通过超级计算机技术来模拟脑功能，以实现人工智能。

韩国脑计划的核心是破译大脑的功能和机制，其研究的核心领域包括在多个尺度构建大脑图谱，开发用于脑测绘的创新神经技术，加强人工智能相关研发和开发神经系统疾病的个性化医疗。

中国脑计划的主要研究方向是以探索大脑秘密、攻克大脑疾病为导向的脑科学研究，以及以建立和发展人工智能技术为导向的类脑研究。

2016 年是类脑计算机发展元年，全球同时上线 3 款类脑计算机，包括美国的 TrueNorth、德国的 BrainScales、英国的 SpiNNaker，这些计算机是基于不同思路和架构设计的。

类脑计算芯片是生产类脑计算机最关键的部件，可以说是人类大脑的硬件电路形式。类脑计算芯片主要负责模拟大脑神经元的功能特性、信号传递和学习方式，让计算机在低电能消耗情况下完成感知、学习、记忆、决策等智能任务。

从功能角度看，目前研究的类脑计算芯片主要分为以下几类：支持人工神经网络的深度学习加速器(TPU、寒武纪、华为昇腾等芯片)；支持脉冲神经网络的神经形态芯片(TrueNorth、Loihi、达尔文等芯片)；支持人工/脉冲神经网络的异构融合芯片(Tianjic 芯片)；支持神经元编程的脑仿真模拟芯片(SpiNNaker、ROLLS、Loihi 等芯片)；具备低时延、高动态的神经形态相机为代表的感知芯片。

4. 技术展望

类脑计算的发展前景十分广阔。未来，类脑计算既可用于生活中各种智能任务的处理，开拓人工智能的应用场景；也可用于神经科学、脑科学研究，为神经科学家提供更快、更大规模的仿真工具，提供探索大脑工作机理的新实验手段。

在科学家们的设想中，类脑计算机的智能未来将接近人脑甚至在某些方面超越人脑。它可以从科学家创造的虚拟环境中获取知识，在现实环境中接受各种信息的熏陶，甚至是用机器人的身体和蝴蝶起舞实现互动。通过对它进行信息刺激、训练和学习，类脑计算机有机会获得与人脑类似的智能，实现智能培育和进化。在神经元和突触的自我调节过程中，计算机进行学习、会话、推理等类人运算，实现更高级的智能。

但是，类脑计算机的运算速度很难与现有的计算机比较。例如，用于检测 CPU 或超算的指标，很多都不是类脑计算机所擅长的。普通计算机能做的事情，并不是类脑计算机都能做的。类脑计算机将主要用于处理其擅长的人工智能任务，并不会完全替代传统的计算机，两者互补与融合是未来的可能趋势。虽然类脑计算的基础理论和核心技术已取得不少突破，但当前该技术还处于初级阶段，无论是在规模上，还是在智能化程度上，都无法和真正的人脑相比。如何寻找兼具生物合理性与计算高效性的脉冲神经元模型，如何建立脉冲神经元模型与 AI 任务之间的关系是类脑计算领域的核心问题，未来还需要重点攻克。随着神经模型、学习算法、类脑器件、基础软件和类脑应用等方面不断取得突破，类脑计算即将迎来更为蓬勃的创新和发展。

10.6.4　量子人工智能

量子的时代正在悄然来临。

1. 概念

量子人工智能是一种基于量子计算的人工智能技术。它利用量子计算机的特殊性质，如量子叠加和量子纠缠，来加速机器学习和优化算法，从而实现更高效、更准确的人工智能应用。

要理解量子人工智能的原理，首先需要了解一下量子计算机和传统计算机的区别。传统计算机使用二进制来存储和处理信息，即 0 和 1。每个 0 或 1 称为一个比特(bit)，它是传统计算机的基本单位。而量子计算机使用量子比特(qubit)来存储和处理信息。量子比特不仅可以是 0 或 1，还可以同时是 0 和 1，这就是量子叠加的概念。这意味着量子计算机可以在同一时间内处理多个信息，从而大大提高了计算速度和能力。

除此之外，量子比特之间还可以发生一种神奇的现象，叫作量子纠缠。这意味着两个或多个量子比特之间的状态是相互关联的，即使它们相隔很远，也可以同时改变彼此的状态。这就为量子计算机提供了一种更强大的通信和协调能力。

利用这些性质，量子人工智能可以设计出一些特殊的算法来解决传统人工智能难以处理的问题。例如，量子人工智能可以用量子神经网络(Quantum Neural Network，QNN)来模拟复杂的非线性函数，从而提高人工神经网络的表达能力和学习效率。量子人工智能也可以用量子优化算法(Quantum Optimization Algorithm，QOA)来寻找最优解或近似最优解，从而解决组合优化、约束满足、机器学习等领域的难题。

量子科学的开启，源自普朗克的伟大科学发现。

【思政融入点】　量子科学的发现——纯粹的科学精神

19 世纪末，经典物理学中的牛顿力学、麦克斯韦的电磁理论、吉布斯的热力学和玻尔兹曼的统计物理学已经构建起了完善的物理学体系。物理学理论中的预言基本上都可以在实验中验证了。以当时开尔文男爵威廉·汤姆森的话说，就是"后辈的物理学家只要做一些零碎的修补工作就行了……"。然而，关于黑体辐射的问题却有经典物理解释不了的现象。所谓的黑体，简单地说就是，它只吸收光，不反射别的光，它发出的都是它自身的光。比如，太阳、烧红的烙铁、黑暗中的人体等都可以是近似的黑体。黑体的温度升高时辐射强度也增大，颜色(波长、频率)也在随之变化，那么辐射强度与波长(频率、颜色)之间是怎样的变化关系呢？物理学家们在做这个实验时，得出的变化关系曲线图如图 10-14 所示。反常的发现是：当频率在达到一定的峰值时，辐射强度就不会再往上升高了，反而是在下降的。温度越高，这个峰值就越趋向高频率，这一现象经典物理无法解释。

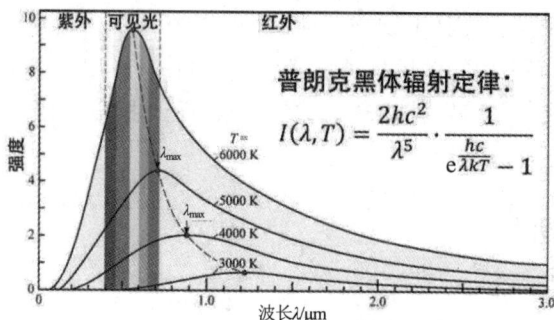

图 10-14　黑体辐射与普朗克黑体辐射公式

　　物理学家们根据电磁理论、热力学等推导出来的公式得出来的黑体辐射与波长关系的曲线图与实验得出的曲线图并不相符。在维恩推导的公式中，所得结果在波长短的范围内是准确的，但是在波长长的地方就不适用了；而瑞利-金斯公式得出的结果是在波长长时是一致的，但是在波长短的范围就不适用。后来，科学家们把这种解释不了的矛盾称为"紫外灾难"。1900 年的某一天，普朗克的一个物理学家朋友把这个"紫外灾难"的事告诉普朗克。普朗克大胆地搁置物理理论，先从数学上去解决该问题，最后提出了普朗克方程。

　　解决黑体辐射问题的普朗克，具有纯粹的科学精神。青年普朗克在上大学以后，渐渐将他在物理学上的兴趣锁定在纯理论的领域，也就是理论物理学。他的物理学老师约里对此十分不解，因为他认为物理学已经是一门高度发展的、几乎尽善尽美的科学，也许，在某个角落也只剩下一粒尘屑或一个小气泡，对它们才值得去进行研究和分类。约里的观点代表了当时科学界对物理学普遍的错误看法，但普朗克却不是那种轻易改变主意的人，不迷信权威，最后他抓住了黑体辐射问题展开研究，提出普朗克黑体辐射定律，从此撬开了现代量子物理的科学大门，开辟了物理学新天地。值得一提的是，普朗克还是爱因斯坦以及其他许多著名现代物理学家的"伯乐"和"导师"。

2. 应用

　　量子人工智能有着广泛的应用前景，它可以为各个领域提供更好的解决方案和服务。下面是一些量子人工智能的应用示例。

　　■ 医疗健康：量子人工智能可以帮助医生进行更精确的诊断和治疗。例如，利用量子机器学习来分析医疗数据，发现潜在的疾病风险和治疗方案；利用量子优化算法来设计新型的药物和疫苗；利用量子神经网络来模拟生物分子的结构和功能。

　　■ 金融服务：量子人工智能可以帮助金融机构进行更高效的风险管理和投资决策。例如，利用量子机器学习来预测市场走势和价格波动；利用量子优化算法来优化资产组合和交易策略；利用量子神经网络来模拟复杂的金融模型和场景。

　　■ 智慧城市：量子人工智能可以帮助城市管理者进行更智能的规划和运营。例如，利用量子机器学习来分析城市数据，提升公共服务和安全水平；利用量子优化算法来优化交通网络和能源分配；利用量子神经网络来模拟城市环境和社会行为。

　　鉴于量子计算的重要性，量子技术的突破已经成为国家竞争的制高点。

【思政融入点】 打破量子霸权

"量子霸权"这一概念最早由加州理工学院理论物理学家 John Preskill 在 2011 年的一次演讲中提出,也可翻译为"量子优越性"或"量子优势"。由于量子计算的惊人能力,加之算力对于国民经济的重要性,"量子霸权"可以引申为——谁掌握了量子计算,谁就获得了国家竞争优势。2019 年 10 月,谷歌在《自然》上发表论文,称其开发出一款 54 量子比特数的超导量子芯片"悬铃木"(Sycamore)。基于该芯片,谷歌对一个 53 比特、20 深度的电路采样一百万次只需 200 秒。而目前最强的经典超级计算机 Summit 要得到类似的结果,则需要一万年。基于这一突破,谷歌宣称其率先实现了量子霸权,表明量子计算机已经达到了可以执行任何经典计算机都无法与之匹敌的计算任务的地步。2023 年 2 月,谷歌在《自然》上再度发表论文,实现了量子计算的第二座里程碑:他们可以通过增加量子比特的数量,来降低计算的出错率。摩尔定律引领人类到达经典世界和量子世界的边界,跨过去之后,量子计算也许将会开辟一片新天地,计算技术的指数增长可能不会随着传统晶体管而结束。量子计算是一种不同于经典计算的革命性计算技术。

我国科学家团队在量子计算方面,已经走在世界前列。潘建伟院士带领团队不断努力,成功研制出了我国首台量子计算机"九章",其操纵的量子比特个数达到了 76 个,计算速度是"悬铃木"的 100 亿倍!这次突破引起了国际上的巨大震动,甚至美国院士达利文也承认中国科学家的创造能力远非西方科学家可比。这次成功研制量级计算原型机"九章三号",由中科院上海研究所与潘建伟、陆朝阳的科研团队合作,操纵的量子比特数量达到了惊人的 255 个,计算速度是超级计算机"前沿"的一亿亿倍。这进一步巩固了中国在量子领域的领导地位。

10.6.5 具身智能初探

1. 定义

具身智能(Embodied AI)的思想萌芽于人工智能诞生之初。1950 年,图灵在其提出图灵测试的经典论文《Computing Machinery and Intelligence》的结尾展望了人工智能可能的两条发展道路。其中一条路径是聚焦抽象计算(比如下棋)所需的智能,另一条路径则是为机器配备最好的传感器,使其可以与人类交流,像婴儿一样进行学习。这两条道路便逐渐演变成了非具身和具身智能。

关于具身智能的定义,学界有不同观点。

■ 观点 1

"具身智能"是指能理解、推理,并与物理世界互动的智能系统。通常将大模型搭载在物理躯体(如机器人)上来实现,让大模型充当机器人的"大脑",或者说给大模型"穿上机器人外衣",将图像、文字等数据输入大模型进行联合训练,通过与世界交互的反馈结果,指导人为手工标注,以提高模型的泛化能力。

■ 观点 2

"具身智能"是指拥有身体并支持物理交互的智能体,通常会让人误认为人形机器人就是"具身智能"。马斯克推出的人形机器人擎天柱(Optimus)就是典型代表，其可以拿捏物品、缓慢走路等，运动控制能力也持续进步。Optimus 大概率复用特斯拉 FSD 自动驾驶及神经网络学习技术，通过传感器(相机、激光雷达)收集数据，大规模数据集对模型训练实现识别，"智能"的实现路径与大模型路径一致，瓶颈均在于用数据训练"刷"出来的输出结果无法有效映射物理对象，在数据匮乏领域是无法应用的。该观点着重强调"身体"，意在区别于符号主义主张的智能是基于逻辑规则的符号操作运算，以及区别于连接主义主张的智能是脑神经元构成的信息处理。人形机器人是未来泛通用机器人的最佳产品形态，但"具身智能"的主体形式不必限制在外观上的"人形"，而是根据使用用途和场景的不同可以有多种形态。仅有人的外观，没有实现智能本质突破的人形机器人是没有灵魂的。将具有身体的智能定义为"具身智能"是不正确的，也不能以身体的形式作为判断是否属于"具身智能"的依据。

■ 观点 3

"具身智能"是指一种基于物理身体进行感知和行动的智能系统，其通过智能体与环境的交互获取信息、理解问题、做出决策并实现行动，从而产生智能行为和适应性。具身智能拥有支持感知和运动的物理身体，可以进行主动式感知，也可以执行物理任务。该观点从具身性视角将智能体与环境融合在一起，强调"感知-行动回路"的重要性，即感受世界—对世界进行建模—采取行动—进行验证并调整模型的过程，关注身体与环境之间的互动在智能行为的产生和适应性提升中发挥的重要作用。

■ 观点 4

"具身智能"是指主体(机器)在自体、对象与环境等要素间相互作用(信息感知、转化和响应)的过程中建构符合各要素物理实存及其关系演化趋势的认知模型，实现问题解决或价值实现的人工智能方法。

具身智能与现有的 Internet AI 是有区别的，前者采取实践性概念学习方法，而后者使用旁观型标签学习方法。Internet AI 从互联网收集到的图像、视频或文本数据集中学习，这些数据集往往制作精良，但其与真实世界脱节，难以泛化和迁移。其特征表现为：① 数据到标签的映射；② 无法在真实世界进行体验学习；③ 无法在真实世界作出影响。具身智能通过与环境的互动，虽然以第一视角得到的数据不够稳定，但这种类似于从人类的自我感知中学习，从视觉、语言和推理到一个人工化身(Artificial Embodiment)，可以帮助解决更多实际问题。

2. 要素

具身智能应当具有以下要素。

(1) 重构映射。

主体对物理实存进行镜像映射时，在信息空间中基于重构映射内容的交互作用来决策和行动。

信息空间的镜像能力是智能进行度量、评判的基础。要对对象进行有效的认知，最好的方法就是在大脑里构建关于这个对象的逼真模型和模型演化，人类有效把握某个问题的关键也在于此。例如，在现代战争中，我们可以通过仿真模拟或沙盘模拟推演，在信息层有效映射不同要素和过程变化,使得战争指挥更有效、更高明。

重构映射中最基础的是视觉信息的重构。基于视觉准确地感知和理解环境(包括对物体的理解、结构的理解、可操作性的理解),视觉感知与物理实存交互印证,这是具身智能实现的基础。

(2) 认知过程的交互建构。

认知是在大脑—身体—环境之间的互动过程中不断循环建构或构造出来的,是动态的过程,呈现在行动中则是反思—反思中实践—实践中建构的螺旋上升过程。

(3) 通道约束。

认知受感知通道、信息输出通道的约束。

感知通道的约束可以通过两个例子来理解:一个是不同传感器下的观测结果不同,例如,人眼中的月亮以及使用望远镜看到的月亮是不同的;另一个是在距离过大或信息通道不够时,信息会退化,如近处的飞机可以看到详细构造,随着飞机越来越远,逐渐退化成一个点,直到消失。

信息输出通道包括动作的输出和语言的输出,我们在认知形成过程中形成对对象世界改造的目的、计划和方式的信息,通达于实践,对世界加以改造,即改变物质存在的信息状态。

3. 发展范式

具身智能是智能科学发展的新范式,具有光明的发展前景。

(1) 具身智能是对已有的人工智能技术路径(包括符号主义、行为主义、连接主义)的批判和提升,促进了智能科学发展的升级与进步。

(2) 基因决定了不同生物种属智能水平的高低,基因编码的本质是数学性的,研究中引入现代数学成果是必要的。生物的基因实际上是一种数学编码,可以完成遗传信息的表达与传递,由基因、信息生物学决定的后天发育过程是可控的,也应该是可借助数学模型解释表征的,这需要更为抽象的现代数学工具。

(3) 细胞级智能、低等生物、生物无意识的行为和响应,大多服从控制论模型。不论是生物、社会,包括物种的竞争在某种意义上也服从控制论模型,具身智能不否定行为主义,它是行为主义的延伸与提升。

(4) 高级生物(动物)神经元的后天发育中,自然物理规律扮演"监督"角色。高等生物体发育出了大脑和神经系统,它的发育是与环境交互作用的结果,"学习"让生物体变得更聪明,行为变化会融入后代的基因中。生物主体基于问题求解而反作用于环境的基本循环,是高层次智能发生的必要基础。"具身智能"肯定连接主义的研究,连接主义在一定范围内是有作用的,如何划定其有效作用的范围,是科学家应该认真对待的课题。

(5) 接近人类的通用人工智能,最基础的任务是实现对"物理实存对象空间及运动属性的认知模型建构"。

(6) 语言、符号、逻辑是人类文明高级阶段的特有成果,是人类生物肌体映射物理世界成果的溢出和卸载,是构建高等级智能主体的基石,人类对其正确运用,依赖于有效解决哲学上的"指称"问题。语言、符号和逻辑是人创造出来用于认识世界的工具,使人实现了对对象空间属性的清晰辨识。而识别实现了语义信息空间与实存对象之间的映射，是智能的基本问题。通用人工智能突破的关键点在于从技术上解决维特根斯坦提出的"指称"问题。

具身智能的概念是从生物进化史、人类文明史、人的成长史的源头寻找灵感，探究智能的本质，在厘清智能概念的基础上凝练而成的。概念辨析处于科学研究首要地位，为智能科学技术的突破指引方向。"具身智能"是引领未来智能科学发展新的范式，其核心在于视觉智能底层技术架构的突破和应用，即解决唯一映射问题。"具身智能"强调重构映射，应用在智能机器人系统中时，视觉智能技术架构的突破使得机器人将现实的感知信息"各归其位"(数学语言到物理存在映射的唯一性)，实现真正的拟人化信息处理，是机器人真正在非结构化环境中大规模落地应用的关键。这种架构最基础的成分是数学的、小样本的，而非"迷恋"大数据集、更高的算力以及多模态等路径。

10.6.6   人机混合智能

未来，人与机器协同混合工作也是一个值得探讨的问题。

1. 人机混合智能的提出

人机混合智能的发展历史可以追溯到 20 世纪 80 年代，在人工智能取得一定成功的基础上，研究人员开始探索人机混合智能的概念，其中一项最早的尝试是卡内基梅隆大学的 Soar 系统。该系统是一个基于规则和知识的 AI 系统，旨在将人类智能和机器智能结合起来。21 世纪初，随着机器学习和深度学习技术的发展，人机混合智能开始变得更加现实。人机混合智能的实现方式包括增强现实、虚拟助手、智能家居等。随着无人驾驶汽车、机器人和智能城市等技术的发展，人机混合智能的应用也变得越来越广泛。

人机混合智能技术包括自然语言处理、机器学习、计算机视觉、语音识别和智能推荐等多个领域，这些技术的发展使得人和机器之间的交互变得更加智能化和自然化。目前，人机混合智能的发展已经取得了很大的进展。例如，自然语言处理技术已经可以实现自动语音识别、自动翻译、文本分类和情感分析等任务。机器学习技术已经被应用于图像识别、自然语言处理、语音识别和推荐系统等领域，取得了很大的成功。计算机视觉技术已经可以实现人脸识别、物体识别和行为识别等功能。语音识别技术已经可以实现高精度的语音转文字，同时也被广泛应用于智能音箱、智能家居等领域。智能推荐技术已经成为互联网和电商等行业中不可或缺的一部分。未来，随着人机混合智能技术的不断发展，我们可以期待更加智能化的人机交互方式和更加智能化的应用场景。同时，人工智能与人类的融合也将成为一个重要的研究方向。例如，研究如何将人类的感知能力和决策能力与机器的计算能力相结合，以实现更加智能化的决策和行为。

中国工程院高文院士认为，人与机器混合智能具备独特优势，将机器擅长做的事交给机器，机器做不好的事由人介入，这是现阶段发展和提升人工智能的一个比较重要的技术途径。

2. 人机混合智能的应用

人机混合智能已经在各个领域得到了广泛的应用，并且随着技术的不断进步，应用范围也在不断扩大。以下是一些常见应用领域和工作模式的现状。

(1) 制造业领域。

人机混合智能已经广泛应用于制造业领域，如机器人协作、自动化生产线等。机器人可以承担重复性、危险性高的工作，从而提高生产效率和质量。福特汽车公司的生产线上使用的机器人就能够与人类工人协作，完成汽车的组装工作。

(2) 客服领域。

人机混合智能在客服领域的应用也越来越普遍。例如，智能客服系统可以通过自然语言处理等技术，自动处理客户提出的问题，提高客户满意度。腾讯的智能客服系统"腾讯QQ 小冰"能够通过语音交互和文字交互，自动回答用户问题。

(3) 医疗领域。

人机混合智能在医疗领域的应用也越来越广泛。例如，计算机辅助诊断系统可以通过图像识别等技术，辅助医生作出更准确的诊断和治疗决策。IBM 的人工智能系统 Watson能够通过对大量医学文献的分析，辅助医生作出更准确的诊断和治疗方案。

(4) 金融领域。

人机混合智能在金融领域的应用也越来越多。例如，智能投资系统可以通过大数据分析和机器学习等技术，为投资者提供更加个性化的投资建议。百度的智能投资系统"百度理财"能够根据用户的风险偏好和投资目标，为用户提供投资建议。

(5) 教育领域。

人机混合智能在教育领域的应用也越来越多。例如，智能教育系统可以通过语音识别和自然语言处理等技术，为学生提供更加个性化的学习体验。百度的智能教育系统"百度学习"能够根据学生的学习进度和能力，为学生提供个性化的学习计划和反馈。

总体来说，随着智能应用的普及和渗透，未来人机混合智能技术将会得到更广泛的应用，从而改变人们的生活和工作方式。

本章小结

纵观全局，智能的研究其实才刚刚开始，目前所处的阶段还是名副其实的"弱"人工智能阶段，尚存许多问题和挑战需要后人加以解决，这些问题除了智能本身的发展以外，还有很多人类从来没有面对的新问题和挑战。本章在强调智能发展国家战略的基础上，探讨了智能的道德伦理责任问题、安全风险及其应对、可解释的人工智能、相关到因果的进化、智能未来技术展望等问题，为读者指出了智能专业未来的发展方向，推荐了具有发展潜力的研究方向和目标。

本章内容涉及智能的前沿问题，理解起来有一定难度，但对未来深入的专业学习具有重要作用。

课后习题

1. 何为大模型？
2. 介绍 ChatGPT 的应用。
3. 什么是脑机接口，并简述其应用。
4. 查阅资料，了解并总结我国类脑技术发展的进展。
5. 何谓量子霸权？
6. 简述量子人工智能的概念。
7. 简述什么是具身智能。
8. 简述人机混合智能的概念。

参 考 文 献

[1] 钟义信，等. 智能科学技术导论[M]. 北京：北京邮电大学出版社，2006.

[2] 冯天瑾. 智能学简史[M]. 北京：科学出版社，2007.

[3] 杨强，范力欣，朱军，等. 可解释人工智能导论[M]. 北京：电子工业出版社，2022.

[4] 中央网络安全和信息化委员会办公室. 全球人工智能治理倡议[R]. 2023.

[5] 唐宇迪，李琳，侯惠芳，等. 人工智能数学基础[M]. 北京：北京大学出版社，2020.

[6] 史忠植. 智能科学[M]. 2 版. 北京：清华大学出版社，2013.

[7] 谷学静，王志良，黄晓红. "智能科学与技术"专业课程体系建设的思考[J]. 计算机教育，2009(11)：108-111.

[8] 梁超，黄鹏，郑淇，等. 武汉大学人工智能专业建设构想[J]. 科教导刊(下旬)，2019(09)：36-37，78.

[9] 王晓东. 面向新工科建设的大学生创新心理培育[J]. 创新与创业教育，2019，10(02)：148-151.

[10] 李建彬，谯婷，秦淑梅，等. 人工智能安全综述[J]. 中国信息安全，2023(05)：25-31.

[11] 杨瑾. 类脑计算：人工智能发展的终极目标[J]. 杭州科技，2022，53(04)：27-30.

[12] 何华灿. 智能与逻辑和数学的不解之缘[EB].

[13] 王前. 人工智能发展对认识论研究的若干启示[J]. 长沙理工大学学报(社会科学版)，2022，37(02)：30-36.